潜熱蓄熱・化学蓄熱・潜熱輸送の最前線
―未利用熱利用に向けたサーマルギャップソリューション―

Novel Techniques of Latent Heat Thermal Storage, Chemical Thermal Storage and Latent Heat Transportation: Thermal Gap Solution Technology for the Utilization of Unused Thermal Energy

監修：鈴木　洋
Supervisor：Hiroshi Suzuki

シーエムシー出版

はじめに

　パリ協定が採択される状況下で，CO_2のゼロエミッションを実現するためには，多くの課題がある。我が国のエネルギー消費は近年やや減少傾向にあるが，その消費減少は産業部門および運輸部門に負うところが大きく，民生部門のエネルギー消費の減少はわずかである。そのため現在民生部門の消費エネルギーは全体の消費エネルギーの3分の1を超過している。したがって民生部門の消費エネルギーを抑制することが急務である。

　本書では産業部門から排出される熱（未利用熱）を民生の熱消費に転換する基礎技術について議論する。未利用熱利用を実現するためには3つの熱ギャップが存在する。すなわち，需要と供給の時間ギャップ，温度ギャップおよび空間ギャップである。これらを我々は"サーマルギャップ"と呼び，これらを解決することを"サーマルギャップソリューション"と呼んでいる。具体的には時間ギャップを解決する潜熱蓄熱，温度ギャップを解決する化学蓄熱，空間ギャップを解決する潜熱輸送に注目する。これらの技術は平成24年度に設立された日本潜熱工学研究会が主催する潜熱工学シンポジウムで毎年議論されており，近年目覚ましく進展しつつある。前述のように，ここでは未利用熱の民生熱消費への展開を中心に紹介するが，温度制御が困難な工業プロセスや，産産連携のピンチシステム，建築・構造物や車両の熱マネージメントなどにも応用可能な技術であるので，産業部門においても十分活用が可能である。是非手にとっていただきたいと考えている。

日本潜熱工学研究会　会長
神戸大学 大学院工学研究科 応用化学専攻　教授
複雑熱流体工学研究センター　センター長

鈴木　洋

―――― 執筆者一覧（執筆順）――――

鈴木　　　洋	神戸大学　大学院工学研究科　応用化学専攻　教授	
加藤　之貴	東京工業大学　科学技術創成研究院　先導原子力研究所　教授	
島田　　　亙	富山大学　大学院理工学研究部（理学）；理学部　地球科学科　准教授	
田中　明美	東京大学　大学院工学系研究科　物理工学専攻　学術支援専門員	
富重　道雄	東京大学　大学院工学系研究科　物理工学専攻　准教授	
能村　貴宏	北海道大学　大学院工学研究院　附属エネルギー・マテリアル融合領域研究センター　准教授	
大河　誠司	東京工業大学　工学院　機械系　准教授	
春木　直人	岡山大学　大学院自然科学研究科　准教授	
大宮司啓文	東京大学　大学院工学系研究科　機械工学専攻　教授	
竹林　英樹	神戸大学　大学院工学研究科　建築学専攻　准教授	
窪田　光宏	名古屋大学　大学院工学研究科　エネルギー理工学専攻　助教	
藤岡　惠子	㈱ファンクショナル・フルイッド　代表取締役	
劉　　醇一	千葉大学　大学院工学研究科　准教授	
小倉　裕直	千葉大学　大学院工学研究科　教授	
小林　敬幸	名古屋大学　大学院工学研究科　准教授	
大久保英敏	玉川大学　大学院工学研究科；工学部　機械情報システム学科　教授	
萩原　良道	京都工芸繊維大学　機械工学系　教授	
稲田　孝明	産業技術総合研究所　省エネルギー研究部門　主任研究員	
熊野　寛之	青山学院大学　理工学部　機械創造工学科　教授	
麓　　耕二	弘前大学　大学院理工学研究科　知能機械工学専攻　准教授	
富樫　憲一	青山学院大学　理工学部　機械創造工学科　助教	
堀部　明彦	岡山大学　大学院自然科学研究科　教授	
日出間るり	神戸大学　大学院工学研究科　応用化学専攻　助教	
川南　　　剛	神戸大学　大学院工学研究科　機械工学専攻　准教授	
熊野　智之	神戸市立工業高等専門学校　機械工学科　准教授	

目　次

【第Ⅰ編　基礎理論】

第1章　概論　　鈴木　洋

1　未利用熱 …………………………… 1
2　潜熱蓄熱 …………………………… 3
3　化学蓄熱 …………………………… 4
4　潜熱輸送 …………………………… 4

第2章　潜熱蓄熱の基礎　　鈴木　洋

1　潜熱と顕熱 ………………………… 6
2　潜熱蓄熱材料 ……………………… 6
3　過冷却 ……………………………… 7
4　伝熱特性 …………………………… 9
5　相分離 ………………………………10
6　まとめ ………………………………12

第3章　化学蓄熱の基礎論　　加藤之貴

1　化学蓄熱の必要性 …………………13
2　化学蓄熱の原理と構成 ……………15
3　回分型 ………………………………16
　3.1　反応系の条件と選択 ……………16
　3.2　化学蓄熱材料の開発事例 ………18
4　循環型 ………………………………19
5　まとめ ………………………………20

第4章　潜熱輸送の基礎　　鈴木　洋

1　潜熱輸送とは ………………………22
2　潜熱輸送材料 ………………………23
3　結晶成長と凝集 ……………………23
4　流動特性 ……………………………24
5　伝熱特性 ……………………………26
6　まとめ ………………………………26

【第Ⅱ編　潜熱蓄熱】

第1章　包接型水和物　　島田　亙

1　はじめに ……………………………29
2　相図（状態図）……………………29
3　比熱・潜熱 …………………………31
4　結晶構造 ……………………………32
5　核生成・結晶成長 …………………33
6　ガス種分離などへの応用 …………35

Ⅰ

第2章　生体脂質の相変化　　田中明美, 富重道雄

1　はじめに …………………………38
2　皮膚組織の生体脂質 ………………38
3　皮膚組織の構造 ……………………39
4　生体脂質の構造変化の測定方法 …40
　4.1　示差走査熱量測定 (Differential Scanning Calorimetry : DSC) ……40
　4.2　比熱容量測定 ……………………40
5　細胞間脂質の相変化 ………………41
　5.1　細胞間脂質の融解 ………………41
　5.2　体温近傍での細胞間脂質, 皮下脂肪の相変化 ……………………44
6　おわりに ……………………………45

第3章　高温熱源回収に向けた金属/合金系潜熱蓄熱材料の開発　　能村貴宏

1　はじめに …………………………47
2　金属/合金PCMの概説 ……………48
　2.1　金属/合金PCMの種類 …………48
　2.2　金属/合金PCMの特徴と利点 …48
　2.3　合金PCMの問題点 ……………51
3　金属/合金系PCMの材料開発事例（Al-Si合金を例として）…………51
　3.1　Al-Si合金系PCMに適したセラミックス材料の探索 ………………51
　3.2　Al-Si合金系PCMのカプセル化 …52
　　3.2.1　カプセル化の意義 ……………52
　　3.2.2　マクロカプセル化の事例 ……52
　　3.2.3　マイクロカプセル化の事例 …54
4　おわりに ……………………………58

第4章　過冷却解消　　大河誠司

1　過冷却とは …………………………59
　1.1　均質核生成と不均質核生成 ……59
　1.2　電解水の例 ………………………61
　1.3　酢酸ナトリウム3水和物の例 …63
2　解消確率の話 ………………………63
　2.1　定義 ………………………………63
　2.2　凝固確率の算出方法 ……………63
　2.3　凝固開始予測方法 ………………65
3　能動制御の話 ………………………67
　3.1　電場 ………………………………67
　3.2　固体の衝突, 摩擦 ………………67
　3.3　衝撃 ………………………………70
　3.4　超音波 ……………………………71
　3.5　膜付きカプセル …………………72

第5章　金属繊維材を用いた蓄放熱促進技術　　春木直人

1　はじめに …………………………75
2　潜熱蓄熱材料の熱伝導率促進 ……75
3　金属繊維材 …………………………77
4　金属繊維材混合が潜熱蓄熱材料の熱物性値に与える影響 …………………79
　4.1　熱伝導率 …………………………79

| 4.2 その他の熱物性 ………………… 82
| 5 金属繊維材混合による潜熱蓄熱材料の蓄放熱促進 ……………………………… 82
| 5.1 放熱（凝固）特性 ………………… 82
| 5.2 蓄熱（融解）特性 ………………… 84
| 6 まとめ ……………………………… 85

第6章　微細領域の相変化　　大宮司啓文

1 諸言 ………………………………… 88
2 エリスリトールとメソポーラスシリカ …89
3 ナノ細孔内部におけるエリスリトールの相変化過程 ……………………… 90
4 ナノ細孔内部におけるエリスリトールの相変化と熱履歴 ……………………… 93
5 結言 ………………………………… 97

第7章　建築材における蓄熱技術　　竹林英樹

1 はじめに …………………………… 99
2 住宅における潜熱蓄熱利用技術の紹介 … 100
  2.1 潜熱蓄熱空調システム …………… 101
  2.2 戸建住宅の太陽熱潜熱蓄熱給湯暖房システム ………………………… 103
  2.3 集合住宅の太陽熱潜熱蓄熱暖房システム ………………………… 105
3 まとめ ……………………………… 106

【第Ⅲ編　化学蓄熱】

第1章　無機水和物系反応材料　　窪田光宏

1 はじめに …………………………… 109
2 低温化学蓄熱用反応系の探索 ……… 109
3 LiOH/LiOH・H_2O 系の化学蓄熱・ヒートポンプ特性 ……………………… 111
4 LiOH/LiOH・H_2O 系化学蓄熱の実現に向けた課題と課題解決に向けた取り組み … 112
5 LiOH と MPC の複合化による LiOH の水和速度の向上 …………………… 114
  5.1 LiOH・MPC 複合材料の調製および水和特性評価 ………………… 114
  5.2 LiOH・MPC 複合材料の水和速度の向上効果 ……………………… 114
6 おわりに …………………………… 115

第2章　塩化カルシウム系反応材　　藤岡惠子

1 はじめに …………………………… 117
2 反応系と熱力学特性，作動サイクル … 117
3 多孔性粒子層の構造と熱物性値の変化 … 118
4 体積と空隙率 ……………………… 118
5 熱容量 ……………………………… 121
6 熱伝導度 …………………………… 121

6.1	有効熱伝導度と気相条件 ……… 121	7	塩化カルシウム／水系の反応特性 …… 123
6.2	反応気体の付加・脱離による有効熱伝導度の変化 ……………… 122	8	作動特性 …………………………… 124
		9	おわりに …………………………… 125

第3章　水酸化マグネシウム系材料　　劉 醇一

1	緒言 ……………………………… 127	3	化学蓄熱材の化学修飾 …………… 131
2	化学蓄熱の作動原理 …………… 127	4	蓄熱密度の比較と今後の開発課題 …… 132

第4章　カルシウム系ケミカルヒートポンプによる熱リサイクルシステム開発　　小倉裕直

1	はじめに ………………………… 135	4.2.2	地域エネルギーリサイクル有効利用ケミカルヒートポンプコンテナシステム ……………… 141
2	化学蓄熱技術 …………………… 135		
3	ケミカルヒートポンプ技術 …… 136		
3.1	熱機関とヒートポンプ ……… 136	4.2.3	小型電子デバイスの自己排熱駆動冷却システム ……………… 142
3.2	ケミカルヒートポンプの操作例 … 138		
4	各種ケミカルヒートポンプシステムの開発状況 ………………………… 139	4.3	400℃レベル熱源駆動—冷・温熱生成：酸化カルシウム系ケミカルヒートポンプシステム ……………… 143
4.1	ケミカルヒートポンプ用反応材料 … 139		
4.2	100℃レベル熱源駆動—冷・温熱生成：硫酸カルシウム系ケミカルヒートポンプシステム …………… 140	4.3.1	工場排熱リサイクル型ケミカルヒートポンプドライヤーシステム …………………………… 143
4.2.1	冷凍車両用エンジン廃熱蓄熱型冷熱生成ケミカルヒートポンプシステム ……………………… 140	4.3.2	自動車廃熱再生利用ケミカルヒートポンプシステム ………… 144
		5	おわりに ………………………… 145

第5章　化学蓄熱の伝熱促進　　加藤之貴

1	はじめに ………………………… 147		試験 ……………………………… 150
2	化学蓄熱材料の高熱伝導度化 ……… 147	4	まとめ …………………………… 152
3	高熱伝導度化材料を用いた化学蓄熱充填層		

第6章　ハロゲン化アルカリ金属系蓄熱剤を用いる長期蓄放熱サイクル
小林敬幸

1　はじめに …………………………… 153
2　臭化カルシウム（$CaBr_2$）水和反応を用いる化学蓄熱 ……………………… 153
3　塩化カルシウム（$CaCl_2$）水和反応を用いる化学蓄熱 ……………………… 156
4　おわりに …………………………… 158

【第Ⅳ編　潜熱輸送】

第1章　流動性のある潜熱蓄冷材
大久保英敏

1　はじめに …………………………… 159
2　相平衡状態図（融点図）…………… 159
3　固液共存相における結晶成長 ……… 163
4　流動性のある潜熱蓄冷材 …………… 164
5　おわりに …………………………… 166

第2章　Ⅰ型不凍タンパク質とそれを基にした不凍ポリペプチドの利用
萩原良道

1　はじめに …………………………… 168
2　溶質の添加 ………………………… 168
3　不凍タンパク質 …………………… 168
4　Ⅰ型不凍タンパク質 ………………… 169
5　一方向凝固 ………………………… 170
6　氷スラリー流 ……………………… 172
7　不凍ポリペプチド ………………… 173
8　短時間予熱効果 …………………… 174
9　おわりに …………………………… 174

第3章　不凍タンパク質の代替物質
稲田孝明

1　不凍タンパク質の氷スラリーへの応用技術 ………………………………… 176
2　不凍タンパク質の代替物質 ………… 178
　2.1　ポリビニルアルコール ………… 179
　2.2　ブロック共重合体 ……………… 181
　2.3　その他の高分子 ………………… 181
　2.4　ポリペプチド，タンパク質 …… 182
　2.5　糖類 …………………………… 182
　2.6　酢酸ジルコニウム ……………… 183
　2.7　界面活性剤 ……………………… 183
3　おわりに …………………………… 183

第4章　TBAB水和物スラリー　　熊野寛之

1　TBAB水和物 …………………… 187
2　TBAB水和物の特徴 …………… 188
3　TBAB水和物スラリーの生成特性 …… 190
4　TBAB水和物スラリーの流動特性と熱伝達特性 …………………… 192
5　まとめ …………………………… 195

第5章　無機水和物スラリー　　鈴木　洋

1　はじめに ………………………… 197
2　無機水和物スラリー …………… 197
3　リン酸水素2ナトリウム12水和物スラリー …………………………… 198
4　アンモニウムミョウバンスラリー …… 200
5　流動と伝熱 ……………………… 201
6　抵抗低減技術 …………………… 202
7　まとめ …………………………… 203

第6章　エマルション蓄熱の現状と可能性　　麓　耕二

1　はじめに ………………………… 205
2　エマルションの種類 …………… 206
3　ナノエマルションの生成方法と安定性 … 206
　3.1　生成方法 …………………… 206
　3.2　安定性 ……………………… 207
4　ナノエマルションの諸特性 …… 208
　4.1　ナノエマルションの平均粒径 … 208
　4.2　密度 ………………………… 209
　4.3　粘度 ………………………… 210
　4.4　熱伝導率 …………………… 210
　4.5　ナノエマルションの相変化特性 … 211

第7章　D相乳化法により生成された相変化エマルションの諸特性　　富樫憲一

1　はじめに ………………………… 214
2　D相乳化法による相変化エマルションの生成方法 ……………………… 215
3　相変化エマルションの粒径分布 ……… 216
4　長期分散安定性および繰り返し使用に対する耐久性試験 ………………… 216
　4.1　目視による長期分散安定性の評価 … 217
　4.2　DSC曲線 …………………… 218
　4.3　供試エマルションの粘性係数 …… 218
5　まとめ …………………………… 220

第8章　マイクロカプセルスラリーの流動・熱伝達特性　　堀部明彦

1　マイクロカプセルスラリー概説 ……… 221
2　マイクロカプセルスラリーの熱物性 … 222
3　マイクロカプセルスラリーの圧力損失 … 224
4　直管内流動時の熱伝達挙動 …………… 224

| 5 | 搬送動力と熱交換量の関係 ……… 225 |
| 6 | 曲管内流動時の熱伝達挙動 ……… 226 |

7　まとめ …………………………………… 228

第9章　潜熱輸送スラリーの凝集沈降抑制技術　　日出間るり

1　はじめに ………………………………… 229
2　低温系スラリーの流動特性，および，凝集抑制技術 …………………………… 229
3　高温系スラリーの流動特性，および，凝集抑制技術に関する現状 ………… 230
4　アンモニウムミョウバン水和物スラリー，および，物性 ………………………… 230
5　アンモニウムミョウバン水和物スラリー中での粒子の沈降防止技術 ……… 232
6　アンモニウムミョウバン水和物の結晶成長 ………………………………………… 234
7　まとめ …………………………………… 234

第10章　固体冷媒による冷凍・ヒートポンプ技術　　川南　剛

1　固体冷媒による熱量効果 ……………… 236
2　固体冷媒によるエントロピー制御のメカニズム ……………………………… 236
3　固体冷媒のエントロピー変化 ………… 238
　3.1　磁気熱量効果 ……………………… 238
　3.2　電気熱量効果 ……………………… 239
　3.3　弾性熱量効果 ……………………… 240
　3.4　断熱温度変化の見積もり ………… 240
4　固体冷媒材料の種類 …………………… 240
5　固体冷媒冷凍・ヒートポンプの能力と成績係数 …………………………………… 242
6　まとめ …………………………………… 242

第11章　輻射冷暖房への応用　　熊野智之

1　序論 ……………………………………… 244
2　人体の輻射による放熱量 ……………… 244
3　生活に関わる輻射輸送 ………………… 246
4　輻射冷暖房システムの概要 …………… 246
5　放射パネルの高性能化 ………………… 247
　5.1　放射パネル表面の材質 …………… 247
　5.2　放射パネルにおける潜熱輸送スラリーの利用 ……………………………… 249
6　躯体蓄熱の発展に向けた潜熱輸送技術の応用 ………………………………… 250
7　まとめ …………………………………… 251

【第Ⅰ編　基礎理論】

第1章　概論

鈴木　洋*

1　未利用熱

　我が国のエネルギー消費は2004年ごろまでほぼ年々増加の一途をたどっていたが，近年若干の低減傾向を示す。図1はエネルギー白書に示されたエネルギー消費の推移である[1]。しかしながら，最大消費量を示した年度からのこの微減は主として産業部門（15.5%），運輸部門（16.2%）の寄与によるものであり，民生の消費エネルギーは2006年の最大値からわずか4.9%の減少を示したに過ぎない。結果として2012年には消費エネルギー全体の34.3%を民生部門が消費している。したがって来たるべき低炭素社会の実現に向けて，民生のエネルギー消費をいかに低減させるかが大きな課題である。民生の消費エネルギーを詳細に見ると，図2に示すように，2010年の統計[2]より，冷暖房および給湯に用いられるエネルギー，すなわち熱として用いられるエネルギーが民生部門全体の50%以上を占めており，年間2.4 EJ（エクサジュール）以上となっている。これは我が国の消費エネルギーの17%以上であり，この熱エネルギーを削減することは，大きなCO_2削減効果を生む。一方で利用できずに廃棄される熱がある。図3は一次エネルギーから利用しているエネルギーの差異を示す。図より約6.4 EJの未利用熱があることがわかる。こ

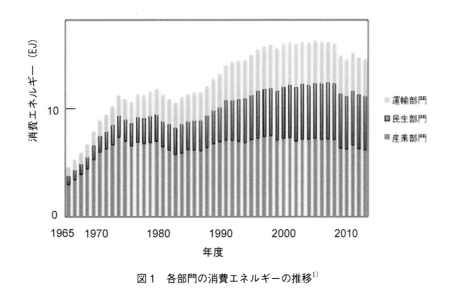

図1　各部門の消費エネルギーの推移[1]

---

*　Hiroshi Suzuki　神戸大学　大学院工学研究科　応用化学専攻　教授

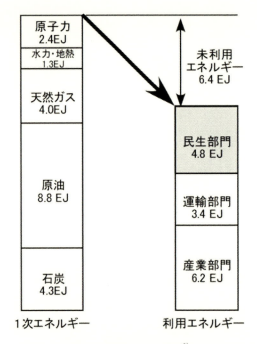

図2 未利用エネルギー[2]

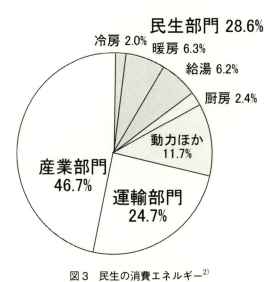

図3 民生の消費エネルギー[2]

れには振動や空気を流動させることで消失するエネルギーや，30℃前後の極低温，数百℃以上で空中に放出されるものがあり，現在の技術で回収することが困難であるものも含まれているが，50〜200℃程度の比較的回収が容易な熱に限っても産業部門から排出される熱は年間2.5 EJ以上であると考えられている。これらは主として経済的理由から利用されることのない未利用熱と

第1章 概論

なっている。加えて太陽熱や地熱などさらに多くの未利用熱が存在する。一方で,民生で利用される熱エネルギーは50℃以下で十分であり,これらの未利用熱をすべて民生の消費熱エネルギーに転換することが可能となれば,約25％以上のCO_2削減効果が生まれる。したがって未利用熱の民生への転換はCO_2のゼロエミッションを目指したパリ協定を実現するためのキーテクノロジーとなる。

しかしながら,これらの未利用熱を民生に転用するためには,3つのギャップが存在する。一般に工場などで廃熱が生ずる時間は昼間であるが,家庭で暖房等のエネルギーを消費する時間は夜間が多い。また未利用熱は50～200℃程度の温度域であり,冷房のみならず暖房においても温度域が高い。さらに工場地区と住宅地は一般に距離があり,長距離熱輸送の技術が必須である。すなわち,需要と供給の時間が異なる時間ギャップ,温度が異なる温度ギャップおよび場所が異なる空間ギャップの問題が存在する。これらを"サーマルギャップ"と呼ぶ。これらを解決(サーマルギャップソリューション)しなくては未利用熱の熱エネルギーとしての利用は不可能である。このサーマルギャップを解決する手段として,本書では潜熱蓄熱,化学蓄熱および潜熱輸送の各技術を取り扱う。潜熱蓄熱は熱の時間ギャップを,化学蓄熱は温度ギャップを,潜熱輸送は空間ギャップを解決するための非常に優れたポテンシャルを有している。

2 潜熱蓄熱

潜熱蓄熱とは,物質の固液相変化に伴う熱の吸収・放出を利用して,単位質量・単位体積あたりに大きな熱を蓄える技術である。潜熱蓄熱材として用いられる素材には様々なものがあるが,200 kJ/kg前後の潜熱量を有するものが多く実用化されている。水は比較的比熱容量の大きな物質であるが,この潜熱量は水を約50℃上昇させる熱量に相当する。また,蓄熱材が相変化している際の温度変化は小さく,温度維持性が高い。建築物に十分量の蓄熱材を導入すると,太陽の照射量が十分である場合には,年間を通して温度の変化しない快適な住居環境を実現することも可能である。

このため潜熱蓄熱に関しては,非常に長い間研究が進められている。しかしながら潜熱蓄熱材には従来から伝熱の問題と過冷却の問題があり,十分に普及できていない現実がある。一方で,近年様々な技術的進展がある。例えば伝熱問題に関しては,伝熱フィン等の挿入によって伝熱改善されてきたが,近年金属ファイバーの挿入が検討され,その有効性が検証されつつある。過冷却については物質によっては非常に大きく,特に高温系で用いられている無機水和物は数十℃のレベルの過冷却が起こる。音波の照射や振動によって改善されることは知られているが,静的環境では実用的ではない。この問題に対しても,凝固点の異なる素材を混在する手法が近年確立しつつある。また過冷却に対する壁面の影響や添加剤の影響等が検討されている。また微細空間では過冷却が生じにくいことが報告されており,そのメカニズムは明らかではないが,興味深い研究が多数報告されている。

3 化学蓄熱

化学蓄熱を蓄熱の用途で用いた場合，潜熱蓄熱と大きく異なるのが，熱の長期保存性である。物質の安定性にもよるが，化学反応を用いるため，反応が起きなければ半永久的に蓄熱状態を保つことが可能である。また一般に蓄熱密度が潜熱蓄熱材より高いことが特徴であり，また反応の選択によっては500℃ぐらいの超高温域の蓄熱も可能である。さらに圧力を変更することで，反応温度を変化させることが可能であり，この特性を用いて，ヒートポンプ（ケミカルヒートポンプ）の研究が盛んになされている。しかしながら反応速度の問題，伝熱の問題，物質による腐食性の問題等があり，まだ十分に普及していない。

多くのケミカルヒートポンプには水和反応が用いられている。無機系の物質に水分子が脱着・吸着を行うことで，吸熱・発熱反応が生ずる。水を気体で用いる気固反応においては，低圧で脱着させ，高圧で吸着させるという具合に，圧力スウィングを用いることが可能であり，圧力の変化に伴って吸熱・発熱が生ずる温度域を容易に変化させることができる。この間の熱ロスはないので，高効率に熱利用が可能であり，温度差ギャップを埋めるアイテムとして期待される。近年，膨張化グラファイトに反応物質を担持する技術や，微細化する技術によって，伝熱特性や反応速度を改善する研究がなされており，進展が著しい分野となりつつある。

4 潜熱輸送

潜熱保有物質を粒子あるいはエマルジョンとして懸濁させ，高密度に熱輸送するシステムを潜熱輸送システムと呼ぶ。潜熱輸送が可能となると，大量に高効率に熱を輸送することが可能となる。

現在実用化されているのは氷／水スラリーおよび包接型水和物である。氷は334 kJ/kgの潜熱を有し，低コストである。一方で基本単物質であるため，そのままでは結晶が大きく成長する。結晶成長抑制に関しては従来，ブラインと呼ばれる塩の添加を行う技術が確立されている。これは塩の添加によって，結晶間の溶液の局所的凝固点降下を利用するものである。さらに近年不凍化タンパク質が氷の凝集抑制に有効であることが示された。不凍化タンパク質は極地の生物に含まれる物質であるが，極微量の添加量で，氷の成長抑制に効果的であり，凝固点を低下させない。また氷では空調用途には低温であるので，冷房用途に包接型水和物が検討されている。特に臭化テトラブチルアンモニウム（TBAB：融点約10℃）は，すでに実用化されており，包接型水和物の結晶粒子は微細であり，凝集性は大きくはなく，流動性に優れているので，ビル空調などに用いられている。またテトラデカン等のパラフィン系の蓄熱材をエマルジョン化して輸送するアイデアもあり，潜熱輸送についても近年大いに進展が見られる。

第 1 章　概論

文　　献

1) 経済産業省資源エネルギー庁，平成 27 年度エネルギーに関する年次報告（2016）
2) 科学技術振興機構研究開発戦略センター環境・エネルギーユニット編，中低温熱利用の高度化に関する技術調査報告書（2013）

第 2 章 潜熱蓄熱の基礎

鈴木　洋*

1　潜熱と顕熱

　物質が相変化（気液固相）を起こす場合，一般に熱の吸収・発熱を伴う。この相変化に伴う熱量（エンタルピー）を潜熱と呼ぶ。純物質の場合には温度変化を伴わないので，温度変化を伴う熱移動である顕熱と区別する。蓄熱には主として体積変化の小さな固液相変化現象が利用される。顕熱を利用して蓄熱する技術も古くから存在し，熱容量の大きな物質，例えば水，煉瓦のようなものが利用されてきた。しかしながら潜熱で蓄えられる熱量は，顕熱蓄熱に比べてはるかに大きい。例えば水1 kgの熱容量は常温で4.2 kJ/Kであるので，10℃の温度が生ずる場合に1 kgあたり42 kJの熱量が蓄えられる。一方で水が氷へと変化する場合に放出される潜熱は，334 kJ/kgであるので，単位質量あたりの蓄熱量が，顕熱蓄熱とくらべて潜熱蓄熱の方が大きいことがわかる。しかも温度変化を伴わない。この性質を利用して蓄熱を行う技術を潜熱蓄熱と呼ぶ。ある時間に熱の供給があり，別の時間に熱の需要がある場合，需要と供給の時間ギャップを埋めることで熱の有効利用が可能となる。潜熱蓄熱は時間ギャップを解決する有効な手段である。以下には潜熱蓄熱を利用するために必要な基礎知識を概説する。

2　潜熱蓄熱材料

　様々な物質が潜熱蓄熱材として提案されている。大別すると，水／氷，有機包接型水和物，パラフィン，無機水和物，有機物・糖類，溶融塩，金属などである。それぞれ融点（相変化点）が異なるので，それぞれの目的に応じて利用される。
　表1にいくつかの蓄熱材を相転移点および潜熱量とともに示す[1~3]。水／氷は最も安価である。また冬季の氷雪を氷室に保存して，夏季に利用する氷雪蓄熱もこの一種である。有機包接型水和物は，ゲスト物質と呼ばれる有機物の周囲に水分子の籠が形成されるもので，近年は資源確保と関連してメタンハイドレートや，CO_2の海中回収に関連してCO_2ハイドレートなどの研究で知られる。一方で相分離の問題があり，静置型の蓄熱材としてはあまり用いられない。後述の潜熱輸送材としては臭化テトラブチルアンモニウム水和物が実用化されている。パラフィンは安価であり，潜熱蓄熱の最大の問題点である後述の過冷却がほとんど生じない物質であり，様々な形で利用されている。しかしながら可燃物であり，建築材等で用いることが困難である。無機水和物

　＊　Hiroshi Suzuki　神戸大学　大学院工学研究科　応用化学専攻　教授

第2章 潜熱蓄熱の基礎

表1 蓄熱用無機水和物[1〜3]

物質	融点（℃）	潜熱（kJ/kg）
水／氷		
H_2O	0	334
包接型水和物		
$CH_3C(CH_2OH)_3 \cdot 3H_2O$	11	256
$(C_4H_9)_4NBr \cdot 28H_2O$	12	200
パラフィン		
$C_{14}H_{30}$	5.9	229
$C_{18}H_{38}$	28.2	243
無機水和物		
$Na_2HPO_4 \cdot 12H_2O$	35	281
$NaCH_3COO \cdot 3H_2O$	58	264
$NH_4Al(SO_4)_2 \cdot 12H_2O$	94.5	251
有機物・糖類		
$C_{17}H_{35}COOH$	71	203
$C(CH_2OH)_4$	188	185
溶融塩		
KOH	360	872
LiCl	610	469

は暖房用途など，中温系（30〜100℃程度）の蓄熱材として用いられる。難燃性であり，化学的安定性が高く，物質によっては安価である。一方で過冷却が大きく，利用には過冷却対策が必要である。また，塩であるので物質によっては金属に対する腐食性の問題がある。多糖類は近年ローリータンクによって100〜150℃程度の熱を輸送する素材として注目されている。安価であり，工業廃熱の温度域にあるので，熱回収素材としては有益である。一方で融点以上の高温にさらされると熱分解を生ずる危険があるため，利用には注意が必要である。溶融塩・金属はさらに高温の廃熱回収を目的として，鉄鋼業・ガラス業等で注目されている。高温であるので，容器に耐熱性が求められるが，近年セラミックカプセルが開発され，注目を集めている。

3 過冷却

潜熱蓄熱技術で最大の問題点は過冷却である。過冷却現象とは，液体が凝固点以下の温度になっても固体に相変化せず，液体のまま存在する現象であり，特に低分子物質で顕著に見られる。図1に典型的な冷却曲線を示す。物質を冷却すると温度が低下するが，凝固点以下の温度になっても物質は固体へと相変化しない。その後，凝固点以下のある温度で一気に固体が析出し，物質温度は凝固点の相平衡温度に上昇する。これが過冷却現象である。

過冷却現象はギブス・トムソン効果（またはケルビン効果）と結びつけられて説明される。すなわち，曲率が大きい（半径が小さい）粒子の融点が低下する現象である。相転移は固液のギブ

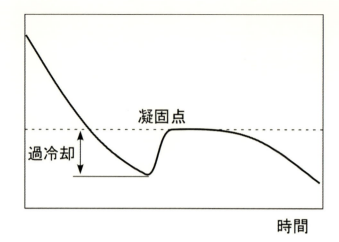

図1 冷却曲線と過冷却

スエネルギーの平衡によって生ずる。しかしながら固体のギブスエネルギーは粒子の曲率に比例して上昇する。これは内部圧力の上昇に伴ってエンタルピーが上昇するためである。半径 r[m] の球の曲率 K[m^{-1}] は

$$K = \frac{2}{r} \tag{1}$$

であるので，これより微粒子の凝固点の低下割合 ΔT[K] は，以下のように示される。

$$\Delta T = \frac{2\Gamma}{r} \tag{2}$$

ここで，Γ[Km] はギブス・トムソン係数である。

このことから液体を冷却し，ナノスケールの微粒子が一旦生成されても，その融点は本来の相転移点より低いため，瞬時に融解する。したがって，十分に曲率の小さな（半径の大きな）微粒子が生成される条件が満たされるまで過冷却状態が継続される。

多くの場合，過冷却度（凝固点温度と凝固点温度以下となった液体温度との差）は数℃〜数十℃になるため，潜熱を放出させるために凝固点よりかなり低い温度まで冷却させる必要がある。振動や音波，撹拌を加えることによって解消し，過冷却度に応じた固体が瞬時に析出する。

過冷却解消は前述のように振動を付与する，あるいは電場を与えることによって実現できるが，静置型蓄熱の場合，このような外部から機械的に解消させることはしばしば困難である。したがって過冷却解消のために他の手段を講ずることが多い。しばしば用いられる方法は，相変化物質と同じ結晶構造を有する種結晶を混入させて曲率を低減させる手法，相転移温度の異なる物質を混入するなどの方法である。近年固体壁に囲まれた微細空間では過冷却が著しく低下することが報告されている[4]。まだメカニズムは明らかではないが，過冷却解消の新たな可能性を示している。

4 伝熱特性

凝固・融解における伝熱特性は一般に不良である。

凝固伝熱は伝熱面が液体より低い状態でなされる。伝熱面で固体が析出する前段階では，蓄熱槽内に流体の密度差に伴う自然対流による循環流が発生する。しかしながら一旦固体が析出して伝熱面を覆うと，固体内は熱伝導伝熱の様式となるので，対流伝熱と比較して伝熱特性が低下する。さらに固液界面は飽和温度（凝固点）T_s[K] に保たれるので，固体厚さ d[m] が大きくなるにしたがって，温度勾配が低下する（図2）。固体の熱伝導度を λ[W/mK] とすると，蓄熱槽に流れる熱流束 q[W/m^2] は

$$q = \lambda \frac{T_s - T_w}{d} \tag{3}$$

ここで T_w[K] は伝熱面温度である。そのため，凝固速度は徐々に低下し，蓄熱槽内部まで凝固を進行させるには相当な時間を要する。実際には固体の成長には潜熱の放出を伴うので，現象はより複雑である。

一方，融解伝熱は，伝熱面近傍から融解が進行するため，伝熱面近傍に自然対流が生ずる（図3）。そのため伝熱面からの伝熱は，凝固伝熱より良好である。しかしながら固液界面では飽和温度となることは凝固が生じている場合と同様であり，融解進行の妨げとなる。

なお，凝固・伝熱の非定常熱伝導特性については有名なノイマンの解が教科書[5]に採用されているので，参考にされるとよい。

以上のように静置型を前提とする蓄熱槽では伝熱面積を増加させる工夫が必要となる。蓄熱体

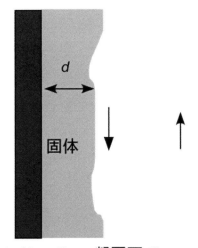

図2 凝固伝熱の模式図

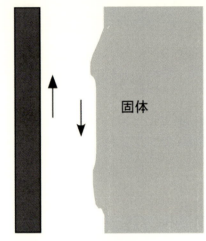

図3　融解伝熱の模式図

積は犠牲となるが，一般には伝熱フィンを挿入する方法や，蓄熱材をカプセル化することによって，蓄熱材体積あたりの伝熱面積を増加させている。カプセルの形状についても球状，半球状および平板状等様々な形状のものが，その用途に応じて実用化されている。カプセルの素材には低温系では樹脂，高温系ではセラミック等が用いられている。またアルミニウム製のパックに蓄熱材を封入する手法もある。さらに近年では金属繊維を蓄熱材とともに蓄熱槽に挿入して伝熱特性を改善する方法も検討されている[6]。

また静置型ではあるものの，大型の蓄熱システムでは，蓄熱槽外で凝固させてスラリー状で蓄熱槽に貯蔵するものも実用化されている。この場合には大型になるものの伝熱特性としては有利である。また伝熱面を介さず，高温あるいは低温の噴流を蓄熱槽に流動させて凝固・融解を行う直接接触式伝熱を用いているシステムもある。

5　相分離

包接型水和物，無機水和物は，物質によっては相分離が生じる場合がある。例えばトリメチロールエタン3水和物[7,8]は，水和物としては12℃前後の相転移点を有しており，冷熱蓄熱素材となり得るが，高濃度では無水物あるいは水和数が小さく融点が高い水和物が生成される。図4に相図を示す[2]。図のように無水物の融点は高く，12℃前後の低温では融解しないため沈殿物となる。

この現象は蓄放熱を繰り返し操作させていくうちに徐々に進行する。図5に61～69 wt%までのトリメチロールエタン溶液を10～40℃の間10回繰り返し蓄放熱を行った結果を示す。トリメ

第 2 章　潜熱蓄熱の基礎

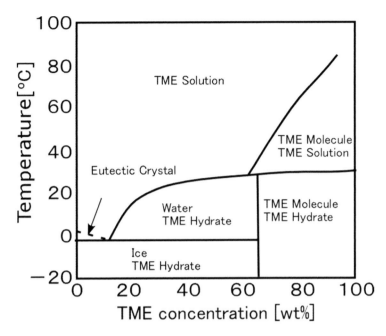

図 4　トリメチロールエタン（TME）水和物の相図

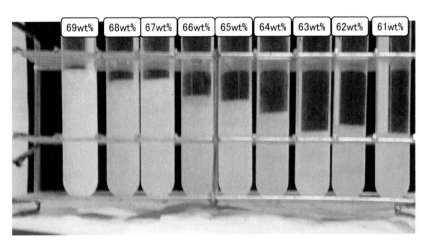

図 5　トリメチロールエタン無水物の相分離実験

チロールエタンの調和濃度は 68.9 wt％であるが，図より調和濃度より低い濃度（61 wt％）においても，繰り返し蓄放熱によって沈殿が生じているのが確認できる。これを解消するためには一旦高温まで上昇させる必要がある。したがって高濃度で静置型蓄熱材として用いることは難しい。

　この現象は無機水和物においてもしばしば観察される。したがって水和物を用いる場合にはゲスト物質や無機分子の周囲に十分に水分子が存在するやや低濃度で用いる必要がある。

6 まとめ

以上のように潜熱蓄熱技術には様々な問題があるが，未利用熱利用の時間ギャップを解消するために，安価で有用な手法である．今後も様々な技術開発がなされていくものと思われる．近年にはシリカマイクロカプセルに蓄熱材を内包する手法が提案され[9]，塗料などの薄い素材にも蓄熱技術が応用されつつある．

文　　献

1) 関信弘，蓄熱工学1-基礎編，森北出版（1995）
2) M. Yamazaki *et al., Thermochem. Acta*, **387**, 39（2002）
3) H. Suzuki *et al., Int. J. Refrigeration*, **36**, 81（2013）
4) K. Nakano *et al., J. Phys. Chem. C*, **119**, 4769（2015）
5) 西川兼康，藤田恭伸，機械工学基礎講座-伝熱学，理工学社（1982）
6) 春木直人ほか，熱物性，**24**(1), 9（2010）
7) H. Suzuki *et al., Rheol. Acta*, **46**, 287（2006）
8) H. Suzuki *et al., Int. J. Refrigeration*, **33**, 1632（2010）
9) T. Toyoda *et al., Chem. Lett.*, **43**, 820（2014）

第3章　化学蓄熱の基礎論

加藤之貴*

1　化学蓄熱の必要性

　第21回国連気候変動枠組条約国会議（COP-21）[1]が2015年11月開かれ「パリ協定」が合意され，2016年9月に米国，中国が批准したことで本協定の発効が実現に向けて進んでいる。地球温暖化抑制のため二酸化炭素発生のより強力な抑制が必要とされることが世界的に認知されつつある。大幅な省エネルギーには様々な手法が検討されているが，排熱の有効利用は量的に重要な分野である。

　日本の一次エネルギーの7割以上はプロセス熱利用で消費され，副次的に大量の排熱が放出されている。排熱の有する熱エネルギーの有効利用は日本のエネルギー消費の削減，ひいては二酸化炭素排出削減，地球温暖化防止に貢献性が大きいと期待できる。例えば200℃以上のいわゆる高温域の排熱または未利用熱の高効率回収，再利用が重要な候補対象といえる。我が国の産業部門の200℃以上の未利用熱は1.25×10^{18} Jで，我が国の民生部門業務分野のエネルギー消費量2.87×10^{18} Jの4割に相当する[2]。高温排熱の回収利用は国規模で効果が大きいと期待される。熱回収技術は従来から提案，実行されているが，排熱の回収，活用はまだ十分ではない。一因は高温域での高密度蓄熱技術の開発不足である。化学蓄熱は化学反応を利用した熱回収，貯蔵，変換技術であり，高温度域を含む幅広い温度域の余剰熱を効率的に蓄熱・変換できる可能性を持つ。化学蓄熱技術は発展段階であり，市場を形成するまでには至っていない。しかし，他の蓄熱技術にない新たな高効率熱利用技術としての可能性を持つ点で，化学蓄熱技術には開発の必要性があるといえる。

　熱エネルギー回収・利用技術の性能はその系で用いる熱エネルギー貯蔵媒体の熱エネルギー貯蔵性（蓄熱性）が一指標になる。図1に物質の化学／物理変化とそれらの熱エネルギー密度の関連を示す。実際には各変化は重複する場合があるがここでは定性的な関係を示す。従来の熱エネルギー回収技術は物質の物理変化である顕熱変化，潜熱変化が利用されてきた。これは可逆性および再現性の良さによっている。欠点としては広温度域化，高蓄熱密度化に限界があり，また長期間蓄熱が困難な点である。化学反応を用いた蓄熱は物理変化蓄熱に続く次世代の技術といえる。化学変化は相対的にエネルギー密度が高く，反応条件の選択で幅広い温度域に対応できる。課題は反応可逆性である。例えば酸化反応等のエンタルピー変化の大きい反応は非可逆的で，蓄熱目的の応用は困難である。それゆえ可逆化学反応系が，相対的に高いエネルギー密度，広い操

＊　Yukitaka Kato　東京工業大学　科学技術創成研究院　先導原子力研究所　教授

作温度域の点で次世代の蓄熱媒体として開発対象となる。

　図2に種々のエネルギー材料のエネルギー貯蔵密度と作動温度の関係を示す[3]。従来より普及している顕熱，潜熱蓄熱は100℃以下の温度域で有用であるが，蓄熱密度は比較的小さい。これに対し化学蓄熱は100℃以上の温度域で高いエネルギー密度を持ち，この温度域における蓄熱に適した技術であることがわかる。従来，化学反応は生成物の製造を目的に研究開発がされてきた。化学蓄熱は化学反応のエンタルピー変化を利用する技術であり，化学反応の新しい利用分野である。化学蓄熱は回分式操作において熱の貯蔵・放出の機能を持つ点で蓄熱装置であり，入熱と出

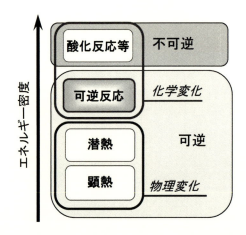

図1　物理変化，化学変化のエネルギー密度の相対関係[3]

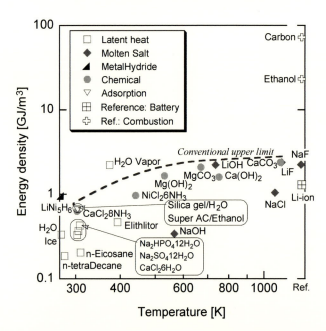

図2　種々のエネルギー材料のエネルギー貯蔵密度と作動温度の関係

第3章 化学蓄熱の基礎論

力熱の間で温度変換が可能な点でヒートポンプ装置（ケミカルヒートポンプ）となる。また，化学蓄熱は概ね熱駆動によって昇温，増熱，冷凍が可能である点も特徴である。ヒートポンプ装置としては機械式ヒートポンプが大きな市場を形成しているが，ケミカルヒートポンプは機械式と異なり駆動電力が基本的に些少で，従来に比べ高効率な機能を有する可能性を持つ。

化学蓄熱は用いる化学反応系の性質に依存し，これまでに有機反応系，無機反応系，水素吸蔵合金系，吸着系が検討されている。とくに後者二系は相対的に実用化が良く進んでいる。前者二系は他に比べ実用に距離があるが，操作温度域が広い点や高密度貯蔵に特性があり，効率的な排熱回収が期待できる。以下では主に前者二系に関して可能性を示す。

2 化学蓄熱の原理と構成

化学蓄熱は化学反応を可逆的に起こし吸熱反応で蓄熱，発熱反応で温度変換を伴う熱出力を行う。化学反応の反応温度は反応平衡関係から定まる。よって所要の利用温度に応じて適した化学蓄熱装置を得るには，先ず目的の温度域で反応平衡的に可逆的に進みうる反応系の選択が必要である。次に，可逆的に反応を進めるためには何らかの熱力学的仕事を必要とする。熱駆動式であれば反応圧力を変える必要があり，そのための蒸気相の気液変化または別の反応の利用，さらに蒸留，膜などによる分離仕事が必要になる。これらの組み合わせでその化学蓄熱装置の性質が決まる。

化学蓄熱装置の基本構成分類を図3に示す。さらに，各構成の特徴を表1に示す。構成は回分型（図3(a)，(b)）と循環型（図3(c)）に大別できる。回分型は目的の反応とその反応を可逆的に進める駆動操作の組み合わせで，(a)気固化学反応＋気液相変化型，(b)気固化学反応1＋気固化学反応2型に分類できる。主に回分型で操作される。また，操作は通常，閉鎖系で行われ，装置は

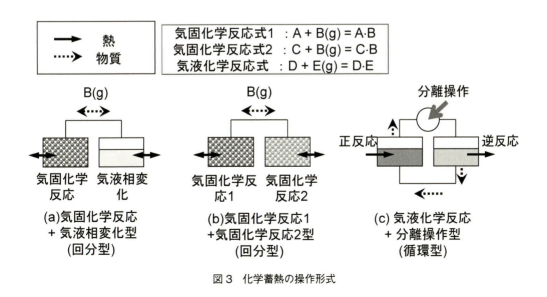

図3　化学蓄熱の操作形式

表1　化学蓄熱・ケミカルヒートポンプの分類

	回分型		循環型	
反応相	気固化学反応 ＋気液相変化	気固化学反応 ＋気固化学反応	気液化学反応	
駆動力	反応圧力	反応圧力	濃度差	反応圧力
駆動方法	気液相変化	化学反応	分離操作（蒸留，膜分離）	圧縮機／分離操作
反応系	●吸着式 　ゼオライト／H_2O系 　シリカゲル／H_2O系 ●化学式 　CaO/H_2O系 　MgO/H_2O系 　$CaCl_2/H_2O$系 　$CaCl_2/NH_3$系 　$CaCl_2/CH_3NH$系 　$CaSO_4/H_2O$系 　$BaCl_2/NH_3$系	●金属水素化物 　$LaNi_5/H_2$系 ●化学式 　CaO/CO_2系	アセトン／2-プロパノール ／H_2系 アセタール／H_2O系	イソブテン／第三 ブタノール／H_2O系 ベンゼン／シクロヘ キサン／H_2系 パラアルデヒド系

固相反応器と気相容器または2つの反応器から構成される。反応条件によって，入熱に対して出力温度が高くなる回分型のヒートポンプ操作が可能である。循環型は(c)気液化学反応＋分離操作型である。気液反応系が適しており，連続的なヒートポンプ操作（ケミカルヒートポンプ）が可能である。分離仕事としては蒸留分離，膜分離等の熱駆動的な仕事と，圧縮器／ポンプを用いた圧力操作等の機械的な仕事に大別できる。蒸留分離と機械式圧力操作の併用システムも見られる。回分型は蓄熱機能を有するが，循環型は蓄熱機能に乏しい。一方で熱エネルギー変換速度が回分型では反応媒体の量に依存するのに対し，循環型は反応媒体の循環速度に依存することから，循環型はスケールメリットを得やすい。以上の条件をもとに目的に応じた化学蓄熱が検討できる。以下では回分型，循環型に分類して各化学蓄熱の開発動向を示す。

3　回分型

3.1　反応系の条件と選択

回分型化学蓄熱（図3(a), (b)）においては固体と反応する凝縮成分，気体成分の選択が特に重要である。化学的に安定であり，安全，安価であることが条件になる。凝縮系としては水，アンモニアの相変化利用が候補である。既存の回分型化学蓄熱検討例として式(1)～(6)に示す。酸化マグネシウム／水（MgO/H_2O）系[4]，酸化カルシウム／水（CaO/H_2O）系[5]，塩化カルシウム／水（$CaCl_2/H_2O$）系[6]，塩化カルシウム／アンモニア（CaO/NH_3）系[6]，硫酸カルシウム／水（$CaSO_4/H_2O$）系（$CaSO_4/H_2O$）[7]，塩化バリウム／アンモニア（$BaCl_2/NH_3$）系[8]などがある。

$$MgO + H_2O = Mg(OH)_2 \tag{1}$$
$$CaO + H_2O = Ca(OH)_2 \tag{2}$$

第3章　化学蓄熱の基礎論

$$CaCl_2 + nH_2O = CaCl_2 \cdot nH_2O \, (n=0-6) \tag{3}$$

$$CaCl_2 + mNH_3 = CaCl_2 \cdot mNH_3 \, (m=0-6) \tag{4}$$

$$CaSO_4 + 1/2H_2O = CaSO_4 \cdot 1/2H_2O \tag{5}$$

$$BaCl_2 + 8NH_3 = BaCl_2 \cdot 8NH_3 \tag{6}$$

不凝縮気体系では二酸化炭素を用いた酸化カルシウム／二酸化炭素（CaO/CO_2）系[9]などが候補である。

$$CaO + CO_2 = CaCO_3 \tag{7}$$

発生気体の貯蔵が開発ポイントになる。なおアンモニアは化学反応性が優れ魅力的な材料である（式(4)，(6)）がわが国では利用条件が限定されており，汎用的な化学蓄熱としての利用に制限があるので応用先に注意が必要である。汎用性の観点で水反応系が有力な反応候補となる。

産業プロセスから発生する高温排熱を利用する化学蓄熱は未だ開発が不十分である。ここではこれから開発が求められる高温域で適用可能な化学蓄熱を考察する。反応系として，金属酸化物，金属塩などの固体成分の利用が期待できる。金属酸化物／水系は以下の式で形式化できる。

$$\text{金属酸化物} + \text{水} = \text{金属水酸化物} \tag{8}$$

二価の金属（M）イオンに対しては次式で一般化される。

$$MO + H_2O = M(OH)_2 \tag{9}$$

式(1)，(2)が反応例である。

熱の貯蔵（蓄熱）操作に対応するのは，脱水吸熱反応（式(8)，(9)左方向）である。よって，脱水反応温度域がこの域である反応材料を選択することが第1目標になる。求める化学蓄熱の操作温度域は反応材料の熱力学的性質で定まる。式(9)の系の熱力学的平衡関係は以下のとおりである。

$$K = \frac{[MO][H_2O]}{[M(OH)_2]} = \frac{P_{H_2O}}{P_0}, \quad P_0 = 1.013 \times 10^5 \, Pa \tag{10}$$

ここでK，［成分］，P_{H_2O}はそれぞれ反応平衡定数，反応成分の活量，反応平衡水蒸気圧［kPa］を表す。

反応圧力P_{H_2O}が大気圧（P_0），すなわち$K=1$，になる温度を分解温度と呼ぶ。分解温度の領域が，反応が実用的に可逆であると判断できる。よって，分解温度付近がその反応の化学蓄熱材料としての作動域と見積もられる。図4に種々の金属酸化物／水系の反応平衡関係を示す。横軸が温度の逆数（$1/T$），縦軸が水蒸気圧力の対数である。500℃以上の蓄熱にはCaO/H_2O，SrO/H_2O，BaO/H_2O系が候補とわかる。300℃以下ではMgO/H_2O系が蓄熱利用可能であることが示されている。さらにMgO系よりも分解温度が低いCuO/H_2O系，同様にFeO，CoO，NiO，

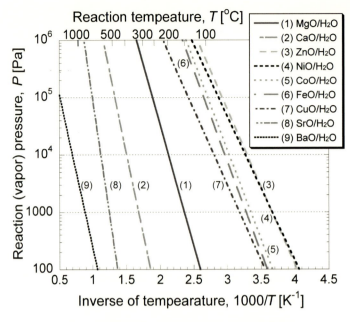

図4　金属酸化物/水系化学反応の反応平衡関係

ZnOなどの反応系に可能性があるといえる。これらの反応系の活用が今後の化学蓄熱の開発指針になりえると考えられる。

3.2　化学蓄熱材料の開発事例

酸化マグネシウム/水系化学蓄熱は350℃程度で脱水（蓄熱）反応が進む。300℃以下の低温反応域での蓄熱には不十分であるが，生成する酸化物の水和反応性は高いことが報告されている[4]。一方で300℃以下の低温域の熱利用の需要は大きい。平衡論的に300℃以下の低温域での化学蓄熱が期待できる候補反応系（上述のCuO/H_2O, CoO/H_2Oなど）は，一般的に水和反応性が低い。よって300℃以下での蓄熱の実現には，何らかの反応性向上の手段が必要である。

金属水酸化物を原子レベルで混合し複合水酸化物とすることで水和反応温度域の拡大が実現されている[10]。例えばCo(OH)$_2$は200℃前後で脱水反応が進行するが，水和活性が低い。そこで水和活性を持つMg(OH)$_2$と複合化することが検討されている。MgおよびCoを含む金属塩を水に溶解混合した後，共沈させることで原子レベルで複合した金属水酸化物Mg$_a$Co$_{1-a}$(OH)$_2$が調製されている。aはMgの組成比である。調製試料の熱分解・反応性測定が行われている。各Mg(OH)$_2$, Co(OH)$_2$両粉体が物理的に混合された粉体混合物は，熱分解測定では，低温より順にCo(OH)$_2$, Mg(OH)$_2$が独立して分解をするため，2段の熱分解曲線を示す。これに対して複合水酸化物は単段で熱分解が進むことが確認されている。これは複合水酸化物が一つの固有の化学物性を持つことを示している。また，aが小さくなるにつれ，蓄熱材料の熱分解温度，すなわ

第3章 化学蓄熱の基礎論

ち脱水・蓄熱反応温度が降下する。よって複合水酸化物はその組成によって蓄熱温度を変化させることができることを示している。この材料の反応特性は充填層実験においても確認されている[11]。従来対応が困難であった広い範囲の温度域に対して，本複合化手法を用いることで蓄熱が可能となることを示している。他方，化学蓄熱の反応系には繰り返し反応に対する材料の耐久性が必要である。MgO/H_2O 単体系について繰り返し耐久性の向上に対する材料開発の検討が行われている[12]。繰り返し性の向上も化学蓄熱材料開発において重要な指標である。

$Mg(OH)_2$ 脱水反応温度の新たな低温化の手法として親水性の高い塩化リチウム（LiCl）を $Mg(OH)_2$ に複合化した材料が開発されている[13]。この材料は $Mg(OH)_2$ 脱水反応を 250℃ 以下まで低下できることが明らかになっている。

一方 $Mg(OH)_2$ 材料は一般的に熱伝導度が低く，蓄熱・熱出力の反応速度が伝熱で律速される傾向があるので，材料の熱伝導度の向上が重要である。反応に不活性でかつ熱伝導性の高い膨張化グラファイトと $Mg(OH)_2$ を複合した材料（EM）が開発され，蓄熱材料の熱伝導度向上と反応速度の向上が実証されている[14]。従来，化学蓄熱材料の形状は粒子が主である。蓄熱装置中では蓄熱材料粒子と熱交換器伝熱面の接触が点接触となり熱伝導性に劣り，装置性能に負の影響を与える。そこで蓄熱材料の成形性が重要になる。EM はタブレット型などに成形が可能である。この化学蓄熱材料は $Mg(OH)_2$ 単体に比べ体積当たりの蓄熱密度を損なうことなく熱伝導度が高く，反応速度も優れている。さらに EM に反応促進剤として塩化カルシウムを複合した材料により $Mg(OH)_2$ 脱水温度の低温化，反応性の向上が示されている[15]。EM の複合手法は熱交換器に適した任意の形状に成形ができ，高い熱交換性能が期待でき，実用的な化学蓄熱材料の開発に有用である。

4 循環型

循環型の化学蓄熱は連続的なケミカルヒートポンプの機能を有する（図3(c)）ことに特徴を持ち，ここでは循環型ケミカルヒートポンプと呼称する。循環型ケミカルヒートポンプでは反応媒体に流動性が求められることから，有機化学反応を用いた気液可逆反応系が主に利用される。循環型ケミカルヒートポンプでは，回分型の気固系蓄熱システムに比べると流動性があることから，閉サイクル流通系で連続操作が可能であり，また高い熱交換性能が期待できることが利点である。

循環型ケミカルヒートポンプの事例として，100℃ 以下の排熱回収向けに開発されたアセトン/水素/2-プロパノール系ケミカルヒートポンプがある。本ヒートポンプは 70～80℃ 前後の低温排熱を熱駆動的に約 160～230℃ まで昇温することが可能である。斉藤ら[16]によって原理が提唱されその実用化が進められている。本ヒートポンプは以下の触媒可逆反応を用いる[17]。

$$(CH_3)_2CO + H_2 = CH_3CHOH \tag{14}$$

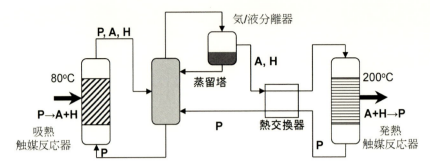

図5　アセトン/水素/2-プロパノール系ケミカルヒートポンプの構成
（A：アセトン，H：水素，P：2-プロパノール）

本ヒートポンプの原理図を図5に示す。図中の成分はそのフローにおいての高濃度成分を表す。吸熱触媒反応器において80℃前後の温熱を用いて2-プロパノール脱水素吸熱反応（式(13)の左方向）が液相で行われ，アセトン，水素が生成する。蒸留塔において高沸点成分の2-プロパノールと，低沸点成分のアセトン，水素が分離され，気相において後者2成分が濃縮される。この際には30℃前後の冷却水が用いられる。この分離・濃縮過程が反応平衡からの系の移動のための仕事に対応する。濃縮されたアセトン/水素気体が発熱触媒反応器に導かれると逆反応であるアセトン水素化反応（同右方向）が進行し約200℃の発熱反応熱が発生する。生成した2-プロパノール高濃度気体は再び蒸留塔に戻され，ヒートポンプサイクルが成立する。70～250℃前後で利用が可能であり，反応平衡関係をもとに吸熱反応温度78℃，発熱反応温度200℃でシステム効率は36％と推算されている。このヒートポンプは大量に排出されている100℃以下の産業プロセス排熱，また再生可能エネルギーである太陽熱等の有効利用が可能である。

5　まとめ

化学蓄熱は開発に課題があるものの，既往の蓄熱技術にない広い操作温度域，熱貯蔵性などを持ち，とくに従来実施が不十分な100℃以上の高温の蓄熱に柔軟に対応できる可能性がある。回分型では無機反応系に化学蓄熱としての利用可能性がある。この系においては化学反応材料の複合化による化学的な蓄熱温度域の拡大が期待できる。また，高伝熱性材料の膨張化グラファイト等と複合した化学蓄熱材料は熱伝導度向上，材料成形性の向上によって，蓄熱・熱出力時の熱交換性能の向上が可能である。このような複合手法により実用的な化学蓄熱材料の開発が期待できる。循環型では有機系ケミカルヒートポンプが候補である。気液反応系が利用でき，高い伝熱性が期待できる。一方で高効率な触媒開発，分離技術が重要である。熱交換，触媒開発，分離技術などは他分野でも進歩があり，これらの成果を取り込むことで化学蓄熱技術の実現が促進される可能性がある。

第3章 化学蓄熱の基礎論

文　　献

1) 環境省，国連気候変動枠組条約第21回締約国会議（COP21）及び京都議定書第11回締約国会合（COP/MOP11）の結果について（2015），http://www.env.go.jp/earth/cop/cop21/
2) 省エネルギーセンター，平成16年度　省エネルギー技術普及促進事業調査報告書（2004）
3) 加藤之貴，骨太のエネルギーロードマップ，化学工業社（2005）
4) Y. Kato *et al., Appl. Therm. Eng.*, **16**, 853（1996）
5) H. Ogura *et al., Energy*, **28**, 1479（2003）
6) K. Fujioka *et al., J. Chem. Eng. Jpn.*, **31**, 266（1998）
7) H. Ogura *et al., J. Chem. Eng. Jpn.*, **40**, 1252（2007）
8) Y. Zhong *et al., Appl. Therm. Eng.*, **27**, 2455（2007）
9) Y. Kato *et al., Int. J. Energy Res.*, **25**, 577（2001）
10) J. Ryu, Y. Kato *et al., J. Chem. Eng. Jpn.*, **40**, 1281（2007）
11) Y. Kato *et al., Int. J. Refrig.*, **32**, 661（2009）
12) Y. Kato *et al., J. Chem. Eng. Jpn.*, **40**, 1264（2007）
13) H. Ishitobi, Y. Kato *et al., Ind. Eng. Chem. Res.*, **52**, 5321（2013）
14) M. Zamengo, Y. Kato *et al., Appl. Therm. Eng.*, **64**, 339（2014）
15) S. T. Kim, Y. Kato *et al, Appl. Therm. Eng.*, **66**, 274（2014）
16) H. Saito *et al., Int. J. Energy Res.*, **11**, 594（1987）
17) 加藤之貴ほか，化学工学論文集，**13**, 714（1987）

第4章　潜熱輸送の基礎

鈴木　洋*

1　潜熱輸送とは

　潜熱を保有する微粒子を水などの流動媒体に懸濁させたスラリーは，高い熱密度を有しており，熱搬送に要する流量を著しく低減することが可能となる。これを潜熱輸送と呼ぶ。例えば20 wt％の氷を含む氷スラリーは，顕熱輸送の媒体である水と比較して約3倍の熱密度を有する。したがって流量を3分の1に減ずることが可能であり，ポンプ動力は流量のおよそ3乗に比例するので，地域冷暖房やビル空調に用いられる熱搬送に関わるポンプ動力を大きく削減できる。また相変化物質を内包するため，相変化時には温度変化が小さい。したがって熱交換時に温度差が大きく保たれるため伝熱特性が向上する。一例として，潜熱を保有する無機水和物であるアンモニウムミョウバンを微粒化して水に懸濁し，6B管（内径150 mm）を用いて熱搬送を行う場合の，ポンプ動力に対する末端での利用可能熱量を図1に示す。図より同時に示した水の顕熱輸送の場合と比較すると，同じ熱量を搬送するためのポンプ動力が約5分の1に削減されることがわかる。このため未利用熱の空間ギャップを解消するための技術として期待されている。

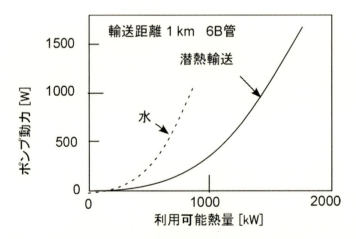

図1　末端における利用可能熱量に対するポンプ動力

---

*　Hiroshi Suzuki　神戸大学　大学院工学研究科　応用化学専攻　教授

2 潜熱輸送材料

潜熱輸送材として，氷を水に懸濁させた，いわゆる氷水スラリーが検討されてきた[1,2]。氷は潜熱輸送物質としては最も安価であるためである。しかしながら単物質であるため，固体同士の凝集・再結晶化の問題があり，一般にはブラインと呼ばれる塩やエタノールなどの有機物を同時に混入して用いる。ブラインを混入させると氷粒子が成長するとともに溶液濃度が上昇するため，凝固点が降下する。そのため，氷結晶の成長が抑制され，また粒子間の再結晶化が抑制される。一方で凝固点が0℃以下となるため，冷凍機の効率が低下する問題があった。その問題に対して微量な添加量で氷結晶の成長抑制が可能となる不凍化タンパク質が検討されている[3]。不凍化タンパク質は極地の生物に含まれるタンパク質であり，氷表面に吸着して，筋状の構造をとる。そのためタンパク質間の氷の曲率が増大し，ギブス・トムソン効果（あるいはケルビン効果と呼ばれる）によって，融点が低下し，成長抑制がなされる。なお不凍化タンパク質は高価であるため，現在は人工合成が検討されているが，代替物質としてシランカップリング剤等が提案されている[4]。また，界面活性剤やある種の高分子にも同様の効果が観察されている[5]。

氷は冷凍機の効率が高くなく，空調用途としては温度域が低いので，包接型水和物やパラフィンをエマルジョン化して熱輸送をする方法が検討されている。包接型水和物はゲスト物質の周りに水分子が籠を形成したものであり，高い潜熱を有する。ゲスト物質としては臭化テトラブチルアンモニウム（TBAB）水和物が多くの研究者によって検討され[6,7]，実用化されている[8]。TBAB準包接型水和物は微粒が容易であり，流動性が良好である。一方で潜熱は200 kJ/kgとあまり大きくないので，近年さらにCO_2を水の籠に導入したTBAB/CO_2ハイブリッド水和物が検討されている[9]。エマルジョンについては相分離の問題があるが，近年D相エマルジョンと呼ばれる比較的安定なものが提案されている[10]。パラフィンとしては，主として5.9℃で相転移するテトラデカンが対象となっている。

以上は常温以下の熱搬送を行う物質であるが，未利用熱の温度域および民生で消費するエネルギーの50%以上が暖房や給湯であることを考えると，常温以上の温度域の潜熱輸送が必要である。しかしながらこの中温系の潜熱輸送はほとんど検討されていない。これは凝固点が常温以上である場合，システムを停止すると冷却されるため，輸送管あるいは貯蔵タンク内で大量に固体が生成され，管閉塞の発生や再起動の困難があるからである。しかしながら，その対策としていくつかの提案がなされており，将来的には安定なシステムが構築されるものと思われる。現在その素材として提案されているのは無機水和物[11]であるが，無機材は化学的に安定であり，安価な物質が多いため，中温系潜熱輸送素材の候補となっている。

3 結晶成長と凝集

潜熱輸送の最大の問題は，固体粒子の成長および凝集によって，管閉塞を引き起こす危険があ

ることである。固体粒子の成長機構の一つに，オストワルド熟成がある。これは小さな粒子の融点が，大きな粒子の融点より低くなるギブス・トムソン効果による。曲率の大きな粒子は内部圧力の上昇によって融点が低下して融解すると温度が低下し，大きな粒子が潜熱を放出して成長する。この効果によって徐々に大きな粒子の割合が増加していくものである。前述の不凍化タンパク質はこの効果を同じギブス・トムソン効果によって抑制する。

また微粒子の凝集によって微粒子間が固体化し，さらに大きな微粒子を形成する。多くの場合，固体密度が周囲の液体と異なるため，凝集は容易に進行する。ブラインは凝集した固体間の液体の融点を低下させる効果があり，凝集抑制に効果がある。またある種の高分子や界面活性剤にも凝集抑制効果や，沈降・浮上防止効果[12]があり，これらの添加剤の検討が盛んになされている。また流路管やタンク内への付着，特に冷却伝熱管への付着防止[13]も課題であり，伝熱面の温度制御やコーティング技術によって防止する方法が検討されている。

さらにこれらの問題を一気に解決する方法としてマイクロカプセルを用いる方法が検討されている[14,15]。蓄熱材を樹脂カプセル内に内包することによって，結晶成長抑制ばかりではなく，カプセル素材によっては壁面への付着性および凝集性も低減されるので，素材のコスト面では不利ではあるが，伝熱面をコーティングするよりは安価である。なお，樹脂カプセルは機械的強度が弱く，高温には向かないため，近年シリカマイクロカプセルが提案されている[16]。

4 流動特性

潜熱輸送では一般に粒子の分散媒として水が利用される。水はニュートン流体であるので，その粘度は微粒子固体体積分率が小さい場合，以下のアインシュタインの式によって記述される[17]。

$$\eta_r = 1 + 0.25\phi \tag{1}$$

ここでη_r[-]は相対粘度と呼ばれるものであり，スラリー粘度と分散媒粘度（水の粘度）との比である。またϕ[-]は固体体積分率である。式からわかるようにスラリーがニュートン流体であると仮定できる場合には，粘度は固体体積分率で決まる。潜熱量には質量分率が便利であるが，流動性を記述するためには固体体積分率が必要である。また粒子に凝集性がある場合には，流体は擬塑性流体となる。すなわち粘度がせん断速度$\dot{\gamma}$[s^{-1}]の上昇に伴って低下する。その場合多くは以下のべき乗則によって記述される[18]。

$$\eta = \eta_0 |\dot{\gamma}|^{n-1} \tag{2}$$

ここでη[Pa・s]はスラリーの粘度であり，η_0[Pa・s]はゼロせん断粘度と呼ばれるせん断速度が0 s^{-1}の場合の粘度である。n[-]は通常0から1の値をとり，$n=1$の場合にニュートン流体となる。べき乗則流体である場合，修正レイノルズ数を用いることによって，ニュートン流体

の式を用いて摩擦係数 $f[-]$（ここでは Fanning の定義を用いる）を見積もることができる。一例としてプレート型熱交換器内を流動する TBAB 水和物スラリーに関して提案されている式を示す[19]。

$$f = \frac{12.75}{Re^{0.3}} \tag{3}$$

ここで $Re[-]$ は修正レイノルズ数である。修正レイノルズ数にはいくつかの定義があり，上式では以下の定義を用いている。

$$Re = \frac{\rho V^{2-n} D^n}{8^{n-1} \eta_0} \tag{4}$$

ここで $V[\text{m/s}]$，$D[\text{m}]$ および $\rho[\text{kg/m}^3]$ はそれぞれ断面平均流速，相当直径および密度である。なお，高濃度であるスラリーは降伏応力を伴う場合があるので，粘度式の推算には注意が必要である。

前述の議論は一様に流動がなされている場合であるが，流速および粒子サイズによっては固体と液体の密度差によって固体が偏流する。図2は氷水スラリーに関して4つに流動様式を分類したものである[20,21]。このように一様な流れが仮定できない領域では，流動特性はそれぞれで検討する必要がある。

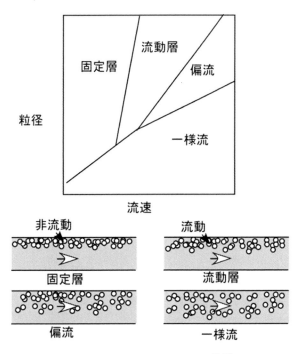

図2　氷水スラリーの流動様式[20,21]

5 伝熱特性

潜熱輸送スラリーの伝熱特性に関しては様々な式が提案されている。ヌセルト数はレイノルズ数，プラントル数およびステファン数の関数となると考えられている。一例としてプレート熱交換器に TBAB 水和物スラリーを流動させた場合の局所のヌセルト数 $Nu[-]$ を求める式を示す[19]。

$$Nu = 0.338\, Re^{0.667} Pr^{1/3} \left(1 + \frac{\Delta H}{St}\right)^{0.037} \tag{5}$$

ここで $Pr[-]$ は局所の物性値を用いて定義したプラントル数であり，$\Delta H[-]$ は水和物重量割合の変化量，$St[-]$ はステファン数である。また Re についても局所の物性を用いて定義している。なお，ステファン数は顕熱と潜熱との比であり，以下のように表される。

$$St = \frac{C_p \Delta T}{L} \tag{6}$$

ここで $L[J/kg]$，$C_p[J/kgK]$ および $\Delta T[K]$ はそれぞれ潜熱，局所の比熱容量および局所の温度変化である。式からわかるように潜熱を保有することによって，ヌセルト数が増加する。したがって，潜熱輸送における伝熱特性は，顕熱輸送と比較して一般に良好である。

なお，上述のように一様な流れが仮定できない領域では別途検討する必要がある。また曲がり管や複雑形状についても別途検討する必要がある。

6 まとめ

以上のように潜熱輸送技術にはコスト面を含めて課題があるが，未利用熱利用の空間ギャップを解消する方法として，従来の顕熱輸送と比較して有利な点が多い。より微粒化および凝集性を低下する技術が開発されれば，広く実用化されるものと考えられる。

文献

1) S. Fukusako et al., *Trans. JSRAE*, **17**, 413 (2000)
2) P. W. Egolf & M. Kauffeld, *Int. J. Refrigeration*, **28**, 4 (2005)
3) S. Grandum et al., *J. Thermophys. Heat Transfer*, **11**, 461 (1997)
4) T. Inada et al., *Mater. Sci. Eng. A*, **292**, 149 (2000)
5) H. Inaba et al., *Int. J. Refrigeration*, **28**, 20 (2005)
6) H. Oyama et al., *Fluid Phase Equilibria*, **234**, 131 (2005)
7) T. Asaoka et al., *Int. J. Refrigeration*, **36**, 992 (2013)

8) 生越英雅, 高雄信吾ほか, JFE 技報, **3**, 1 (2004)
9) W. Lin et al., *Fluid Phase Equilibria*, **372**, 63 (2014)
10) K. Fumoto et al., *Int. J. Thermophys.*, **35**, 1922 (2014)
11) H. Suzuki et al., *J. Chem. Eng. Jpn.*, **43**, 34 (2010)
12) R. Hidema et al., *J. Chem. Eng. Jpn.*, **47**, 169 (2014)
13) R. Hidema et al., *Int. J. Heat Mass Transfer*, **92**, 603 (2016)
14) P. Zhang et al., *Renew. Sustain. Energy Rev.*, **14**, 598 (2010)
15) M. Delgado et al., *Renew. Sustain. Energy Rev.*, **16**, 253 (2012)
16) T. Toyoda et al., *Chem. Lett.*, **43**, 820 (2014)
17) 日本レオロジー学会編, 講座・レオロジー, 高分子刊行会 (1992)
18) 中村喜代次, 非ニュートン流体力学, コロナ (1997)
19) Z. W. Ma & P. Zhang, *Int. J. Refrigeration*, **34**, 769 (2011)
20) R. M. Turian & T. F. Yuan, *AIChE J.*, **23**, 232 (1977)
21) P. W. Egolf et al., *Proc. 7th Conference on Phase Change Materials and Slurries for Refrigeration and Air-Conditioning*, p.75 (2006)

【第Ⅱ編　潜熱蓄熱】

第1章　包接型水和物

島田　亙*

1　はじめに

　包接水和物と言えば，メタン（CH_4）ハイドレートを思い浮かべる方が多いと思われる。CH_4ハイドレートとは，水分子が作るカゴ状（ケージ）構造の中にCH_4ガス分子が一つずつ包接された結晶で，正式にはメタンクラスレートハイドレートと呼ばれる。CH_4ハイドレートを代表とするガスクラスレートハイドレートは，低温高圧条件下で安定であり，自然界では深海底や永久凍土下部に存在するCH_4ハイドレート，南極氷床深部に存在するエアーハイドレートなど特殊な条件が必要である。

　しかしながら，例えばテトラヒドラフラン（THF）や硫化水素（H_2S）といった疎水性水和力の大きなガスを包接したガスクラスレートハイドレートでは，常温・常圧近くで安定である。また，ガスではなくテトラブチルアンモニウムブロミド（TBAB）に代表されるようなオニウム塩が，水分子の作るケージ構造の一部を壊して包接されるセミクラスレートハイドレートでは，常温・常圧で安定なものも存在する。

　これらのガスクラスレートハイドレートやセミクラスレートハイドレートは，比較的大きな潜熱を持っており，かつ0℃以上の平衡温度を持つものもあることから，我々の生活環境での利用が期待できる。

　この章では，TBABセミクラスレートハイドレート（以下TBABハイドレート）を中心に，その物性，結晶形態，結晶構造から，それらの結晶成長，さらに結晶構造を利用した応用について述べていく。

2　相図（状態図）

　ガスと水からなるガスクラスレートハイドレートの相平衡は，温度と圧力によって決まる。一方，塩と水からなるセミクラスレートハイドレートでは水溶液濃度と温度によって決まる。

　ガスクラスレートハイドレートの例として，CH_4ハイドレートとH_2Sハイドレートの相図を図1に示す[1]。平衡曲線の左上，すなわち低温高圧側が安定であることを示す。CH_4ハイドレートとH_2Sハイドレートを比較すると，のちに述べるように同じ結晶構造であるにもかかわらず

---

*　Wataru Shimada　富山大学　大学院理工学研究部（理学）；理学部　地球科学科
　　准教授

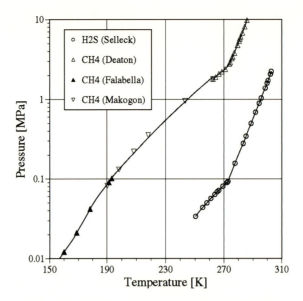

図1 ガスクラスレートハイドレートの相図（状態図）
ガスクラスレートハイドレートの例として，メタンハイドレートとH_2Sハイドレートの相図を示す。いずれも低温高圧側（左上）で安定となる。
（Sloan et al.[1]のデータを用いて作成）

平衡条件が大きく異なる。すなわち1気圧（0.1 MPa）のガス雰囲気中では，CH_4ハイドレートでは約193 K以下で，H_2Sハイドレートでは約273 K以下で安定である。一方0℃（273.15 K）では，CH_4ハイドレートでは約27気圧以上で，H_2Sハイドレートでは約1気圧以上で安定である。このようにガスの種類によって平衡条件が大きく異なるのは，ガス分子は水分子の作るケージと結合することなく疎水性水和状態で取り込まれていることに原因がある。H_2SとCH_4では，水との相互作用に大きな違いがあり，このことが平衡条件に大きな影響を与えている。

一方，セミクラスレートハイドレートの例として，TBABハイドレートの相図を図2に示す[2]。TBAB水溶液濃度と温度で相平衡が決まり，平衡曲線よりも低温側で安定である。TBABハイドレートには，少なくとも2種類の結晶構造が存在する[3,4]。我々はType A, Type Bと名付けているが，それぞれ40 wt%, 32 wt%が調和融点（結晶と水溶液のTBAB濃度が一致する）であり，平衡温度はそれぞれ12.0℃, 9.6℃である。したがって，これらの温度以下ではTBABハイドレートが安定相であることを示している。ここで，Type A, Type Bの平衡曲線は約20 wt%で交差している。したがって，20 wt%を境界として，高濃度ではType A結晶，低濃度ではType B結晶が安定であることを示している。なお，それぞれの結晶は調和融点での平衡温度が最高となっており，調和融点よりも高濃度，あるいは低濃度では平衡温度が下がる。水溶液の粘度や結晶形状などの変化を伴うものの，水溶液濃度により平衡温度を調整することも可能といえる。

第1章　包接型水和物

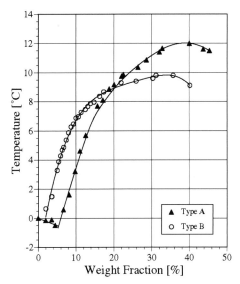

図2　TBABハイドレートの相図（状態図）
セミクラスレートハイドレートの例として，TBABハイドレートの相図を示す。水溶液濃度と温度で平衡条件が決まり，平衡線よりも低温側が安定となる。TBABハイドレートには2種類の結晶があり，我々はType A，Type Bと区別している。
（Oyama et al.[2]のデータを用いて作成）

3　比熱・潜熱

H_2O，CH_4ハイドレート，TBABハイドレート（Type A，B）の比熱・潜熱は，以下のとおりである。H_2Oと同様に比較的大きな比熱・潜熱を持っているのが特徴である。

【比熱】

　H_2O（water）：4.2 J/g K（0℃），H_2O（ice）：2.1 J/g K（0℃）

　CH_4 hydrate：2.082 J/g K（5.46℃，20 MPa）[1]

　TBAB hydrate Type A：2.605 J/g K（10.0℃）[2]

　TBAB hydrate Type B：2.541 J/g K（−0.2℃）[2]

【融解／解離潜熱】

　H_2O：333.9 J/g（0℃）

　CH_4 hydrate：442.21 J/g（7.45℃，5.5 MPa）[1]

　TBAB hydrate Type A：193.18 J/g（12.0℃）[2]

　TBAB hydrate Type B：199.59 J/g（9.6℃）[2]

4 結晶構造

ガスクラスレートハイドレートは,ホストと呼ばれる水分子が作るカゴ状(ケージ)構造に,ゲストと呼ばれるガス分子が取り込まれて作られる結晶である。12面体と14面体からなるⅠ型構造,12面体と16面体からなるⅡ型構造と,2種類の12面体と20面体からなるH型構造があり,ゲストとしてケージに入るガス分子のサイズにより結晶構造が決定することが知られている(図3)[1]。すなわち,ガス分子径が小さい場合は,12面体,14面体,16面体すべてにゲストとして取り込まれるが,より小さな12面体の割合が多いⅡ型構造となる。ガス分子径が少し大きくなると16面体よりも14面体のほうが取り込んだ状態が安定となるためⅠ型構造となる。さらにガス分子径が大きくなると12面体には取り込むことができなくなり14面体のみにガスが取り込まれるが,ついには14面体にも取り込むことができなくなり16面体をもつⅡ型構造になる。なお,ホストである水分子とゲストであるガス分子は結合しておらず,ガス分子はいわば"生け捕り"状態となっている。このため,ホストとゲストの相互作用(疎水性水和)によりハイドレー

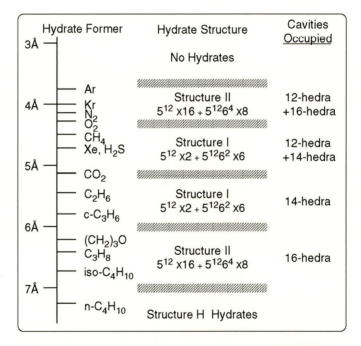

図3 ガス分子径とガスクラスレートハイドレート結晶構造
5^{12}は5角12面体,$5^{12}6^4$は5角12面6角4面の16面体,$5^{12}6^2$は5角12面6角2面の14面体を示す。Structure Ⅰ(Ⅰ型構造)は,単位格子内に5角12面体が2個と,5角12面6角2面の14面体が6個存在することを示し,Structure Ⅱ(Ⅱ型構造)は,単位格子内に5角12面体が16個と,5角12面6角4面の16面体が8個存在することを示す。
(Sloan *et al.*[1]を参考に一部改変して作成)

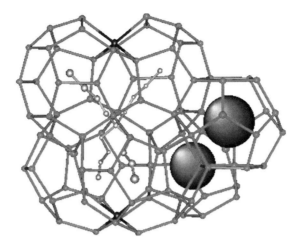

図4　TBABハイドレート（Type B）の結晶構造
テトラブチルアンモニウムの4本のブチル基が，14面体2個と15面体2個の4つのケージの一部を壊して1本ずつ入っている。12面体は空きケージとなっており，ガス分子が入ることができる（図では球を入れてある）。
（Shimada et al.[6]を一部改変して作成）

ト結晶の安定性が決まると考えられている。

　一方，セミクラスレートハイドレートは，ガスクラスレートハイドレートとは異なる結晶構造を持っており，さらにケージ構造の一部を壊して大きな分子を取り込んでいる。Davidsonは，さまざまなハイドレートの結晶構造を報告している[5]。セミクラスレートハイドレートの例として，図4にTBABハイドレートのType Bの結晶構造の一部を示す[6]。TBABハイドレートは12面体，14面体と15面体の組み合わせでできた結晶である。Type Bの結晶は，単位格子内に12面体6個，14面体4個と15面体4個があるが，TBA（テトラブチルアンモニウム）イオンの4本のブチル基が14面体2個と15面体2個の一部を壊して入っている（TBAイオンは単位格子あたり2個）。一方，12面体はすべて空きケージとなっている。のちに述べるように，この空きケージにはガス分子を取り込むことができる[4]。このTBABというオニウム塩は水和力が大きく，水分子を引きつけるようである。

5　核生成・結晶成長

　水を冷やしても，0℃で凍り始めることはなく一旦氷点下数℃まで冷え，やがて氷が成長を始めて0℃に戻る。このように一旦平衡温度以下になることを過冷却と呼ぶ。冷凍庫の製氷皿では，高々数Kの過冷却であるが，上空の雲粒（微水滴）では−20〜−30℃になっても凍結しないという大きな過冷却が見られる。これは水滴のサイズ効果によるところが大きい。

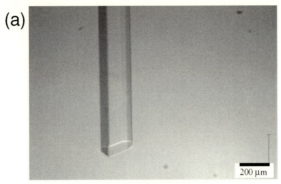

図5 TBABハイドレート結晶の成長形態
a) Type A の単結晶は，過冷却度が小さい場合は写真のように八角柱状に，過冷却度が大きい場合は四角柱状に成長する。b) Type B の単結晶は，六角柱状に成長する（写真は単結晶の集合体）。

一方，ハイドレート結晶でも平衡状態を超えて加圧もしくは冷却しても直ちに結晶が成長を始める訳ではない。水−氷系よりも大きな過冷却がみられ，例えば容量数 10 mL のセル内に入れた 40 wt％ TBAB 水溶液を−10℃に冷やしても（すなわち過冷却度 22 K）核生成することは稀で，我々の実験では液体窒素による強制冷却により核生成させている。

このような過冷却現象は，どのような系にも見られるが，上記のような強制冷却を用いたり，核生成に有利な不純物（例えばシリカゲル[7]）を入れたりするほか，ガスクラスレートハイドレートでは平衡圧の小さい別種類のガスを入れておくことで，まずその平衡圧の小さいガスクラスレートハイドレートを核生成させ，同じ結晶構造のハイドレート結晶の成長を誘発させるといった手法も用いられる。

さて，核生成が発生しても結晶成長が遅いと実用的ではない。ガスクラスレートハイドレートでは，水とガスから結晶が成長するため水−ガスの界面では成長が見られるが，一旦界面にハイドレート結晶ができると水側ではガスが不足し，ガス側では水が不足するため成長が極端に遅くなる。このような場合はバブリングや撹拌といった操作が必要となる。セミクラスレートハイドレートで水溶液から成長する場合は，上記の問題は存在しないが，必ずしも成長が速いわけでは

ない。図5はTBAB水溶液中で成長するTBABハイドレート結晶である。Type A結晶では過冷却が小さいと八角柱状，過冷却が大きくなると四角柱状の結晶が成長する（図5a）。なお過冷却が小さい場合，側面は成長せず，先端のみで成長が見られる[8]。Type B結晶は六方晶系であるため六角柱状に成長する（図5b）。どちらの場合も針状に成長するため，成長体積を稼ぐという意味では不利である。ただし，このような成長形状はスラリーとして利用可能[9]といった現実的な側面も持っている。成長速度を大きくするには，過冷却度を大きくするという基本的な考え方以外に，結晶を細かく砕く，成長に有利な不純物を用いるといった手法も考えられる。

6 ガス種分離などへの応用

クラスレートハイドレート結晶は，2種類もしくはそれ以上のケージ構造の組み合わせで構成されている。ガスクラスレートハイドレートでは12面体と14面体からなるI型構造，あるいは12面体と16面体からなるII型構造などがある。取り込まれるガス分子径が小さい場合は，12面体と14面体あるいは16面体の双方にガス分子が取り込まれるが，ガス分子径が大きくなると12面体にはサイズ的に取り込まれず，14面体あるいは16面体のみにガス分子が取り込まれ，12面体は空きケージとなる。この空きケージにも本来はガス分子が入った方がエネルギー的には安定と考えられ，混合ガスを用いたハイドレート結晶では選択的に取り込まれることもある。

一方，TBABハイドレート結晶は，3種類のケージの組み合わせで構成されている。すなわち12面体，14面体，15面体である。Type Aの結晶構造は完全には確定されていないが，我々のこれまでの研究から12面体は空きケージになっていることが分かった。また，Type Bの結晶構造でも12面体は空きケージになっている[6]。すなわち，TBABハイドレートには12面体のみの空きケージが存在することになる。この12面体の空きケージにはガス分子が入ることも可能であり，単一サイズのケージであるために，ガス分子の篩として利用が考えられた。

最初に，TBAB水溶液中でスパージャー翼を用いてCH_4ガスとエタンガス，あるいはCH_4ガスとプロパンガスを供給しTBABハイドレートを成長させ，これを解離させて水上置換法で得られたガスをガスクロマトグラフ法で分析した。結果を図6に示す。初期組成に関わらず，TBABハイドレートにはほぼメタンガスのみが含まれていることが分かる。このように単一サイズの空きケージを持つTBABハイドレートを用いて，ガス種分離が可能であることが明らかになった[10]。

さらに，このTBABハイドレートを用いてH_2Sガスを取り除くこともできる[11]。これは，H_2Sが水に溶けやすいことを利用している。すなわち，バイオガス（CH_4，CO_2，H_2Sの混合ガス）を供給しながらTBABハイドレートを成長させると，3種類のガスは分子サイズ的にはほぼ同等で12面体に取り込まれると考えられるにもかかわらず，H_2SガスはCH_4ガスやCO_2ガスに比較して桁違いに水溶液に溶けるため，H_2Sガスが優先的にTBABハイドレートに取り込まれるというものである。従来はガスクラスレートハイドレートとしてH_2Sをハイドレート

潜熱蓄熱・化学蓄熱・潜熱輸送の最前線

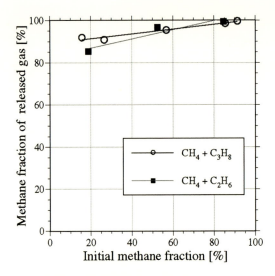

図6　混合ガス中で成長させたTBABハイドレートに含まれるメタン割合

メタン＋エタン，メタン＋プロパンの混合ガス中でTBABハイドレートを成長させ，そのハイドレートに含まれていたガスのメタンの割合を示す。どちらの場合もTBABハイドレートにはメタンガスが85％以上含まれており，分子篩として機能していることが分かる。
（Kamata et al.[10]のデータを用いて作成）

化して取り除く手法が考えられていたが，このTBABハイドレートを利用することにより，低圧でかつ効率よく脱硫可能であることが明らかになっている[12]。

文　　献

1) E. D. Sloan et al., Clathrate Hydrates of Natural Gases, Third Edition, p.721, CRC Press (2008)
2) H. Oyama et al., *Fluid Phase Equilibria*, **234**, 131 (2005)
3) 福嶋信一郎ほか，NKK技報，**166**, 65 (1999)
4) W. Shimada et al., *Jpn. J. Appl. Phys.*, **42**, L129 (2003)
5) D. W. Davidson, Clathrate Hydrate, In：Water a Comprehensive Treatise, F. Franks ed., Vol.2, Chap.3, p.115, Plenum Press, New York (1973)
6) W. Shimada et al., *Acta Crystallographica*, **C61**, o65 (2005)
7) 海老沼孝郎ほか，寒地技術シンポジウム論文報告集，**15**, 262 (1999)
8) W. Shimada et al., *J. Crystal Growth*, **274**, 246 (2005)

9) 高雄信吾ほか, 日本エネルギー学会誌, **77**, 920 (1998)
10) Y. Kamata *et al.*, *Jpn. J. Appl. Phys.*, **43**, 362 (2004)
11) Y. Kamata *et al.*, *Energy&Fuels*, **19**, 1717 (2005)
12) 海老沼孝郎ほか, 気体の分離剤及び気体の分離濃縮するための方法と装置特願2002-173153, 2002.6.13 出願, 特開 2003-138281, 2006 年特許査定, 登録番号 第 3826176 号, 権利者 産業技術総合研究所

第2章　生体脂質の相変化

田中明美[*1]，富重道雄[*2]

1　はじめに

　人をはじめとする生体を取り巻く熱環境を考える際，生体サイドの熱事象を知る必要がある。生体内の熱事象は生理機能を伴うエネルギー生成，代謝に伴う発熱など様々な現象がある。これらは生体を組織する細胞の構成物質の化学反応や物理作用による熱力学的現象といえる。生体を構成する代表的な成分の一つである脂質は，生体内の重要な貯蔵エネルギー源であり，ネガティブなイメージが強い皮下脂肪は体温調節の役割がある。また最近では，細胞を包み込む生体膜を構成し，そのダイナミクスは細胞内外への物質輸送や細胞間の情報伝達などの生命機能を担っていることが分かってきている[1]。一方，温熱治療など医療現場では，血流と周辺細胞の熱の授受の繊細な情報が必要になっている。しかし皮膚の伝熱機構を考えるうえで，従来の血流の影響のみを考慮した熱伝導現象の予測では対応できず議論されている[2]。皮膚組織の熱移動現象には生体脂質の相変化が無視できないと考えられている。本章では，潜熱輸送，潜熱蓄熱の観点から，皮膚組織における細胞間脂質と皮下脂肪の相変化について述べる。

2　皮膚組織の生体脂質

　皮膚は生体と環境との物理的境界であり，バリア機能を持つ重要な臓器である。バリア機能とは体外からの異物の侵入を防ぎ，体内水分の蒸散を防ぐという役割である。しかし今世紀に入り，皮膚は単なる防壁としての役割だけでなく，外部環境に応じて体内の免疫系，内分泌系を作動させると考えられ始めている[3]。特に熱刺激に対して，皮膚細胞内の生体脂質がその状態を変化させて必要な情報を体内に伝達することが明らかになりつつある。そのため免疫系機序の解明や，経皮創薬の開発などのために皮膚組織の生体脂質の構造変化を伴う熱物性研究は活発に行われ始めた[4]。まだ医療現場への応用やバイオミメティクスへ展開するに必要なデータは十分ではないが，現在発展しつつあるホットな対象である。ここでは，皮膚構造，免疫系が人に近いブタの皮膚を使った熱分析結果を中心に，皮膚表皮角層部分と皮下組織の生体脂質の相変化について実験的検討を行った。

＊1　Akemi Tanaka　東京大学　大学院工学系研究科　物理工学専攻　学術支援専門員
＊2　Michio Tomishige　東京大学　大学院工学系研究科　物理工学専攻　准教授

第 2 章 生体脂質の相変化

3 皮膚組織の構造

人の皮膚組織の構造について図1に模式図[5]を示す。皮膚組織上部の表皮部分の最外部におよそ 20 μm 程度の厚さの角層がある。角層は図2の模式図のように角層細胞間を細胞間脂質が埋めるように取り囲む構造になっている。角層部分はソフトケラチンと呼ばれるタンパク質を多く含む角層細胞と細胞間脂質で構成されている。細胞間脂質はセラミド，脂肪酸，コレステロールなどの多成分より成っている。この細胞間脂質の脂肪分子はラメラ構造と呼ばれる，分子の長軸方向に配向した周期構造をとることが知られている。表皮の下には真皮が存在し，さらに下部は皮下脂肪と呼ばれる皮下組織になる。皮下脂肪はオレイン酸，ミスチリン酸をはじめとする多種類の脂肪酸より構成されているが，その組成の詳細はまだ明らかになっていない。

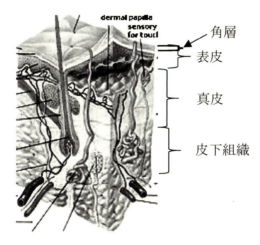

図1　表皮組織模式図

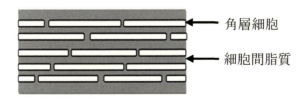

図2　角層部分断面模式図（レンガモルタル構造）
角層細胞を細胞間脂質が埋めるように取り囲む構造になっている。
レンガとレンガの間をモルタルで埋めながら，レンガを積む状態になぞらえて，レンガモルタル構造と呼ばれている。

4 生体脂質の構造変化の測定方法

4.1 示差走査熱量測定（Differential Scanning Calorimetry：DSC）

　物質の構造変化に伴う相変化，熱異常温度，潜熱量を直接測定する方法として示差走査熱量測定がある。熱量測定は測定対象の温度と，出入りする熱量を測定する方法である。示差走査熱量計（Differential Scanning Calorimeter）は，温度の昇降により物質の構造が変化する際に生じる熱エネルギーの変化を検出する装置で，物質の状態および相変化などの解析に役立つ。図3に示差走査熱量計測定部の概略図[6]を示す。DSC装置には測定方式の違いから熱流束DSCと入力補償DSCがある。熱流束DSCは単一熱源であるが，入力補償DSCの方は試料側と基準物質側で別々の熱源である。どちらも試料（s）と基準物質（r）の温度を一定のプログラムに従って変化させながら，試料と基準物質の温度差（ΔT）を測定する。入力補償DSCは独立した2つの熱源によって，生じたΔTを打ち消すようにするために必要な電力差を測定し反応熱量に変換する。一方熱流束DSCは生じたΔTをsとrの間の単位時間当たりの熱流に換算して記録する。これらより得られたDSC曲線より相変化や熱異常温度，エンタルピーなどの熱力学的情報を得ることができる。

4.2 比熱容量測定

　DSC測定によって得られた試料の吸熱反応から，式(1)に示すように重要なエネルギー情報が含まれる定圧比熱容量を算出できる。

$$C_p = \left(\frac{\partial H}{\partial T}\right)_p \tag{1}$$

ここで，C_pは定圧比熱容量，Hはエンタルピー，Tは温度である。

　比熱容量の測定は，日本工業規格（JIS）の示差走査熱量測定法（K7123, 1987）[7]を踏襲して

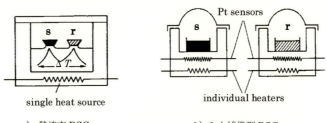

a) 熱流束DSC　　　　b) 入力補償型DSC

図3　示差走査熱量計測定部概略図
sは試料，rは基準物質，ΔTは試料と基準物質の温度差を表している。熱流束DSCは単一熱源であるが，入力補償DSCの方は試料側と基準物質側で別々の熱源である。入力補償DSCはこの独立した2つの熱源によって，生じたΔTを打ち消すようにするために必要な電力差を測定し反応熱量に変換する。一方熱流束DSCはΔTをsとrの間の単位時間当たりの熱流に換算して記録する。

第2章　生体脂質の相変化

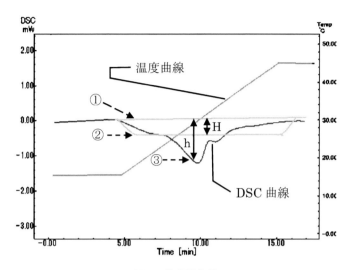

図4　比熱計算例
DSC装置炉内の試料ホルダーの基準側と試料側にそれぞれ，①基準物質Aと基準物質A，②基準物質Aと基準物質B，③基準物質Aと試料を載せた場合のDSC測定結果。

行う。測定方法は同一条件下で，DSC装置の電気炉内の試料ホルダーの基準側と試料側にそれぞれ，①基準物質Aと基準物質A，②基準物質Aと基準物質B，③基準物質Aと試料を載せた場合の3パターンのDSC測定を行う（図4参照）。最初，測定開始温度で5分保ち，ベースラインを得る。そして，一定昇温速度で走査し，測定終了温度で5分保ちベースラインを得る。同様の測定を①～③の場合で繰り返す。図4の実験例では，基準物質Aは空気，既知の比熱容量の基準物質Bはアルミナ（Al_2O_3）を用いている。基準物質Aと基準物質BのDSC曲線の信号差H，基準物質Aと試料との信号差hを検出することにより，試料の比熱容量C_pは式(2)のように求まる。

$$C_p = \frac{h}{H} \cdot \frac{m'}{m} C'_p \tag{2}$$

ここで，C_pは試料の比熱容量，C'_pは標準物質Bの既知の比熱容量であり，hは標準物質Aと試料のDSC信号差，Hは標準物質Aと標準物質BのDSC信号差，mは試料の質量，m'は標準物質Bの質量である。

5　細胞間脂質の相変化

5.1　細胞間脂質の融解[8]

図5は，ブタ表皮角層組織の昇温速度を1，3，5（K/min）とした場合のDSC曲線の例である。試料温度50℃を超えた所から，吸熱反応が測定されており，これは脂質の相変化を表している

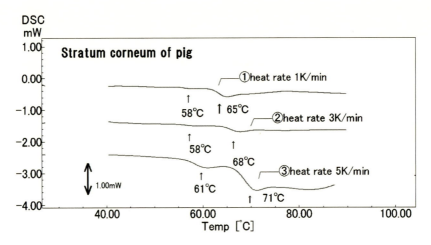

図5　ブタ皮膚角層の示差熱分析（DSC）曲線例

ブタ表皮角層組織の昇温速度を1, 3, 5 (K/min), 測定温度域40〜90℃の場合のDSC曲線の例（測定装置DSC-60, Shimazu製）。この時の試料量は①, ②は5 mg, ③は10 mgであるため反応熱量は③が大きく測定される。試料温度が50℃を超えると, 2箇所の吸熱反応2つを伴う相変化が確認できる。これらのピークは角質細胞の細胞間脂質集合体のラメラ構造の融解を表していると考えられる。

と考えられる。生体試料は熱伝導率が小さいため, 温度変化に対する反応の変化速度は緩慢である。そのため, 吸熱反応のピーク温度は昇温速度の増加に伴い高温側にシフトする。いずれの昇温速度でも70℃付近に吸熱ピークが観測された。人の細胞間脂質のラメラ構造が消失する温度が70℃という報告もある[9]。そこで, 70℃付近の構造変化の詳細を明らかにするために, DSC測定同様にブタの角層を用いて, X線小角散乱測定を行った。X線測定については専門書を参考にしてもらい, ここでは結果についてのみ言及する。X線の回折像を図6に示す。ここで同心円状の回折パターンは結晶化度を表している。回折パターンの大きな変化は60℃までは観測されないが, 70℃では回折パターンが消滅している様子が観測された。これは, 八田ら[4]SPring-8を使ったヘアレスマウスの角層細胞間脂質のラメラ構造の融解温度と一致している。よってDSCの吸熱ピークは細胞間脂質のラメラ構造の融解を表していると考えられる。図7には試料温度4℃の時のブタ角層の小角散乱強度プロファイルを示す。横軸の散乱ベクトルSは入射X線と散乱X線の波数ベクトルの差で定義されている。Sは次式(3)で表わされる。

$$S = (2/\lambda)\sin(2\theta/2) \tag{3}$$

ここで, λはX線の波長で今回は0.154 nm, 2θは散乱角である。さらに, 図7で散乱強度がピークになっている点$S = 0.104 \text{ nm}^{-1}$での散乱強度の温度変化を図8に示す。図6の回折パターンからは分かり難かったが, 図8では40℃から散乱強度は減少を始め, 一部の分子構造が変化し始めたことが分かる。70℃付近はすべての分子が構造変化し終わった温度で, 実際の相変化はこれ

第2章　生体脂質の相変化

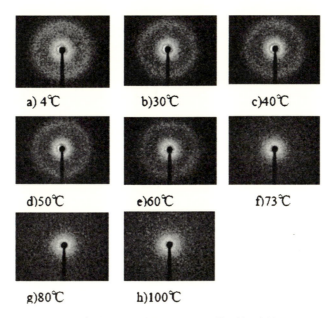

図6　ブタ角層の温度変化によるX線回折測定結果

透過型X線回折装置（NANO-View, RIGAKU製）を使って，小角散乱測定した実験結果例。試料温度を3～100℃まで昇温速度1 K/minで昇温した時のX線回折パターン変化である。X線波長は0.154 nmである。f) 73℃は同時測定をしていたDSC曲線の吸熱ピーク温度（73℃）時の回折パターンである。73℃を境に結晶化度を示す同心円状の回折パターンが消滅し，細胞間脂質の融解が認められる。

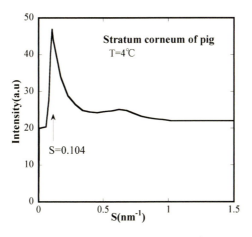

図7　試料温度4℃における散乱ベクトルプロファイル
散乱ベクトル $S=0.104$ nm^{-1} において散乱強度がピークを示し，細胞間脂質が秩序立ったラメラ構造をとっていると推測される。

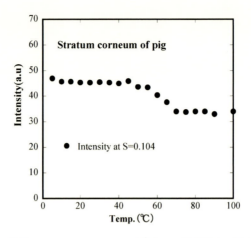

図8 散乱ベクトル $S=0.104\,\mathrm{nm}^{-1}$ 点での散乱強度の温度変化
40℃から散乱強度は減少を始め細胞間脂質の構造変化が始まり，70℃付近で融解が認められる。

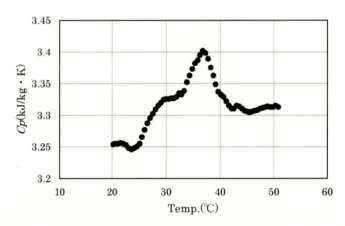

図9 細胞間脂質のみかけの比熱変化
ブタ角層の体温付近のDSC測定結果より，細胞間脂質のみかけの定圧比熱を計算した例。昇温速度3 K/minで測定温度域20〜50℃である。

らより低い温度の体温近傍から始まっていることが判明した。

5.2 体温近傍での細胞間脂質，皮下脂肪の相変化

　細胞間脂質の融解温度は70℃付近であったが，人をはじめとする哺乳類が生命活動をしている体温近傍の生体脂質の熱異常や相変化はどうなっているのだろうか。そこで37℃近傍の温度領域での生体脂質の構造変化に着目し，DSC測定を行った[10]。図9は細胞間脂質を含むブタ表皮角層のみかけの比熱の測定例である。みかけの比熱とは，温度変化を伴う顕熱だけでなく相変化などによる潜熱の熱容量も含んだ比熱容量のことである。25℃より熱容量は大きくなり体温近

第2章　生体脂質の相変化

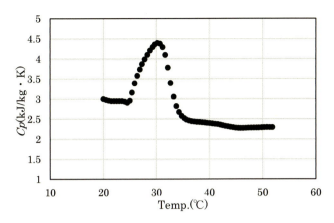

図10　皮下脂肪のみかけの比熱変化
ブタ皮膚の皮下組織の DSC 測定結果より，皮下脂肪のみかけの比熱の計算結果例。昇温速度 3 K/min で測定温度域 20～50℃である。

傍の 37℃でピークになるが，42℃付近でも，比熱が変化していることが分かる。特に 42℃以上は体内酵素系の障害が起こり，細胞が死滅する温度域である。また，同じ生体脂質でも皮下脂肪の比熱変化は様子が違ってくる（図10参照）。25℃から 30℃をピークに大きく比熱は変化する。豚脂の融解温度が 27～40℃[11]であることから，30℃付近のピークは皮下脂肪の融解を表していると推定される。これまで皮膚細胞表皮の比熱は 3.6（kJ/kg・K），皮下組織（皮下脂肪）の比熱は 2.7（kJ/kg・K）[2]と報告されていたが，生命機能が働く体温近傍で，生体脂質の相変化，熱異常により皮膚のみかけの比熱は温度に依存して大きく変化することが明かになった。

6　おわりに

人が生きていくのに最低体温と言われる 25℃，通常体温 37℃，細胞死する 42℃と生命に重要な温度領域で，細胞間脂質，皮下脂肪は構造を変化させ相変化を引き起こす。生体脂質は，融点の異なる様々な種類の脂肪酸が混在して，その細胞を取り巻く環境の温度に応じて，構造を変化させ機能が発揮できるように制御されていると考えられる。直接外界に接している皮膚は，生体脂質の構造変化による潜熱を利用して体内の組織の温度を一定に保ち，恒常性を維持しているといえる。

文　　献

1) 梅田真郷編，生体膜の分子機構，p.153，化学同人（2014）
2) F. Xu et al., *Comput. Biol. Med.*, **40**, 478（2010）
3) M. Tominaga, *Folia Pharmacol. Jpn.*, **124**, 219（2004）
4) I. Hatta et al., The 26th Japan Symposium on Thermophysical Properties, p.227（2005）
5) US-Gov., Anatomy of the human skin（2008）
6) Thermal Analysis Newsletter, 9, Perkin-Elmer Corporation（1970）
7) 田中明美，第5回潜熱工学シンポジウム講演論文集，p.45（2015）
8) A. Tanaka et al., The 32nd Japan Symposium on Thermophysical Properties, p.437（2011）
9) J. A. Bouwstra et al., *Int. J. Pharmceut.*, **84**, 205（1992）
10) A. Tanaka & M. Tomishige, The 11th Asian Thermophysical Properties Conference, P-085（2016）
11) A. Tanaka et al., The 35th Japan Symposium on Thermophysical Properties, p.202（2014）

第3章 高温熱源回収に向けた金属／合金系潜熱蓄熱材料の開発

能村貴宏*

1 はじめに

　我が国では依然として一次投入エネルギー量に対して60％もの未利用熱，すなわち排熱が存在すると推計されている[1]。この排熱の有効利用により大幅な化石燃料消費の削減が期待できる。一方，欧米諸国を中心に集光太陽熱発電（Concentrating Solar Power：CSP）を核とする太陽熱利用技術の開発が推進されている。国際エネルギー機関は，2050年までに世界で1,089GWの太陽熱発電所が建設され，世界の発電量の11.3％が供給されると予測している[2]。産業排熱は工場の操業に，太陽熱は天候の変化に影響される熱源であるため，熱の需要と供給に時間的なアンバランスが生じる。そこで，これらの熱の需要と供給の時間的，空間的アンバランスを解消するための蓄熱技術の確立が要請されている。

　近年，500℃超の高温熱源回収・利用に向けた高温蓄熱技術の確立が重要な課題となっている。産業分野では高温排熱を水蒸気に変換して所内での熱利用や発電に使われることが多いが，そこでは大きなエクセルギー損失が不可避である。高温排熱を高温のまま使用するには，熱源温度に対応した高温の蓄熱システムが必要となる。一方，太陽熱発電分野ではタワー型レシーバー技術の進展による集熱温度の高温化が実現されており，これに対応可能な高温蓄熱技術が求められている。

　相変化物質（Phase Change Material：PCM）の相変化潜熱を利用する潜熱蓄熱技術は従来の顕熱蓄熱技術よりも高密度蓄熱が可能であり，その利用温度域の高温化が期待されている。高温の潜熱蓄熱技術に関する研究，技術開発において最も一般的なのは，溶融塩PCMの利用である。現在までに硝酸塩系PCMを利用した潜熱蓄熱技術が確立されつつある。しかし，硝酸塩系PCMの蓄放熱温度は高々300℃程度である。また，500℃以上で作動可能なPCMとして塩化物や炭酸塩などが1980年代から報告されているが，溶融塩PCMの特徴である高い腐食性，低熱伝導性，および高い体積膨張率から派生する技術的課題を未だ解決できていない。溶融塩PCMの高い腐食性は蓄熱槽やPCM充填用カプセルを構成する材料の選択性を狭め，低熱伝導性は潜熱蓄熱システムの熱入出力速度向上の大きな足枷となる。また，高い体積膨張率は蓄熱槽などの充填容器の機械的設計を困難にする。

＊ Takahiro Nomura　北海道大学　大学院工学研究院　附属エネルギー・マテリアル融合領域研究センター　准教授

高温潜熱蓄熱システムの確立における溶融塩PCMに替わる選択肢は，金属/合金PCMの利用である。金属/合金は一般的に溶融塩より熱伝導率が高く，組成次第では融解時の体積膨張を低く制御可能である。金属/合金PCMのコンセプトそのものは20年以上前から存在した[3,4]。しかし，溶融した金属/合金PCMの高い腐食性から派生する技術的課題（特に材料）を克服することができず，報告例は極めて少なかった。一方，近年PCM充填容器としてセラミックスを使うことで腐食の問題が解決され[5〜7]，材料開発が進展しつつある。

本稿ではまず金属/合金のPCMとしての特徴と優位性を溶融PCMの物性と比較し，論じる。次に金属/合金系PCMとして提案されている材料を紹介する。さらに，金属/合金系PCMの最新研究開発事例を代表的な金属/合金系PCMであるAl-Si合金を例として述べる。

2 金属/合金PCMの概説

2.1 金属/合金PCMの種類

表1a[8〜14]に提案または報告されている金属/合金PCMの組成と物性値を，表1b[15]には代表的な溶融塩PCMの組成と物性値を示す。ここで「提案されているPCM」とはハンドブックやデータベースの物性値のみからPCM候補として挙げられている材料を示し，「報告されているPCM」とは実際にPCMとしての利用可能性が「試された材料」を意味し，表1a中の名称に「*」を付記した。金属/合金PCM候補材料として様々な純金属，合金が提案されている。一方，実際にPCMとしての蓄熱性能試験や繰り返し耐久性調査などが検討，報告された材料はそれほど多くはない。大まかにZn系（>400℃），Al系（<660℃），Cu系（<1,100℃），およびFe系（900℃程度，固−固相変態のみ）がPCMとして具体的に検討されている。

2.2 金属/合金PCMの特徴と利点

金属/合金材料のPCMとしての優位性はその物性に由来する。そこで本項では，まず金属/合金材料の物性と既往の高温PCMである溶融塩の物性を比較し，金属/合金材料のPCMとしての優位性を論じる。

高蓄熱容量

表1に示したとおり金属/合金PCMは，溶融PCMと同等の重量基準潜熱を持つ。また，一部の例外を除いて金属/合金の密度は溶融塩よりも高い。そのため金属/合金PCMの体積基準の潜熱は溶融塩PCMより高くなる。例えば，金属/合金PCMとして代表的なAl-25 mass%の体積基準の潜熱は$1\,GJm^{-3}$を超える。この値は一般的な高温化学蓄熱材料の蓄熱密度と比べても遜色なく，金属/合金PCMは極めて高い蓄熱密度を持つ材料であることがわかる。

高熱伝導性

高熱伝導性は金属/合金PCMの最大の特徴である。表1に示したとおり金属/合金PCMの熱伝導率は溶融塩PCMの熱伝導率より数十〜数百倍高い。例えばAlの熱伝導率（$237\,Wm^{-1}K^{-1}$）

第3章 高温熱源回収に向けた金属/合金系潜熱蓄熱材料の開発

表1 a) 提案または報告されている金属/合金 PCM の組成と物性値,
　　b) 代表的な溶融塩 PCM の組成と物性値

a)

PCM	融点 [℃]	潜熱 [J g^{-1}]	熱伝導率 (at 室温) [W m^{-1} K^{-1}]	文献
Mg-Zn(49-51 mass%)*	342	155	75	8)
Zn-Al(96-4 mass%)	381	138	−	9)
Al-Mg-Zn(60-34-6 mass%)*	450	329	−	10)
Al-Si-Sb(86.4-9.4-4.2 mass%)	471	471	−	9)
Mg-Al(34.65-65.35 mass%)	497	285	−	9)
Al-Cu-Mg(60.8-33.2-6.0 mass%)	506	365	−	9)
Al-Si-Cu-Mg(64.1-5.2-28-2.2 mass%)	507	374	−	9)
Al-Si-Cu(68.5-5.0-28-26.5 mass%)	525	364	−	9)
Al-Cu-Sb(64.3-5.0-34.0-1.7 mass%)	545	331	−	9)
Al-Cu(66.92-33.08 mass%)	548	372	−	9)
Al-Si-Mg(83.14-11.7-5.16 mass%)	555	485	−	9)
AC9A*	562	269	−	5)
ADC12*	566	431	−	5)
Al-Si-Cu(46.3-4.6-49.1 mass%)	571	406	−	9)
Al-Si(88-12 mass%)*	575	560	−	11)
Al-Si(75-25 mass%)*	580	432	167	7)
Al*	660	397	237	12)
Cu-Si(80-20 mass%)*	804	282	371	13)
Fe-Co(Co:15-40 mass%)*	935-988	49-53	−	14)
Cu*	1084	286	1084	12)

b)

PCM	融点 [℃]	潜熱 [J g^{-1}]	熱伝導率 (at 融点) [W m^{-1} K^{-1}]	文献
NaNO$_3$	307	182	0.56	
NaOH	318	159	0.842	
KNO$_3$	337	100	0.463	
NaCl-KCl-MgCl$_2$(33.0-21.6-45.4 mol%)	385	234	−	
NaCl-MgCl$_2$(60.1-39.9mol%)	450	293	−	
Na$_2$CO$_3$-K$_2$CO$_3$(59-41mol%)	710	163	−	15)
MgCl$_2$	714	453	1.19	
KCl	770	355	0.95	
NaCl	800	483	1.26	
Na$_2$CO$_3$	858	258	1.84	
K$_2$CO$_3$	898	200	1.88	
NaF	995	801	1.25	

は，古くから検討されている溶融塩系 PCM である NaCl の熱伝導率（$1.26\,\mathrm{Wm^{-1}K^{-1}}$）の約400倍に相当する。

　PCM の低熱伝導性から派生する潜熱蓄熱システムの熱入出力速度の低さは，潜熱蓄熱分野の研究開発における大きな課題であった。実用化が進んでいる低温領域（100℃以下）の潜熱蓄熱システムにおいても，PCM であるパラフィン，無機水和塩，および糖アルコールの熱伝導率は低く（たかだか $1\,\mathrm{Wm^{-1}K^{-1}}$ 以下），この課題が解決されているとは言い難い。高温蓄熱システムの構築を狙った溶融塩 PCM の研究開発においては，溶融塩 PCM の低熱伝導性の改善を目的とした材料開発に関する報告が多い。例えば，溶融塩 PCM への高熱伝導性フィラーの添加や高熱伝導性多孔質材料への溶融塩 PCM の含浸によるコンポジット化などである（例えば文献16)）。しかし，フィラーの添加は蓄熱密度とトレードオフの関係にあるため，多量のフィラーの添加は大幅な蓄熱密度の低下を招く。これに対して高熱伝導率を持つ金属／合金系 PCM の利用により，高熱伝導性フィラーの添加や伝熱面積拡大のためのフィンの設置等の対策なしに高速熱交換可能な熱交換器を設計できる可能性がある。

低体積膨張率

　PCM の固液相変化時の急激な体積膨張は，PCM の利用上最もやっかいな現象の一つである。体積膨張率が高いほど蓄熱槽や蓄熱構造体の設計は困難になる。表2a[12]は代表的な純金属の融解時の体積膨張率を，表2b[15]は代表的な溶融塩 PCM の融解時体積膨張率の値を示す。一部の例外を除いて一般的に金属／合金の融解時体積膨張率は溶融塩よりも低く，金属／合金 PCM の

表2　a）純金属の融解時体積変化率[12]，b）溶融塩（単塩）の熱伝導率[15]

a) 物質	融点 [℃]	融解時体積変化率 [%]	b) 物質	融点 [℃]	融解時体積変化率 [%]
Hg	-39	3.64	$LiNO_3$	253	21.4
Rb	40	2.5	$NaNO_2$	282	16.5
Na	98	2.7	$NaNO_3$	307	10.7
Li	181	1.5	NaOH	318	15.7
Sn	232	2.4	KOH	360	13.7
Cd	321	3.3	LiCl	610	26.2
Pb	328	3.81	$MgCl_2$	714	30.46
Zn	419	4.1	Li_2CO_3	723	6.9
Mg	650	2.95	KCl	770	22.27
Al	661	7.54	$CaCl_2$	774	0.09
Ag	962	3.5	NaCl	800	26.06
Au	1065	5.5	LiF	848	29.4
Cu	1085	3.96	KF	858	17.2
(Si)	1412	-9.5	Na_2CO_3	858	16.2
Ni	1455	2.5	K_2CO_3	898	16.4
Co	1494	6.3	NaF	995	24
Fe	1534	3.9	MgF_2	1263	14
			CaF_2	1418	8

第3章　高温熱源回収に向けた金属/合金系潜熱蓄熱材料の開発

優位性は明らかである。例えば，代表的溶融塩 PCM である NaCl の体積膨張率は 26.06％なのに対して，Al の融解時体積膨張率は 7.54％（金属としては高い）である。また，Bi や Si などの融解時体積膨張率が負である元素との合金を設計することで，融解時体積膨張率を低く制御することも可能である。

2.3　合金 PCM の問題点

金属/合金系 PCM の最大の問題点は溶融した金属/合金の高い腐食性である。一部の例外（溶解度ギャップを持つ Sn-Al 系等[17]）を除いて，溶融した金属/合金は一般的な金属構造材料を激しく腐食させる可能性がある。物理的な性質のみに着目すると金属/合金材料は高密度蓄熱，高熱伝導性，低体積膨張率など PCM として理想的な性質を持っているが，その化学的性質のため，他の PCM と比べるとその報告例は極めて少なく，研究開発が滞っていたと言えよう。

3　金属/合金系 PCM の材料開発事例（Al-Si 合金を例として）

前節までに述べたとおり金属/合金材料は PCM として理想的な物性を持っているが，その化学特性に課題があり，コンセプトの域を脱していなかった。一方，近年セラミックスを金属/合金 PCM に対する構造材として利用することでこの課題が解決され，材料開発において著しい進展がある。そこで本節では金属/合金系 PCM の最新研究開発事例を代表的な金属/合金系 PCM である Al-Si 合金を例として述べる。

3.1　Al-Si 合金系 PCM に適したセラミックス材料の探索[5]

溶融金属に対するセラミックスの耐腐食性は平衡論的に予測することができる。一方，高温腐食を理解するには速度論的観点からの調査も重要である。そこで Al-Si 合金系 PCM に適したセラミックス材料を探索するため，セラミックス材料に対する溶融 Al-Si 合金の腐食試験を実施した。

腐食試験対象として Al_2O_3，Si_3N_4，SiC，AlN および SiO_2 の試験片（10×10×2 mm）を使用した。アルミナ坩堝中に各種 Al 基合金とセラミックス試験片を設置した後，1,000℃，Ar 雰囲気下で 100 h 溶融保持し，冷却後，セラミックス/合金界面を切り出し，SEM-EDS（電子顕微鏡エネルギー分散型 X 線分析）にて界面の元素分析を実施した。図1は SEM-EDS による Al-25 mass％Si/各種セラミックス界面の線分析結果を示す。ここで，Al_2O_3，Si_3N_4，AlN においては，Al_2O_3 界面は明確に区別でき，これらのセラミックス材料は Al-Si 合金に対し，高い腐食耐性を示すことがわかった。一方，SiC は合金との界面に反応相を形成し，SiO_2 は激しく腐食されセラミックス内部にまで Al が検出された。以上から Al-25 mass％の構造材料として適切なのは Al_2O_3，Si_3N_4，および AlN であることが明らかとなった。現状のコストの観点から考えると Al_2O_3 が妥当であろう。

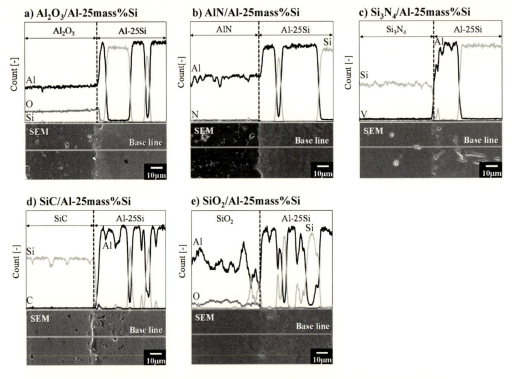

図1 SEM-EDSによるAl-25 mass%Si/各種セラミックス界面の線分析結果
（文献5），Fig. 2-6を編集して掲載）

3.2 Al-Si合金系PCMのカプセル化
3.2.1 カプセル化の意義

PCMは蓄熱時液体となるため漏出防止用のカプセル化技術が実用上重要となる。候補となる材料が物理的，化学的にPCMとして優れた特性を持っていても，カプセル化が達成できなければその用途は極めて限定的となる。また，カプセル化には液体PCMの漏出防止だけではなく，さらに2つの利点がある。第一の利点は，伝熱面積の拡大である。カプセルの個数を増加させることで，広い伝熱面積を獲得することができる。第二の利点はPCMのハンドリング性の改善である。PCMは液相を介する点で顕熱蓄熱材料よりも扱いにくいが，カプセル化することで固体としてハンドリング可能となる。

PCMのカプセル化を大まかにサイズで分類すると，mm～cmオーダーのマクロカプセル化とμmオーダーのマイクロカプセル化がある。ここではAl-25 mass%をPCM，Al_2O_3をシェル材料としたカプセル化技術の最新成果を記す。

3.2.2 マクロカプセル化の事例[6]

産業排熱回収や太陽熱利用のための大規模な蓄熱システムを考えると，PCMカプセル充填層型熱交換器が有望である。PCMカプセル充填層型熱交換器にはmm～cmオーダーのPCMマク

第3章　高温熱源回収に向けた金属／合金系潜熱蓄熱材料の開発

ロカプセルの開発が必要となる。

図2はマクロカプセル化に使用した円筒型 Al_2O_3 カプセルの概要を示す。カプセルはキャップ部とカップ部で構成され，キャップとカップを組み合わせると，200 μm 程度の嵌合が形成されるよう設計されている。直径 22 mm，高さ 17 mm の円筒状に切り出した Al-25 mass% をカップ内部に挿入し，カップとキャップに密閉化処理を施すことで，PCM のマクロカプセル化を達成する。マクロカプセル化の指針として，PCM の融点以上での密閉化（高温密閉型）を検討した。キャップとカップの嵌合部へ PCM である Al-Si よりも融点の高い Al 箔（融点 660℃）を配置し，不活性雰囲気下，800℃で熱処理し，Al 箔のキャップ，カップへの融着による密閉を狙った。

図3a, b は高温密閉化によるマクロカプセル化前後の PCM カプセルの概観と断面である。高温密閉処理による PCM カプセルでは，融解凝固した Al 箔がバンドシールを形成した。また，カプセル内上部には空間が存在した。図4はこのマクロカプセル化のメカニズムを示す。内部の空間や PCM による体積膨張が最大の時に密閉されるため，カプセル内部に空間が形成され，PCM の融解時体積膨張によるカプセルの破損を防ぐことができたと考えられる。作製した PCM

a) 密閉前のカプセル外観

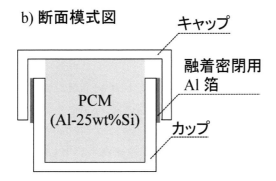

b) 断面模式図

図2　開発した円筒型 PCM マクロカプセルの概要
シェルの材質は Al_2O_3 で厚みは約 2 mm。直径 22 mm，高さ 17 mm の PCM を充填。キャップとカップの篏合部に Al フィルムを配置し，高温で融着密閉してカプセルを得る。（文献6）の Fig.1 を編集して掲載）

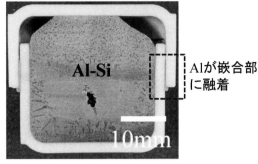

図3 密閉後のマクロカプセルの a) 外観と b) 断面
カプセル内部には空隙が存在し，融解時の体積膨張分のバッファとなる。また，嵌合部に設置した Al はキャップとカップに融着し，カプセルを密閉している。

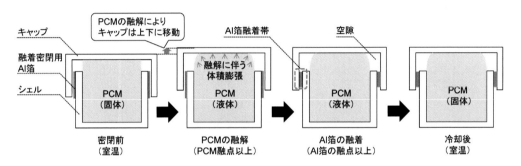

図4 マクロカプセル密閉化のメカニズム
（文献6），Fig. 4 を編集して掲載）

カプセルは，100 cycle の繰り返し蓄放熱試験（空気雰囲気下，400 ⇔ 800℃）後も PCM の漏出，カプセルの破損はなく，極めて優れた繰り返し耐久性を示した。このマクロカプセル化法は，適切な融着材（PCM より融点が高い材料）を選択するのみで，Al-25 mass％のみならず，様々な金属／合金 PCM（溶融塩 PCM にも可能）への適用可能な汎用性がある。

3.2.3 マイクロカプセル化の事例[7]

「マイクロカプセル化」は潜熱蓄熱分野の材料開発における重要なキーワードの一つである。マイクロカプセル化された PCM は他の材料と容易に複合化可能であり，様々な応用材料開発へと展開できるためである。既に低温領域において，マイクロカプセル PCM は実用化されており，建築材料，蓄熱（放熱）シート，衣類，または蓄熱流動媒体などへと展開されている。高温 PCM のマイクロカプセル化技術が確立できれば，従来の固体顕熱蓄熱技術と同様にマイクロ粒子からのボトムアップ的な蓄熱構造体の設計が可能となるため，その応用用途は拡大するものと期待される（図5参照）。

一方，100℃以上の融点を持つ PCM のマイクロカプセル化の報告例は極めて少なく，500℃以

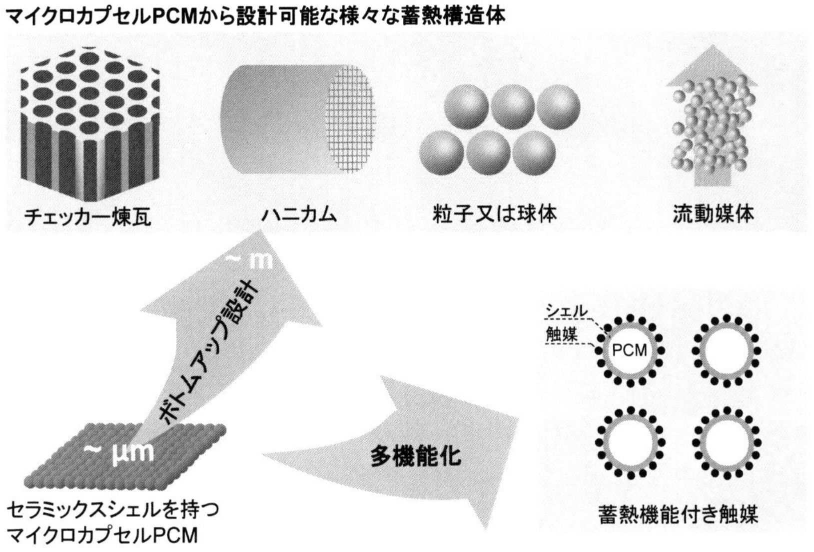

第3章　高温熱源回収に向けた金属／合金系潜熱蓄熱材料の開発

図5　セラミックスシェルを持つマイクロカプセル PCM の応用展開

上の高温 PCM のマイクロカプセル化技術は報告例が皆無であった。そこで我々は金属／合金 PCM をコア，Al_2O_3 をシェルとしたコア−シェル型マイクロカプセル PCM の開発に着手した。その成果を以下に記す。

図6は我々の研究グループが提案した化成被膜処理と熱・酸化処理による金属／合金 PCM のマイクロカプセル化のコンセプトを示す。Al を必ず含む合金 PCM のマイクロ粒子をコアとして，①PCM 融点以下での化成被膜処理による Al_2O_3 の前駆体としての AlOOH 被膜の形成と，②融点以上での酸化・熱処理による AlOOH の α-Al_2O_3 化および PCM 中 Al の自己酸化被膜現象を利用して「コア＝合金 PCM −シェル＝Al_2O_3 構造」のマイクロカプセル PCM を製造することができる。

この方法にて作製したマイクロカプセル PCM の特徴を，Al-25 mass％マイクロ粒子（融点：577℃）を出発原料とした場合を例に，説明する。

(1) **高い真球度**

図7は Al-25 mass％マイクロ粒子（融点：577℃，粒径：＜42 μm）を出発原料として，提案方法により作製したマイクロカプセル PCM の SEM 画像である。化成被膜処理は沸騰蒸留水中で3 h，熱・酸化処理は純酸素雰囲気中930℃の条件で実施した。図7から明らかなとおり，原料 PCM の融点（577℃）以上の温度で熱・酸化処理したにも関わらず，PCM の漏出はなく，全ての製品が球形を維持している。

(2) **緻密なシェルと高い耐腐食性**

XRD（X線回折）での同定の結果，マイクロカプセル PCM のシェルは α-Al_2O_3 単相であることがわかった。α-Al_2O_3 は Al_2O_3 の中でも熱力学的に最も安定な構造であり，溶融 PCM に

潜熱蓄熱・化学蓄熱・潜熱輸送の最前線

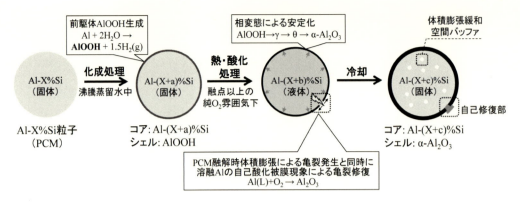

図6　Alを含む金属/合金PCMのマイクロカプセル化のメカニズム

図7　作製したマイクロカプセルPCMのSEM画像
（文献7），Fig.1を編集して掲載）

浸食されることがなく高い耐腐食性が期待できる。図8はSEMによるマイクロカプセルPCMの断面観察結果を示す。シェルの厚みは1～2 μmで，完全緻密な構造であった。

(3) **コア内部に空隙を有する**

このマイクロカプセル内部には空隙が存在した。この空隙は繰り返し使用時の体積膨張変化のバッファとなり，きわめて有利な構造だと予想される。図6に示したとおり，このマイクロカプセル化法は，PCM融点以上において溶融Alと酸素の反応による自己酸化被膜処理により最終的なカプセル化が達成される。つまり，内部の溶融PCMが最も体積膨張した状態でカプセル化されたため，室温の観察では空間バッファが観察されたものと考えられる。

(4) **高い蓄熱密度**

図9は本研究で作製したマイクロカプセルPCMと従来顕熱蓄熱材料（SiO_2，Al_2O_3を想定）の蓄熱容量の比較である。ここで，SiO_2，Al_2O_3の比熱は代表値としてそれぞれ$1.05\,\mathrm{Jg^{-1}K^{-1}}$，$1.17\,\mathrm{Jg^{-1}K^{-1}}$とした。また，熱容量計算時の温度差は50 Kとした。作製したマイクロカプセルPCMは従来顕熱蓄熱材料の約5倍以上の蓄熱容量を持つことがわかった。

本稿で紹介したマイクロカプセルPCM製造法はAlを組成として含む合金系に適用できる可

第3章　高温熱源回収に向けた金属／合金系潜熱蓄熱材料の開発

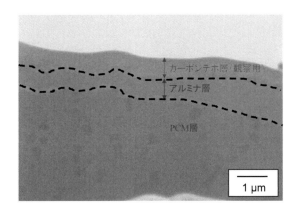

図8　作製したマイクロカプセルPCMの断面観察結果

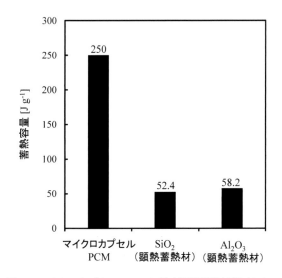

図9　マイクロカプセルPCMと従来顕熱蓄熱材料（SiO$_2$，Al$_2$O$_3$を想定）の蓄熱容量の比較

能性がある。すなわち原料の合金組成を調整することで，様々な融点を持つマイクロカプセルPCMが製造できる可能性がある。

4　おわりに

本稿では，高温熱源回収のための金属／合金系潜熱蓄熱材料の特徴と最新の材料開発事例を紹介した。マクロカプセル化やマイクロカプセル化技術が進展し，金属／合金材料が持つ潜熱蓄熱材としての理想的な物性を利用できる基盤ができつつあると言えよう。

文　　献

1) NEDO 省エネルギー技術フォーラム 2015 資料, http://www.nedo.go.jp/content/100769220.pdf
2) International Energy Agency, "Technology Roadmap Concentrating Solar Power", https://www.iea.org/publications/freepublications/publication/csp_roadmap.pdf
3) T. Akiyama *et al.*, *Heat Transfer Jpn. Res.*, **21**, 199 (1992)
4) V. Ananthanarayanan *et al.*, *Metall. Trans. B*, **18**, 339 (1987)
5) R. Fukahori *et al.*, *Appl. Energy*, **163**, 1 (2016)
6) R. Fukahori *et al.*, *Appl. Energy*, **170**, 324 (2016)
7) T. Nomura *et al.*, *Sci. Rep.*, **5**, Article number：9117 (2015)
8) P. Blanco-Rodriguez *et al.*, *Energy*, **72**, 414 (2014)
9) J. Sun *et al.*, *Energ. Convers. Manage.*, **48**, 619 (2007)
10) M. M. Kenisarin *et al.*, *Renew. Sustain. Energy Rev.*, **14**, 955 (2010)
11) D. Perraudin *et al.*, *CHIMIA Int. J. Chem.*, **69**, 780 (2015)
12) 日本熱物性学会編, 新編　熱物性ハンドブック, p.103, 養賢堂 (2008)
13) N. Gokon *et al.*, *Energy*, **113**, 1099 (2016)
14) K. Nishioka *et al.*, *ISIJ Int.*, **50**, 1240 (2010)
15) 関信弘, 蓄熱工学 1 基礎編, 森北出版 (1995)
16) P. Zhang *et al.*, *Appl. Energy*, **165**, 472 (2016)
17) H. Sugo *et al.*, *Appl. Therm. Eng.*, **51**, 1345 (2013)

第4章　過冷却解消

大河誠司*

1　過冷却とは

1.1　均質核生成と不均質核生成

　過冷却とは，温度が融点より低くても液体を保っている状態を指す。図1は，分子動力学法で得られた，水分子モデルST2の固相と液相のエンタルピーと温度の関係を表したものである[1]。融点は295Kと若干自然界で得られる値より大きいが，傾向は一致している。液相のラインで融点より低い温度の範囲を過冷却状態と呼ぶ。固相のラインとのエンタルピー差は潜熱エネルギーと呼び，融点でのその値は約6kJ/molである（図中，a点とb点のエンタルピー差）。なお，凝固に伴う体積変化による仕事量は無視できるほど小さいので，エネルギー差とエンタルピー差はほぼ等しい。図中，過冷却状態にあるc点から，何らかのきっかけにより凝固が始まると，エネルギーが保存されほぼ水平上に融点のラインのd点へとジャンプする。この状態が固液二相の平衡状態である。

　図2は，均質核生成理論を表す図である。水分子は水素側に正の電荷，酸素側に負の電荷が現れ，結果的に双極子モーメントを持つ。その影響で，水分子同士は主にクーロン力により引き合っており，これを水素結合と呼ぶ。正負の電荷が引き合い，正同士，負同士は反発し合うため，結合する方向には異方性があり，大気圧下では六方晶になろうとする。互いに引き合っている分

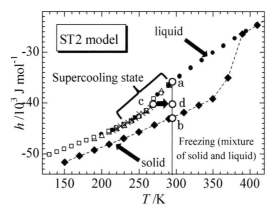

図1　ST2モデルを使用した，液体と固体の水のエンタルピーの温度変化と過冷却水の凝固の一例[1]

*　Seiji Okawa　東京工業大学　工学院　機械系　准教授

潜熱蓄熱・化学蓄熱・潜熱輸送の最前線

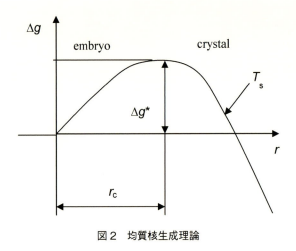

図2　均質核生成理論

子の集合をクラスターと呼ぶ。この結合は負のエネルギー（潜熱）を持っており，クラスターの大きさに伴いその値は大きくなる。一方，クラスター表面での固体・液体間に発生する表面エネルギーは正の値である。ある過冷度において両者を足し合わせたものが式(1)であり，クラスターサイズが小さいとr^2が，大きいとr^3が主となり，図2のような上に凸を持つ曲線になる[2]。この極大値を臨界活性化エネルギー，そのクラスターサイズを臨界半径と呼び，この大きさより小さいときはエンブリオと呼び，自由エネルギーを下げるためにクラスターは分解する方向に，大きいときは氷核と呼び，凝固する方向へと向かう。これ以外に分子の拡散や自由エネルギーのゆらぎによりこの極大値を超えて大きくなる場合があるため，凝固は時間に依存する確率的な現象であると説明されている。式(1)の微分がゼロのところのクラスターサイズの値（臨界半径）を式(2)に示す。

$$\Delta g = -\frac{4}{3}\pi r^3 \Delta G_V + 4\pi r^2 \sigma \tag{1}$$

$$r_c = \frac{2\sigma}{\Delta G_V} \tag{2}$$

但し，Δg はGibbs自由エネルギー，r はクラスターサイズ，ΔG_V は単位体積当たりの固相と液相の自由エネルギーの差（$\Delta G_V = L\Delta T/T_m$），$\sigma$ は単位面積当たりの界面エネルギー，L は単位体積当たりの潜熱，ΔT は過冷度，T_m は融点，r_c は臨界半径である。

代表的な研究者らによる実験結果をまとめたものを図3に示す[3]。水滴相当直径に対する平均過冷却解消過冷度の値である。試料水の純度，支持方法，冷却条件，温度測定方法など，文献により条件が異なるため，厳密に比較することはできないが，比較的良い一貫性が見られる。水滴相当直径0.5 mm以下の体積の小さな範囲では，過冷度40 K近辺に結果があるものの，体積の大きな範囲では別な曲線上をたどっていることが分かる。これらは，均質核生成と不均質核生成の違いであると思われる。体積が大きいと，注意を払っていても不純物は排除することができず，

第 4 章　過冷却解消

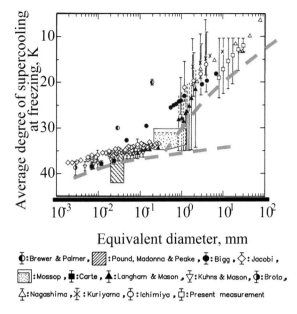

図3　様々な研究者らによる過冷却解消過冷度と水滴直径の関係[3]

氷核が1つあれば過冷却が解消して全体が凝固するため，体積が大きいほど均質核生成理論から外れてしまっていると思われる。

1.2　電解水の例

クラスターサイズの増加を抑制することによる効果についての例をここに示す。電解水には電荷の偏りによるプロトンジャンプが頻繁に起るため，温度の低下に伴うクラスターサイズの増加が抑制され，そのことが過冷却の増加に繋がる可能性が考えられる。したがって，本項では，イオン濃度の違いが過冷却解消過冷度に与える影響について述べる[4]。

実験方法としては，イオン濃度の異なる試料水を準備し，試験管の中に入れ，試験管を恒温槽内に入れ，0.25 K/min の冷却速度で冷却し，自然に凝固するまでの様子を観察する。温度は試験管外壁に付けた熱電対を用いて測定し，補正を施すことで試料水の温度を求める。そして，過冷却の解消は確率的な現象であるため，同じ条件下で多数回実験を行い，その平均値を考察の対象とする。時間の経過，また凝固・融解の過程を経ても，試料水のイオン濃度には影響のないことを事前に確認している。結果を図4に示す。縦軸に平均過冷却解消過冷度，横軸にイオン濃度を取っている。3種類の体積についてプロットした。中性である pH 7 付近に平均過冷却解消過冷度の極小値が存在し，それを境に解消過冷度が増加する傾向にあることが分かる。これは，電荷の偏りによりプロトンジャンプの頻度が増加し，温度低下に伴うクラスターサイズの拡大を阻止しているためと考えられる。また，体積が少ないほど解消過冷度が高く，中性の場合からのずれも顕著になる傾向が見られる。イオン濃度は温度により若干変化するため，ここでは，常温に

おけるイオン濃度の値を使用している。

ここで，電解によるクラスターサイズの変化を裏付けるため，大気への蒸発速度の測定を行った。クラスターサイズが小さければ分子間力は弱く，その結果，蒸発速度は速くなることが予想されるからである。温度20℃，湿球温度17.1℃に設定された恒温室内に，20gの超純水の入ったビーカーを設置する。そして15時間放置した後の重量を測定し，実験前の値との差を蒸発量とした。そして，単位面積当たりの蒸発速度を計算した。実験は，5回繰り返して行い，その平均値を求めた。結果を図5に示す。縦軸に蒸発速度，横軸にイオン濃度を取っている。pHが7のところに蒸発量の最小値が存在し，イオン濃度が中性から離れるに従い，蒸発量は増加する傾向にあることが分かる。つまり，イオン濃度の変化に伴いクラスターサイズが変化し，解消過冷度に影響を与えていることを裏付けている。したがって，イオン濃度が7からずれると，クラスターサイズが小さくなるため，臨界半径まで辿り着くのに時間がかかり，一定の冷却速度下では過冷度が高くなる結果が得られた。

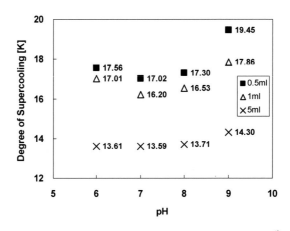

図4 平均過冷却解消過冷度 T_{ave} とイオン濃度との関係[4]

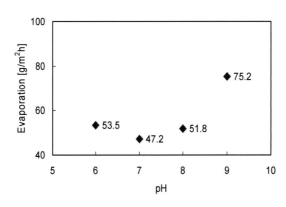

図5 蒸発速度とイオン濃度との関係[4]

第4章　過冷却解消

1.3　酢酸ナトリウム3水和物の例

　冬場に人体を暖める携帯カイロでよく用いられるのは、鉄粉の空気による酸化を利用したものが挙げられるが、その他に水和物の過冷却状態を利用したものがある。酢酸ナトリウム3水和塩は、過冷却状態が安定していて単位質量当たりの蓄熱量が大きい。しかし、どのようにして能動的に凝固を開始させるかが課題の一つとなっている。質量濃度60 wt%において、融点は58℃、融解潜熱は251 kJ/kgである。高過冷度を維持する原因は、酢酸ナトリウム水溶液中ではナトリウムイオンが電離しその周りに分極した水分子が水和するため、水和していない自由水の量が少なくなり、過冷度が高くても酢酸ナトリウム3水和塩になりにくくなっていると思われる。そこでここでは、直流電圧印加が凝固に及ぼす影響について実験的に検討した[5]。

　その結果、高過冷度の試料を誘電率の低い（絶縁性の高い）容器に保持し、空気中の境界条件下で-45 kV程度の直流を印加すると、火花放電が走り、凝固が開始することが分かった。これは火花放電が走ることで、ナトリウムイオンの周りに水和している水分子が切り離されてエネルギー障壁が下がり、凝固へのきっかけとなっていることが原因であると考えている。

2　解消確率の話

2.1　定義

　E. K. Biggは、小さな水滴の過冷却解消現象を確率的に扱う手法を提案している[6]。過冷却状態で過冷度T_k、体積ΔVの試料が、時間Δtの間その温度に保持されたときに凝固する確率をW_kと定義する。図6に示すように、Δtの間に凝固しない確率は$(1-W_k)$であり、$n\Delta t$の間に凝固しない確率は$(1-W_k)^n$である。体積が$m\Delta V$になっても同様な考え方で、べき乗として扱うことができる。

2.2　凝固確率の算出方法

　著者らはこの確率W_kを求める方法を提案している[7]。試料の凍結実験を数多く行い、その温度履歴と凝固温度のデータを用いる必要がある。j番目の試料が過冷度$T_{k-1}\sim T_k$に存在した時間を$t_{k,j}$とする。試料過冷度がT_{k-1}に達した個数がM_k個であり、そのうち過冷度が$T_{k-1}\sim T_k$

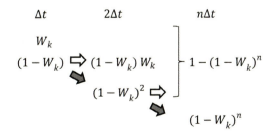

図6　凝固確率W_kと保持時間$n\Delta t$の関係

で解消した個数を N_k 個であったとすれば，過冷度 T_k の過冷却解消確率 W_k は式(3)で表される．

$$N_k = \sum_{j=1}^{M_k} \left\{ 1 - (1-W_k)^{t_{k,j}\alpha} \right\} \tag{3}$$

但し，$M_k = N_k + N_{k+1} + \cdots + N_n$，$t_{k,j}$ は冷却速度が試料ごとに微妙に異なる場合の j 個目における t_k の値である．各過冷度帯における過冷却解消個数ならびに過冷却解消までに要する時間は凍結実験より求まるため，N_k，M_k，$t_{k,j}$ の値は既知である．さらに $\alpha = V/(\Delta t \Delta V)$ は基準時間，基準体積に関する定数であるため，式(3)に代入すれば解消確率 W_k が逆算できる．

金メッキした冷却面状での水の凝固実験により得られた金メッキ面の単位面積，単位時間当たりの凝固確率を図7に示す．実験上では，複数の冷却速度で凝固実験を行っているが，単位時間当たりにすれば同じ結果になることが，図からも分かる．

確率に0と1以外の値を持つためには，その過冷度での凝固実績がなければならない．したがって，幅広い過冷度域で凝固確率を得るためには，過冷度解消の実績を各過冷度ごとに持つ必要がある．そのためには，実験を数多くこなさないと頻度分布のすそ野は広がらない．その問題を解消する手段の一つに，低過冷度域において，一定温度条件で実験をする方法が考えられる．式(3)の右辺が各実験の解消確率なので，各実験ごとに凝固するまでの時間を代入し，全体の実験個体数に対する確率として，解消確率を算出する．

最終的に各過冷度で得られた確率 W を用いると，任意の冷却条件における凝固温度の頻度分布が予測できる[8]．冷却条件に沿って非定常温度分布が付くことを仮定すると，伝熱面を分割して，各メッシュごとに冷却履歴を追い，開始後 t 秒後に過冷却が維持されている確率 P を求めることができる．式(4)は i 番目のメッシュの確率 P_i である．

$$P_i = (1-W_1)^{t_{1,i}\alpha}(1-W_2)^{t_{2,i}\alpha}\cdots(1-W_k)^{t_{k,i}\alpha}\cdots(1-W_n)^{t_{n,i}\alpha} \tag{4}$$

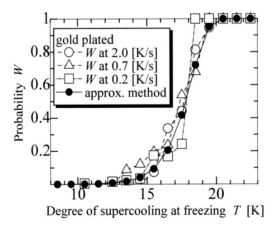

図7　金メッキ面上での凝固確率 W[7]
（$\Delta t = 1$ s，$\Delta S = 2.827 \times 10^{-5}$ m^2）

第4章 過冷却解消

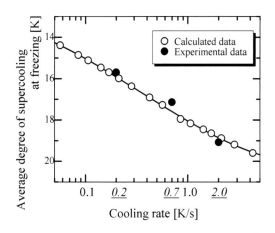

図8 平均過冷却解消過冷度 T_{ave} と冷却速度の関係[7]

$$t = \sum_{k=1}^{n} t_{k,i} \tag{5}$$

但し，$\alpha = S/(\Delta t \Delta S)$

そして，t 秒後に伝熱面全体で過冷却が保持される確率 R は，試料全体の分割メッシュ数を m として $P_i(t)$ の積により，

$$R(t) = \prod_{i=1}^{m} P_i(t) \tag{6}$$

で表される。従って，任意の冷却条件における試料全体の過冷却解消確率 Q の時間変化は，

$$Q(t) = R(t-1) - R(t) \tag{7}$$

となる。

3種類の冷却速度で実験をした際の平均過冷却解消過冷度の実験結果と解析結果の比較を図8に示す。両者の値が近いことから，任意の冷却条件でも平均過冷却解消過冷度は予測可能であることが分かる。

2.3 凝固開始予測方法

ここでは，食品凍結を例に挙げることにする。魚や肉の長期保存には凍結が有効である。しかし，凍結方法が緩慢凍結である場合，部分的に氷結晶が発生しやすくなり凍結濃縮が起こる。そうすると細胞膜前後で浸透圧が発生し水分子が細胞膜を通過してしまい，脱水現象が生じる。凝固に伴う体積膨張も発生し，細胞膜破壊へとつながり，結果的に解凍時にドリップという形で細胞液が流失してしまう。解決手段の一つに，急速冷凍が挙げられる。水分子が移動する前に全体を凍結させてしまうという方法である。しかし，これは一般家庭の冷凍庫では必要とする設定温度が低すぎて実現できない。そこで，ここでは境界条件と凝固開始温度の関係を予測して，氷核

が一様に発生する条件を見出すことを考える。

　試料のどこからも氷核が発生することなく，全体がなるべく高い過冷却度になるような冷却条件を考える。そのために，2.2節の方法を用いる。図9は，2 mm×2 mm×6 mm のマグロ肉片を用いて行った凝固実験により得られた解消確率 W_k である。融点は約 -2℃である。そして，得られた解消確率を用い，40 mm 角のマグロを2種類の冷却条件で凍結させて得られる凝固予測シミュレーションの結果を図10に示す。図中示している数値は平均的な凝固開始時の試料中心部の温度である。冷却速度が高いと表面が急激に冷やされて，中心部がまだ過冷却状態ではないにもかかわらず，表面において氷核が発生しやすくなる。一方，冷却速度が遅いと，凝固開始には時間がかかるものの，氷核発生時にはほぼ均一な過冷却度分布になっている。このことから，試料全体を過冷却状態にするための試料の形状や大きさを考慮した適切な冷却条件の選択が必要であることが分かる。

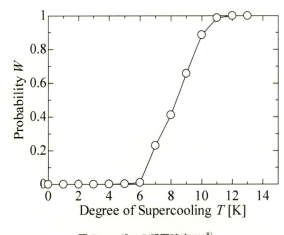

図9　マグロの凝固確率 W_k[8)]

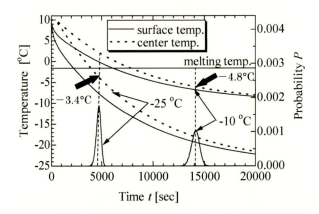

図10　2種類の冷却条件下におけるマグロ 40 mm×40 mm×40 mm の凝固頻度分布の解析[8)]

第 4 章　過冷却解消

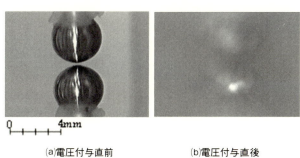

(a)電圧付与直前　　　　(b)電圧付与直後

図 11　電場付与による凝固の瞬間
（条件：過冷却度 8 K, 電圧 90 V, 電極間距離 0.2 mm）

3　能動制御の話

3.1　電場

著者らは，過冷却水の凝固を能動制御する方法の一つとして電場を取り上げ，過冷却水中に電極を設置し数十から 100 V 程度の直流低電圧を付与することにより，瞬時に過冷却を解消させることができることを明らかにしている[9]。また，電圧を上げると凝固しやすくなること，試料水の温度が低いほど凝固しやすくなること，電極間距離を近づけることおよび電極面積を大きくすることにより，凝固しやすくなる傾向にあることを明らかにしている。図 11 は，過冷却度 8 K の水の中に 0.2 mm 離して電極を入れ，90 V の直流電圧を付与した前後の様子である。針状の氷が電極先端から放射状に延び，全体が氷で覆われていることが分かる。

3.2　固体の衝突，摩擦

試料水内のガラス同士の擦れが過冷却水の凝固に及ぼす影響を明らかにする実験を行った[10]。装置本体を図 12 に示す。試料水の上を覆っている油は，試料水を空気中の霜から遮断するためのものである。ガラス棒の先端は溶かして丸めてある。先端を試験管底部に常に接している状態で，ガラス同士が擦れ合う形で往復運動させた。ガラス棒は 130 mm と 105 mm の 2 種類を用意した。冷却速度 0.25 K/min の条件下で凝固するまで振動させた。振動数 100 Hz の結果を図 13 に示す。横軸は先端の振幅である。同条件で先端近傍にギャップセンサーが設置できるよう，別途装置を用意して測定を行っている。縦軸は，平均過冷却解消過冷度である。静止した状態に比べ，振動させることにより凝固過冷度が小さくなっていることが分かる。また，同程度の振幅であってもガラス棒の長さによって違いが生じていることが分かる。その原因を確かめるため，ギャップセンサーにより調べた先端の波形の結果を図 14 に示す。短い棒では波形が安定しているのに対し，長い棒では波形の山と谷に小さな波形の乱れが起きていることが観察できる。この乱れが過冷却解消に大きく影響を及ぼしていると考えられる。

そこで，試料水中での固体壁面の衝突による影響について，図 15 に示す装置を用いてさらな

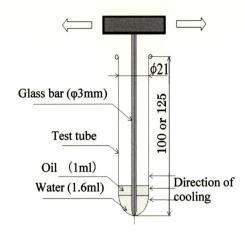

図12　ガラス対ガラスの摩擦による影響[10]

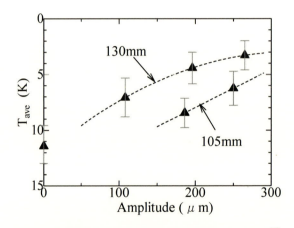

図13　摩擦振動の振幅と凝固過冷度の関係（100 Hz）[10]

る実験を行った。ガラス棒が等速で落下する装置を作製した。衝突の強さを評価するため，別途，厚さ0.5 mmのベークライトに同じ条件で衝突させ，その変位を下方からギャップセンサーで測定している。冷却条件は先ほどの摩擦の場合と同じとし，各過冷度ごとに2回衝突させた。実験を各条件ごとに5，6回行い，得られた凝固結果を図16に示す。横軸は衝突の際の最大変位を示す。氷はすべて衝突時にガラス棒の先端から発生していた。このことにより，過冷却水中での固体同士の衝突は，過冷却水に氷核発生のきっかけを与えることが分かった。ただし，衝突速度が速すぎると，逆効果である傾向が見られる。これは，ガラス棒先端とガラス壁に吸着している水分子が対流により制止しにくい状態になり，かえって衝突によるクラスターサイズ増大へは繋がらなかったためであると考えられる。

第4章　過冷却解消

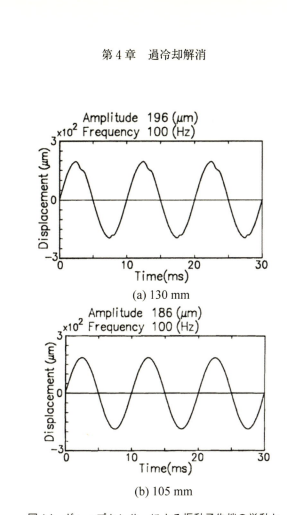

(a) 130 mm

(b) 105 mm

図14　ギャップセンサーによる振動子先端の挙動と振動子の長さの関係[10]

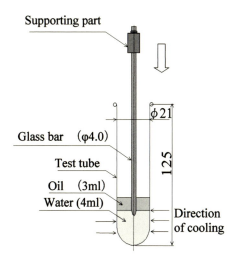

図15　水中での衝突による影響[10]

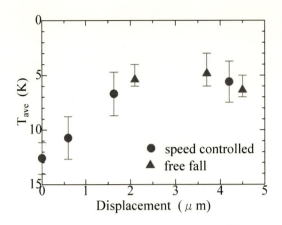

図16 衝突の強さと解消過冷度の関係[10]

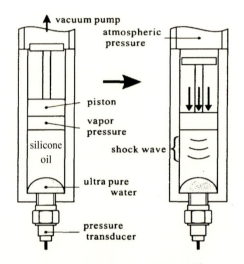

図17 衝撃波を与える実験装置[11]

3.3 衝撃

固体の衝突現象は使用せず,非接触で衝撃のみを与えることで過冷却水の凝固に与える影響を検討した[11]。実験に使用した装置を図17に示す。0.1 mLの試料水を3種類用意した。条件(1)は超純水を精製した直後のもの,条件(2)は条件(1)の試料水に直径1～2 mm程度の気泡を混入させたもの,条件(3)は条件(1)の試料水を脱気した後10分間放置したものである。ピストンを一定の高さまで上げ,装置全体を一定の温度まで下げる。真空ポンプによってピストン上部の配管内の圧力を100 Paまで下げ,試料水の過冷度が一様になった後,大気開放してピストンをシリコンオイル上面に衝突させて衝撃を付与する。衝撃の強さはシリコンオイル上面の高さにより調節した。また,衝撃波は圧力センサにより圧力波形として記録した。

実験結果を図18に示す。3種類の試料条件について,衝撃波付与による凝固の有無を示して

第4章　過冷却解消

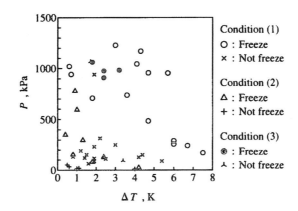

図18　3つの条件下で準備した試料水に衝撃波を与えることで得られた凝固有無の実験結果[11]

いる。横軸は設定した過冷度，縦軸は圧力センサにより得られた圧力波形の最大値である。低過冷度において，気泡を混入した条件(2)が一番低い衝撃波で凝固させることができた。したがって，衝撃波プラス気泡の存在が凝固に影響を及ぼすことが分かる。

3.4　超音波

氷スラリー型氷蓄熱システムの一つに，過冷却を利用するタイプがある。閉塞を避ける目的で冷却部と製氷部が分かれており，過冷却の状態でその間を移動する。その際，製氷部にて流動中の過冷却水の過冷却現象が解消されないと，水の顕熱分しか蓄熱することができないことになる。一方，冷却温度を下げ過ぎると，簡単に凝固するが冷却部にて氷核が発生しやすくなり，管路を閉塞させてしまう。水の場合，一般的には−2℃程度が冷却部を閉塞させることなく連続運転が可能な限界温度であると言われている。したがって，過冷却タイプの氷スラリー型氷蓄熱システムの性能向上のためには，流動中の過冷却水の低過冷却度域における能動的な過冷却解消が求められている。

過冷却解消手段の一つに，気泡を含有するバブル水に超音波付与を行う方法がある。マイクロバブルと呼ばれる気泡径が数十 μm 程度の気泡を混入させた場合，過冷度2Kにて超音波を付与することによる効果は確認されている。しかし，合体・浮上のしやすさから，一定時間以上過冷却水内に保持することができない。一方，ナノバブルと呼ばれる気泡径数十nmの場合，長時間保持することができるものの超音波付与による効果はほとんどない。そこで，電解質イオンを混入させることで合体を抑制し，加振機を使ってマイクロバブルとナノバブルの中間の気泡径を生成し，その効果を検証した[12]。

気泡径分布の測定には顕微鏡を用いて行った。電解質イオンの種類と濃度など，条件をさまざまに変化させた試料を作製し，5回ずつ測定しその平均値を算出した。それらの試料を用いて，過冷度2Kにおいて，28kHzの超音波を2秒間付与する実験を10回ずつ行った。その結果，過

冷却解消に効果がある最小の気泡径は8μm程度であることが分かった。

3.5 膜付きカプセル

近年，冷凍パックを使用することで，食品の冷凍保存や輸送が小規模単位で手軽に行われるようになってきた。冷凍パックの中には塩化ナトリウム水溶液を主成分とする蓄冷材が入っている。しかしながら，蓄冷材の凝固には過冷却現象が伴うため，凝固点より10Kほど低い温度まで冷却する必要がある。そして，より低温での冷凍パックの使用の需要が高まってきており，現状の家庭用冷凍機では冷凍庫の温度が約-20℃であるため対応できないという問題が生じている。冷凍庫の温度を下げる設計も考えられるが，圧縮機の拡大に伴う設備投資や電力負荷の増加を招くため，その手段は極力避けたい。そこで，過冷却を能動的に制御する必要が出てきている。

本研究では，膜を利用した制御方法を提案している[13]。濃度15wt％の塩化ナトリウム水溶液が入っている冷凍パックの中に，図19に示す直径8mm，長さ15mmのカプセルを挿入する。この濃度の塩化ナトリウム水溶液の融点は-10.87℃であり，-20℃の家庭用冷凍庫で凝固させるには限界の濃度である。カプセル内には水が入っており，片面を厚さ1mmのスチレンエラストマー膜で覆っている。膜の中央には細孔が施されている。スチレンエラストマー膜は低温域においても伸縮性に優れており，元寸法の約16倍まで引き延ばすことができる。冷凍パック全体を冷却していくと，蓄冷材と水とでは融点に差があるため，水が先に凝固する。そして凝固に伴う体積膨張で，通常閉じている細孔が開く。そうすると氷核が膜に現れて，蓄冷材が凝固するきっかけとなる。

図20に結果の一例を，蓄冷材とカプセル内の水の温度の経時変化の形で示す。カプセル内の水の温度変化を見ると，-5℃付近で過冷却状態にあった水中に氷核が現れ，温度が一旦上昇している。そして完全に凝固した後，再度温度低下が見られる。蓄冷材の温度が融点以下になったとき，細孔の部分が氷核となって伝播が起こり，低い過冷度で蓄冷材が凝固している様子が観察できる。

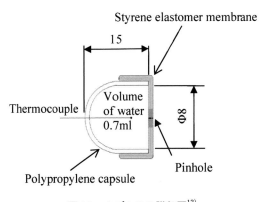

図19 カプセルの詳細図[13]

第4章 過冷却解消

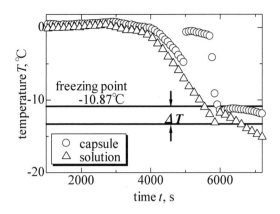

図20 凝固伝播の一例（蓄冷材とカプセル内の水の温度の経時変化）[13]

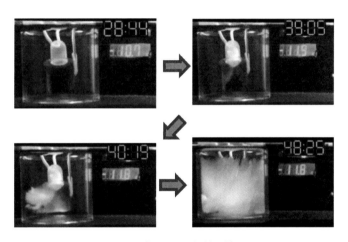

図21 膜を通した伝播の様子

凝固の様子の一例を図21に示す。過冷却度1K程度（約-11℃）でカプセルの細孔部から凝固が伝播している。

文　　献

1) 矢﨑丈裕ほか，冷論，**13** (1), 109 (1996)
2) N. H. Fletcher, 前野紀一（訳），氷の化学，共立出版 (1974)
3) 齋藤彬夫ほか，冷論，**7** (3), 213 (1990)
4) 大河誠司ほか，2005年度冷凍年次大会，B111 (2005)

5) 宝積勉ほか, 冷論, **32** (3), 263 (2015)
6) E. K. Bigg, *Proc. Phys. Soc. B*, **68**, 193 (1955)
7) S. Okawa et al., *Int. J. Refrigeration*, **25** (5), 514 (2002)
8) 小山内泰亮ほか, 冷論, **32** (1), 81 (2015)
9) 大河誠司ほか, 冷論, **14** (1), 47 (1997)
10) 齋藤彬夫ほか, 冷論, **8** (2), 151 (1991)
11) 鈴木淳ほか, 機械学会 2001 年度年次大会, K1601, 418 (2001)
12) 土屋充正ほか, 2015 年度冷凍年次大会講演論文集, E342 (2015)
13) S. Okawa et al., 10th IIR Int. Conf. on Phase Change Materials and Slurries, O97, 297 (2012)

第5章　金属繊維材を用いた蓄放熱促進技術

春木直人*

1　はじめに

　現在，潜熱蓄熱においては様々な潜熱蓄熱材料が開発，使用されている。例えば機械工学便覧応用システム編γ3熱機器[1]による潜熱蓄熱材料の種類と分類によれば，無機系固－液相変化材料として氷，水和塩，単純塩，溶融共晶塩などが，有機系固－液相変化材料として溶融塩，パラフィン，脂肪酸類，高密度ポリエチレン，尿素などが記載されている。また，一部には気－液相変化材料（蒸気アキュームレータ）や固－気相変化材料（ドライアイスの昇華熱）を用いた潜熱蓄熱材料も使用されている。これらの潜熱蓄熱材料のうち代表的なものについては，本書でも別途記述されている。

　一般に潜熱蓄熱材料に求められる特性としては，①単位体積当たりの潜熱量が大きい，②使用温度範囲に相変化点がある，③相変化時の体積変化や蒸気圧が小さい，④熱応答性がよい，⑤相変化時に過冷却や相分離現象が発生しない，⑥安全性や耐久性に問題がなく，また経済性に優れるなどである。このなかで，熱応答性のよさに直接起因するのは潜熱蓄熱材料の熱伝導率であり，表1[2,3]に主要な潜熱蓄熱材料の熱伝導率の値を示す。表1に示すように，水の熱伝導率と比較すると潜熱蓄熱材料の熱伝導率は低いものが多く，潜熱蓄熱材料の蓄放熱特性を低下させる大きな原因となっている。このため，蓄放熱特性を促進させるためには潜熱蓄熱材料の熱応答性を改善させることが必要であり，改善によってこれまで以上に多くの種類の潜熱蓄熱材料が実用的に使用可能になると考えられる。

2　潜熱蓄熱材料の熱伝導率促進

　前述のように潜熱蓄熱材料を用いた蓄熱システムでは，潜熱蓄熱材料の熱伝導率が比較的低いために蓄放熱に多大な時間がかかることが危惧されている。さらに固液相変化による潜熱蓄熱システムでは，蓄放熱過程において潜熱蓄熱材料が必ず固相状態となるために，液相状態で活用される強制・自然対流による蓄放熱促進効果も活用できなくなる。このため，固液相変化による潜熱蓄熱システムでは熱伝導による熱移動が占める割合がますます大きくなると考えられる。このような現状のため，潜熱蓄熱材料を用いた潜熱蓄熱システムの実用化においては，蓄放熱促進技術の開発が必要不可欠である。現在研究開発されている様々な蓄放熱促進技術には，例えば，潜

---

*　Naoto Haruki　岡山大学　大学院自然科学研究科　准教授

表1 主要な潜熱蓄熱材料の熱伝導率[2]

物質名		融点 (℃)	潜熱量 (kJ/kg)	熱伝導率 (W/(m・K))	
水	水 (H_2O)	0.0	333	Solid	2.2
				Liquid	0.6
水和塩	$CaCl_2・6H_2O$	29.9	192	Solid	1.1
				Liquid	0.540
	$Na_2HPO_4・12H_2O$	35	281	Solid	0.514
				Liquid	0.476
パラフィン	n-Tetradecane ($C_{14}H_{30}$)	5.9	229	Solid	0.36
				Liquid	0.14
	n-Octacosane ($C_{18}H_{38}$)	28.2	243	Solid	0.358
				Liquid	0.148
脂肪酸	ステアリン酸 ($CH_3(CH_2)_{16}COOH$)	71	203	Solid	0.33
				Liquid	0.16
	カプリン酸 ($CH_3(CH_2)_8COOH$)	31.5	153	Solid	—
				Liquid	0.15
その他	高密度ポリエチレン	135	220	Solid	0.3[3]
				Liquid	0.23[3]

なお，実際には潜熱蓄熱材料の熱伝導率も温度によって変化するため，表1での熱伝導率の値は固相と液相での代表値である。

熱蓄熱材料のエマルジョン化[4]，マイクロカプセル化[5]による伝熱面積の向上，フィンなどの付加による熱交換器の性能向上，または潜熱蓄熱材料と熱輸送媒体の直接接触熱交換[6]などが挙げられる。

　本章では，新たな蓄放熱促進技術として金属繊維材を潜熱蓄熱材料に混合する方法に着目した。この方法は，低熱伝導材料である潜熱蓄熱材料に高熱伝導材料である金属繊維材を混合させることで，低熱伝導率である潜熱蓄熱材料のみかけの熱伝導率自体を高くすることで蓄放熱特性を改善させるものである。一方では，液相時の伝熱特性を促進させる強制・自然対流を混合した金属繊維材が抑制してしまい，逆に蓄放熱特性が促進されない場合もあることも明らかにされている[7]。混合材料である高熱伝導材料としては，金属繊維材以外にも炭素繊維やカーボンナノチューブなどの使用が検討されている[8,9]。特にカーボンナノチューブは，高熱伝導特性であると同時に，軽量，高強度で高い柔軟性を持つなどの優れた性質を有していることから，熱伝導の促進以外にも様々な用途での応用が期待されているが，特にナノサイズのカーボンナノチューブでは，生体への安全性がまだ十分には解明されていないなどの問題が残っており，実用化への課題となっている。

第 5 章　金属繊維材を用いた蓄放熱促進技術

3　金属繊維材

今回，潜熱蓄熱材料の低熱伝導率をみかけ上増加させる混合材として使用したものは，金属繊維材である。通常，繊維材とは天然繊維（主に，植物繊維や動物繊維）や化学繊維（主に，再生繊維や合成繊維）のことであり，その繊維材料の特性として，①可撓性に富む，②同一質量のブロック形状のものよりも表面積が極めて大きい，③内部構造が異方性であり，繊維の長さ方向と太さ方向で物性が異なる（特に繊維の長さ方向に特徴的な性質がある）を有している。一方，金属繊維材の特性にはさらに金属特有の性質も付与されるため，④電気伝導性，熱伝導性が高く機械的強度に優れる，⑤高い耐熱性・耐食性を有することが追加される。このため，金属繊維材は上記の特性を活かして，主に吸音材や耐熱材，フィルター，電磁波シールド材などの用途に用いられている。

図 1 に，金属繊維材としてアルミニウム繊維材（公称繊維径 d = 50, 100, 200, 400 μm）の外観とマイクロスコープによる拡大写真[10]を示す。この図 1 のアルミニウム繊維材は，いずれの繊維径でも空隙率が一定（約 0.93）であり，繊維を織らずに厚さ約 10 mm のシート状に絡み合わせた不織布の形状に揃えている。図 1 のように，不織布とすることで金属繊維材の繊維材はお互いが絡み合いながらシート面に対して平行に配置されている。また繊維材は一般的に短繊維（一本の繊維長さが比較的短い）と長繊維（絹のように連続した長さを有する）に区別されるが，図 1 に示したアルミニウム繊維材（公称繊維径が d = 50, 100, 200, 400 μm）では平均繊維長さが L_m = 0.5〜250 mm であり，通常の金属繊維材では短繊維が主流であるようである。このアルミ

d = 50 μm, L_m = 16.6 mm

d = 100 μm, L_m = 82.9 mm

d = 200 μm, L_m = 130.7 mm

d = 400 μm, L_m = 268 mm

図 1　公称繊維径（d）毎の金属繊維材の外観と平均繊維長さ（L_m）

ニウム繊維材のうち，公称繊維径 $d=100\,\mu m$ の繊維径と繊維長さの分布（各測定個数 $N=100$）を図2と図3に示す。図2より，アルミニウム繊維材の平均繊維径は $109\,\mu m$ であり公称繊維径との差異は僅かであるが，図3の繊維長さ分布では，平均長さ $L_m=82.9\,mm$ に対して極端に長い繊維や短い繊維が含まれている。実際には，この繊維長さは繊維の材質（切れやすいかどうか）や繊維への加工によって大きく変化する値であり，使用においては注意を要する。

実際にパラフィン系潜熱蓄熱材料であるテトラコサン（Tetracosane, $C_{24}H_{50}$, 融点 50.8℃）

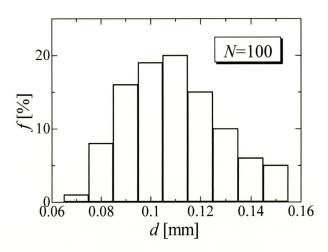

図2　金属繊維材（$d=100\,\mu m$）の繊維径分布

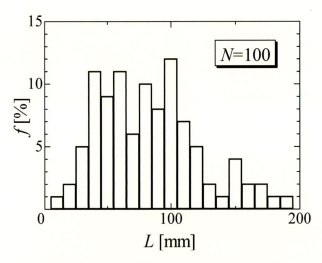

図3　金属繊維材（$d=100\,\mu m$）の繊維長さ分布

第5章 金属繊維材を用いた蓄放熱促進技術

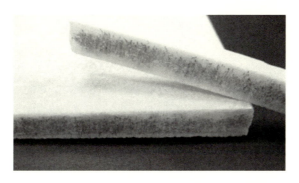

写真1 アルミニウム繊維材混入潜熱蓄熱材料の外観図[11]

にアルミニウム繊維材（空隙率 0.93，平均繊維径 $d_m = 159\,\mu m$）を混合させたときの外観図を写真1[11]に示す。このときのアルミニウム繊維材は，不織布のシート面を潜熱蓄熱材料の平面に対して平行に混合している。

4　金属繊維材混合が潜熱蓄熱材料の熱物性値に与える影響

潜熱蓄熱材料への金属繊維材の混合が潜熱蓄熱材料の熱物性（特に熱伝導率）に与える影響を把握することは，金属繊維材混合潜熱蓄熱材料の蓄放熱特性の把握にとって極めて重要である。通常，2種類以上の異なる材料を複合させた材料は複合材料と呼ばれており，この複合材料の熱物性値の把握のためには実測だけではなく推定式もいくつか提案されている。本節では，金属繊維材混合潜熱蓄熱材料の熱物性特性について，蓄放熱特性において重要な熱伝導率とその他の熱物性値について実測および推定値などの解説を行う。

4.1　熱伝導率

複合材料の熱伝導率は，一般にみかけの熱伝導率（apparent thermal conductivity）と呼ばれ，対流や輻射伝熱の影響を無視できる場合にはその複合方法（並列型，直列型，直列並列複合型，微粒子分散型，繊維強化型など）毎の推定式が既に提案されている[12]。例えば，式(1)および式(2)は，最も単純な例として，繊維材料と連続相材料が熱流の向きに対してそれぞれ直列型と並列型に配置された積層型複合材料（熱伝導率 λ_1 の相の体積分率を $1-\varphi$，熱伝導率 λ_2 の相の体積分率を φ とする）のみかけの熱伝導率（λ_e）の推定式を示したものである。通常，これらの値は複合材料のみかけの熱伝導率の上限値と下限値を与えるものとされている。

直列型： $\lambda_e = (1-\varphi)\lambda_1 + \varphi\lambda_2$ 　　　　　　　　　　　　　　　(1)

並列型：$\lambda_e = \dfrac{1}{\dfrac{1-\varphi}{\lambda_1} + \dfrac{\varphi}{\lambda_2}}$ (2)

一方，ある連続相（熱伝導率：λ_c）に対して微粒子が分散した微粒子分散型複合材料のみかけの熱伝導率の場合，微粒子の形状などに応じて様々な推定式が提案されている。例えば球状の分散相（熱伝導率：λ_d）が体積分率（φ）で均一に分散している微粒子分散型の複合材料の場合，そのみかけの熱伝導率（λ_e）は，MaxwellやEuckenによって式(3)が提案されている[12]。

$$\dfrac{\lambda_e}{\lambda_c} = \dfrac{(2\lambda_c + \lambda_d) - 2\times(\lambda_c - \lambda_d)\varphi}{(2\lambda_c + \lambda_d) + (\lambda_c - \lambda_d)\varphi} \tag{3}$$

図4は，公称繊維径 $d=100\,\mu m$ のアルミニウム繊維材を体積分率約 $\varphi=0.069$ で潜熱蓄熱材料（Tetracosane，$C_{24}H_{50}$，融点50.8℃）に均一混合させた場合のみかけの熱伝導率の実測値を，アルミニウム繊維材（不織布）のシート面を熱流の向きに平行と垂直とした場合をパラメータとして示したものである。なお，測定にはJIS A1412-2による平板加熱法を基にした測定装置[10]を使用し，潜熱蓄熱材料を液相状態とした。図4より，潜熱蓄熱材料単体（$\varphi=0$）の熱伝導率に対して，熱流に対して垂直にアルミニウム繊維材を混合した場合のみかけの熱伝導率が約1.4倍であるのに対して，平行方向に混合した場合は約3.5倍となり，金属繊維材混合潜熱蓄熱物質においてもみかけの熱伝導率に異方性が存在することを示している。特に平行方向に混合時のみかけの熱伝導率は，上述の2相からなる複合材料のみかけの熱伝導率の上限値（式(1)より36 W/(m・K)）と下限値（式(2)より0.027 W/(m・K)）の間の値である。これは，推定式(1)と(2)では，2相が理想的な直列，もしくは並列のみと仮定しているためであり，実際の金属繊維材では繊維の向きと熱流の向きが単純な平行・垂直ではないことを示している。

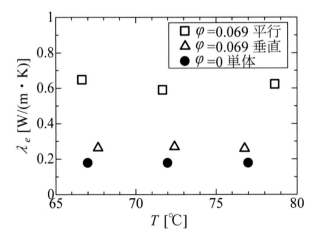

図4　金属繊維材混合潜熱蓄熱物質（$d=100\,\mu m$，$\varphi=0.069$）のみかけの熱伝導率

第5章 金属繊維材を用いた蓄放熱促進技術

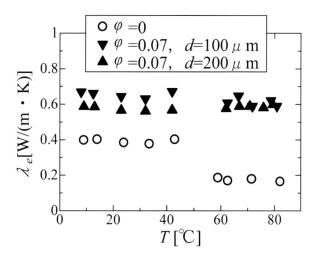

図5 金属繊維材混合潜熱蓄熱物質（φ=0.07）の
繊維径毎のみかけの熱伝導率

　図5は，アルミニウム繊維材（体積分率 φ =0.07 一定）を潜熱蓄熱材料（Tetracosane，$C_{24}H_{50}$，融点 50.8℃）に熱流と平行方向に均一混合させた場合のみかけの熱伝導率と温度の関係を，公称繊維径 d =100μm と d =200μm 毎に示したもの[10]である。なお潜熱蓄熱材料は液相と固相の両方の状態で測定した。図5より，同じ体積分率で混合させた場合でも，アルミニウム繊維材の公称繊維径が小さい d =100μm のみかけの熱伝導率の方が高い値を示している。前述の式(1)から式(3)で示したみかけの熱伝導率の推定式では，各相の熱伝導率とその体積分率の値を代入することによってみかけの熱伝導率が推定可能であるが，図5の結果は，推定式(1)から式(3)では金属繊維材を用いた複合材料のみかけの熱伝導率を十分に推定できないことを示唆している。実際に図6の体積分率を変化させた場合のアルミニウム繊維混合潜熱蓄熱材料のみかけの熱伝導率の値を公称繊維径毎に示した測定結果でも，公称繊維径の小さいほうがみかけの熱伝導率が高い値を示している。これは，金属繊維材を混合させた複合材料では，公称繊維径（さらには繊維長さ）の変化によって繊維同士の接触状態や絡み合いが変化したことでみかけの熱伝導率の値に差異が生じたためと考えられる。

　このため，金属繊維材を混合した潜熱蓄熱材料のみかけの熱伝導率の推定式には，接触状態や絡み合いによる熱伝導率の促進効果を新たに組み込む必要がある。例えば，田中ら[13]は，2相が並列と直列で分割配置されたモデルを改良し，固体同士が点接触するモデルを提案している。また菅原ら[14,15]は，田中らの提案した不連続および連続固体系のみかけの有効熱伝導率の推算法に，繊維同士の接触に伴う熱伝導の促進効果を並列に組み込んだ新たな推定式の提案を行っている。しかしながら，潜熱蓄熱材料に金属繊維材を混合した場合では，上記のモデルが適用できるかの検討は未だ十分には行われていないようであり，今後のさらなる検討が必要である。

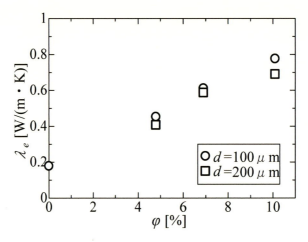

図6 金属繊維材混合潜熱蓄熱物質の体積分率(φ)に対するみかけの熱伝導率

4.2 その他の熱物性

　金属繊維材を混合させた潜熱蓄熱材料の熱伝導率以外の熱物性値のうち，密度と比熱については，通常の複合材料と同様に加成性を用いての推定が可能である。一方，液相における金属繊維材混合潜熱蓄熱材料の粘性や体膨張係数については，混合した金属繊維材がお互いに絡み合って液相の潜熱蓄熱材料と一緒には流動しない混合形式であるならば，潜熱蓄熱材料そのものの物性値の使用で問題ないと考えられる。しかしながら，金属繊維材が液相の潜熱蓄熱材料に均一分散する場合や，後述のように金属繊維材が液相での対流などの流れを阻害する場合には，これらの物性値の推定においても何らかの考慮が必要と考えられる。

5　金属繊維材混合による潜熱蓄熱材料の蓄放熱促進

　本項では，金属繊維材混合によって潜熱蓄熱材料の蓄放熱がどのように促進されるのかの実例として，矩形蓄熱槽（幅80 mm，奥行き80 mm，高さ80 mm）の下面を一定温度（T_w）にて加熱・冷却可能な実験装置[10]における金属繊維材混合潜熱蓄熱材料の蓄放熱特性の測定結果を示す。

5.1　放熱（凝固）特性

　下面冷却条件（冷却面温度 $T_w = 20℃$）で行った(a)潜熱蓄熱材料（Tetracosane，$C_{24}H_{50}$，融点 50.8℃）単体および(b)金属繊維材混合潜熱蓄熱材料（使用した金属繊維材の公称繊維径 $d = 100\,\mu m$，体積分率 $\varphi = 0.07$）の放熱（凝固）実験（初期温度 80℃）における局所温度と総放熱量（Q）の経時変化を図7に，各経過時間における金属繊維材混合潜熱蓄熱材料の蓄熱槽側面か

第5章　金属繊維材を用いた蓄放熱促進技術

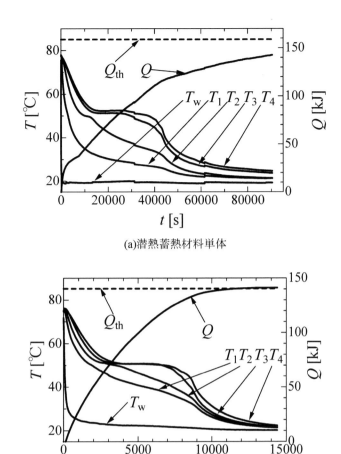

(a)潜熱蓄熱材料単体

(b)金属繊維材混合潜熱蓄熱材料 [10]

図7　放熱過程における潜熱蓄熱材料の局所温度と総放熱量の経時変化

らの凝固挙動を図8に示す。なお図7において，蓄熱槽の下面（冷却面）から10, 30, 50, 70 mm の高さにおける潜熱蓄熱材料の局所温度をそれぞれ T_1, T_2, T_3, T_4 とし，理論放熱量を Q_{th} とする。この実験では，下面からの冷却による放熱過程であるため，液相の潜熱蓄熱材料に自然対流の発生がなく，基本的には熱伝導のみの熱移動である。このため図8に示すように，金属繊維材混合潜熱蓄熱材料の固液界面はほぼ試験部下部の冷却面と平行を保ちながら推移している。しかしながら図5に示したように，金属繊維材の混合によって潜熱蓄熱材料のみかけの熱伝導率は単体の値よりも固相で約2倍程度増加するため，図7(b)に示した金属繊維材を混合された潜熱蓄熱材料の総放熱量が理論放熱量に漸近するまでの時間は潜熱蓄熱材料単体（図7(a)）での値と比較すると大幅に短縮されている。このことから，金属繊維材混合による潜熱蓄熱材料の放熱過程の促進が確認された。

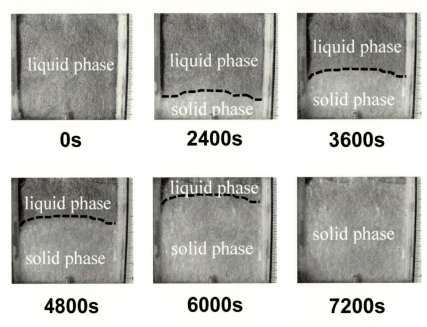

図 8　放熱（凝固）過程における金属繊維材混合潜熱蓄熱材料の凝固挙動

5.2　蓄熱（融解）特性

一方，図 9 は，下面加熱条件（加熱面温度 $T_w = 80℃$）での(a)潜熱蓄熱材料単体および(b)金属繊維材混合潜熱蓄熱材料（使用した金属繊維材の公称繊維径 $d = 100\,\mu m$，体積分率 $\varphi = 0.07$）の蓄熱（融解）実験（初期温度 40℃）における局所温度と総蓄熱量の経時変化を示している。また図 10 と図 11 は，各経過時間における潜熱蓄熱材料単体および金属繊維材混合潜熱蓄熱材料の蓄熱槽側面からの融解挙動をそれぞれ示している。下面加熱による蓄熱過程では，図 10 に示した潜熱蓄熱材料単体の融解挙動に示されるように，液相へ相変化した潜熱蓄熱材料に発生する自然対流によって撹拌されるため，図 9(a)に示すように潜熱蓄熱材料の局所温度は，液相への相変化後に加熱面温度（加熱面温度 $T_w = 80℃$）と潜熱蓄熱材料の融点（$T_m = 50.8℃$）の中間温度付近で一定となる。一方，潜熱蓄熱材料への金属繊維材の混合は，その自然対流による撹拌を金属繊維材が抑制するため，図 9(b)に示すように，融解後の金属繊維材混合潜熱蓄熱材料の局所温度は一定温度を示さなくなる。図 11 に示した金属繊維材混合潜熱蓄熱材料の融解挙動でも目視では自然対流は確認されなかった（なお正確には，金属繊維材混合潜熱蓄熱材料でも対流による局所流速は潜熱蓄熱材料単体での値よりも低下した値であるが確認[16]されていることから，自然対流は完全に消失したのではない）。通常，自然対流の発生は加熱面との熱伝達特性の促進に寄与するが，この自然対流による熱伝達促進効果を金属繊維材の混合が低減させることになる。このため，みかけの熱伝導率の増大による蓄熱特性の促進効果を相殺した結果，図 9(a)と(b)に示すように，金属繊維材を混合しても総蓄熱量の経時変化に大きな違いが確認されなかった。この金属

第5章 金属繊維材を用いた蓄放熱促進技術

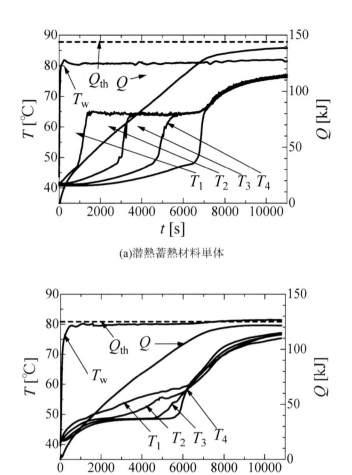

図9 蓄熱（融解）過程における潜熱蓄熱材料の局所温度と総放熱量の経時変化

繊維材混合が自然対流に与える影響に関しては例えば筆者らによる実験結果[16]も報告されているが，十分には明らかにされていないため，今後，本技術に関する研究において検討すべき事項であると考えられる。

6 まとめ

以上のように，一部の潜熱蓄熱材料にある低熱伝導性という欠点の解消のため，潜熱蓄熱材料に高熱伝導物質である金属繊維材を混合する方法は，蓄放熱促進技術として有望な方法であると考えられる。しかしながら，金属繊維材の混合によるみかけの熱伝導率の推定がいまだ困難であることや，金属繊維材の混合が自然対流を阻害することでの蓄放熱特性の低下が発生するなどの

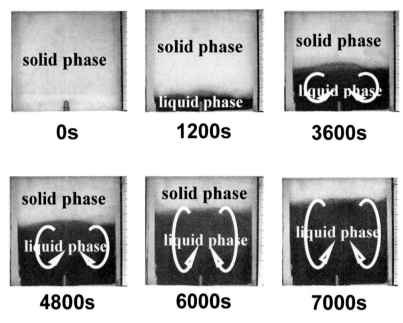

図10　蓄熱（融解）過程における潜熱蓄熱材料単体の融解挙動

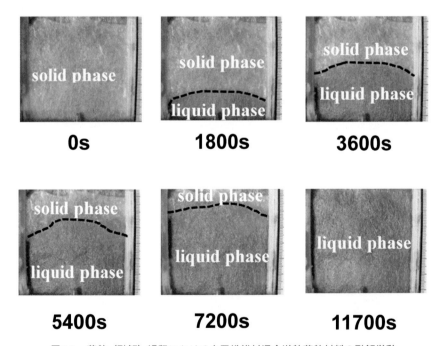

図11　蓄熱（融解）過程における金属繊維材混合潜熱蓄熱材料の融解挙動

第 5 章　金属繊維材を用いた蓄放熱促進技術

逆効果があるように，本促進技術を実用レベルとするためには，多くの克服すべき点が残っている。そのため，今後も様々な研究が行われることで，これらの欠点を解決する技術開発が進んでいくことを望む次第である。

文　　献

1) 日本機械学会編，機械工学便覧応用システム編γ3 熱機器，p.128，丸善（2005）
2) 日本熱物性学会編，熱物性ハンドブック，p.119，養賢堂（1990）
3) 菊地時雄ほか，高分子論文集，**60**（7），347（2003）
4) K. Fumoto et al., *10th IIR Conference on Phase-Change Materials and Slurries for Refrigeration and Air Conditioning*, p.195（2012）
5) 稲葉英男ほか，日本機械学会論文集（B 編），**60**（572），1422（1994）
6) 堀部明彦ほか，*Thermal Science & Engineering*, **21**（4），83（2013）
7) N. Haruki et al., *J. Porous Media*, **18**（10），997（2015）
8) 裴相哲ほか，日本機械学会熱工学講演会講演論文集，p.219（2001）
9) 深井潤ほか，日本機械学会九州支部第 53 期総会講演論文集，p.121（2000）
10) N. Haruki et al., *The 24th IIR International Congress of Refrigeration*（2015）
11) 稲葉英男ほか，高効率蓄熱技術の開発～材料開発・システム開発・熱輸送技術・利用技術～，p.80，R&D 支援センター（2013）
12) 日本熱物性学会編，熱物性ハンドブック，p.286，養賢堂（1990）
13) 田中誠ほか，化学工学論文集，**16**（1），168（1990）
14) 菅原征洋ほか，日本機械学会論文集（B 編），**69**（682），1477（2003）
15) 菅原征洋ほか，日本機械学会論文集（B 編），**70**（696），2105（2004）
16) N. Haruki et al., *Proceedings of the First Pacific Rim Thermal Engineering Conference*, PRTEC-14820（2016）

第6章　微細領域の相変化

大宮司啓文*

1　諸言

　潜熱蓄熱材による蓄熱は一般にエネルギー密度が高く，温度域が狭いという特徴がある[1~4]。エリスリトール，マンニトール，ガラクチトールなどの糖アルコール類は比較的融点が高く，潜熱量も大きいため，潜熱蓄熱材として期待されている[5~7]。特に，エリスリトールは融点が120℃と高く，潜熱量は340 kJ/kgで氷の融解熱に近い。一方で，エリスリトールは融点よりも100℃以上低い温度で凝固するなど深刻な過冷却を引き起こすことが知られている[8]。潜熱蓄熱量を減らすことなく，過冷却緩和の方法を見出すことは重要である。一般に，大きな融解熱をもつ物質は深刻な過冷却を引き起こす。固相と液相の大きなエンタルピー差のために，固液相変化がスムーズに起こらないからである。ある意味では，優れた潜熱蓄熱材において，深刻な過冷却は避けられないかもしれない。しかし，超音波照射[8~10]やエリスリトールと同じポリアルコールの添加[11]がエリスリトールの過冷却緩和に有効であるとの報告がある。

　また，ポリアルコールの添加は凝固点や融点を変化させることができる。例えば，潜熱蓄熱材の熱特性を特定の応用技術に合わせるために，意図的に潜熱蓄熱量を犠牲にして，凝固点や融点を降下させることなどが考えられる。凝固点や融点の調整は，この他にも，ナノ細孔への物質の閉じ込め[12]，新規材料の合成によっても実現できる[13]。ナノ細孔への閉じ込めは，潜熱蓄熱物質の耐熱性の向上にも有効であり，多孔質材料に潜熱蓄熱物質を含浸させて粒状の潜熱蓄熱物質を製作する技術にも繋がる[14,15]。また，多孔質材料への閉じ込めは，潜熱蓄熱物質をカプセル化し，保護する効果もある[16,17]。

　ナノ細孔への閉じ込めは，前述のような潜熱蓄熱材の応用技術において有効であるだけでなく，様々な相変化制御の基礎であり，新しい過冷却緩和の手法の発見に繋がるかもしれない。凝固，融解に対する閉じ込め効果については，これまでに多くの実験的，理論的研究が報告されている[18,19]。十分に大きな孔の場合，凝固点降下は空間の大きさと関係があり，ギブス－トムソンの式によって表される。しかしながら，ナノ細孔における相変化の駆動力となるパラメータは空間のサイズだけではなく，包含された物質と細孔表面の相互作用，包含された物質の結晶構造と細孔表面構造の類似性など他にもある[20~25]。ここでは，潜熱蓄熱材として糖アルコール類のエリスリトール，ナノ細孔として規則的なシリンダー型の細孔構造をもつメソポーラスシリカ SBA-15[26]を用いた，ナノ細孔の内部や周囲における潜熱蓄熱材の融解，凝固の挙動の研究を紹介する。

---

*　Hirofumi Daiguji　東京大学　大学院工学系研究科　機械工学専攻　教授

2 エリスリトールとメソポーラスシリカ

ここでは,潜熱蓄熱材としてメソエリスリトール(純度97%,和光純薬)を用いた。エリスリトールの化学式は$C_4H_{10}O_4$であり,1分子に4つのOH基をもつ。隣接する分子のOH基と水素結合を形成する。バルク状態では,結晶相,アモルファス相,液相が観察されるが,ナノ細孔内部では,しばしば部分的な結晶化や部分的な融解が観察され,その相変化挙動は複雑である[27]。メソエリスリトールの結晶構造については次の文献を参考にされたい[28,29]。

また,ナノ細孔として用いるメソポーラスシリカSBA-15はSayariらの提案する水熱合成法[30]により合成した。合成過程でエイジングの温度条件を変えることにより,3種類の異なる細孔径をもつメソポーラスシリカSBA-15を合成した(MPS 1, MPS 2, MPS 3)。合成方法については次の文献を参考にされたい[31~33]。図1(a)は合成したメソポーラスシリカSBA-15のSEM画像を示している。規則的な細孔構造をもつことがわかる。また,3種類のメソポーラスシリカの構造特性を明らかにするために,高精度比表面積・細孔分布測定装置(BELSORP-max,マイクロトラック・ベル社製)を用いて窒素吸脱着実験を行った。合成したメソポーラスシリカを573 Kで8時間の真空加熱処理を行った後に測定を行った。図1(b)はその結果を示している。横軸は77 Kの窒素の飽和蒸気圧に対する相対圧,縦軸は窒素吸着量である。MPS 1, MPS 2, MPS 3の吸着過程と脱着過程の等温線が重ならず,ヒステリシスをもつこと,いずれの等温線も特定の相対圧において急激に吸着量が変化し,その相対圧はMPS 1, MPS 2, MPS 3の順に大きくなることがわかる。一般に,小さな細孔ほど低相対圧で吸着が進む。この吸脱着等温線を解析することにより,細孔径分布などの構造特性を明らかにすることができる。解析の結果,MPS 1, MPS 2, MPS 3の平均細孔径は7.5 nm, 8.3 nm, 9.2 nmであった。さらに,X線回折による構造解析の結果も加えると,合成したメソポーラスシリカの構造特性は表1のようにまと

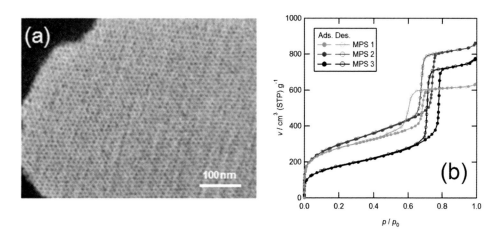

図1 合成したメソポーラスシリカの(a)SEM画像(MPS 3), (b)窒素吸脱着等温線(77 K)

表1 合成したメソポーラスシリカの構造特性

試料	d_p (nm)	d_{100} (nm)	w (nm)	A_{BET} (m^2/g)	V_p (cm^3/g)
MPS 1	7.5	9.2	1.4	949	0.765
MPS 2	8.3	9.8	1.5	1025	1.151
MPS 3	9.2	10.5	1.6	611	1.138

められる。d_pは細孔直径，d_{100}は2Dヘキサゴナル細孔構造の100方向の面間隔，wは細孔間壁の厚さ，A_{BET}は単位質量当たりの比表面積，V_pは単位質量当たりの比体積である。詳しい構造解析の方法は次の文献を参考にされたい[31~33]。

3 ナノ細孔内部におけるエリスリトールの相変化過程

3種類のメソポーラスシリカの内部や周囲にあるエリスリトールの融解，凝固の挙動を示差走査熱量計（DSC）（DSC-60，島津製作所製）によって調べた。実験はメソポーラスシリカとエリスリトールを真空処理した後，それぞれを窒素環境下で3.0 mgずつ秤量し，試料セルに詰めた。423 Kまで昇温した後，20時間保持することにより，エリスリトールを融解させ，ナノ細孔に含浸させた。その後，223 Kまで冷却し，再び423 Kまで再加熱したときのDSC加熱・冷却曲線を測定した。温度変化は全て1.0 K/minで行った。図2(a)は温度履歴，図2(b)はDSC加熱・冷却曲線（上のグラフが冷却過程，下のグラフが再加熱過程）を示している。DSC加熱・冷却曲線の縦軸は熱量（発熱は上向きのピーク，吸熱は下向きのピークである），横軸は温度を表している。前述の通り，バルク相のエリスリトールは冷却過程において室温付近で凝固し，一方，加熱過程において393 Kで融解することが報告されているが[27]，メソポーラスシリカを加えないエリスリトールだけの試料について，図2(a)に示される温度履歴でDSC加熱・冷却曲線を求めたところ，既報と同様の結果が得られた。しかしながら，エリスリトールとメソポーラスシリカを混合した試料については，図2(b)の上のグラフに示される通り，3種類のメソポーラスシリカすべてにおいて，冷却過程で凝固熱に対応するピークは見られなかった。これは温度を423 Kで20時間保持している間に，融解したエリスリトールがメソポーラスシリカの細孔内部，あるいはメソポーラスシリカ粒子の外表面に拡散，吸着したことにより，冷却過程において凝固せずにガラス状態になったことを意味する。細孔内部においては，内包された物質と細孔壁面間の相互作用により見かけ上の粘度が増加し，その結果，相変化の緩和時間が長くなる。バルク相のエリスリトールは急速冷却（20 K/min）するとガラス転移することが報告されているが[27]，細孔内部に閉じ込められたエリスリトールは1.0 K/minの冷却速度でガラス転移したと考えられる。一方，再加熱過程においては，図2(b)の下のグラフに示される通り，MPS 2，MPS 3において，260～280 K付近に発熱のピーク，330～350 K付近に吸熱のピークが見られるが，それぞれ，細孔内部における冷結晶化（cold-crystallization）と融解に対応すると考えられる。細孔内部に閉じ込められたメソポーラスシリカは冷却過程において結晶化することなく，アモルファス状態で

第6章 微細領域の相変化

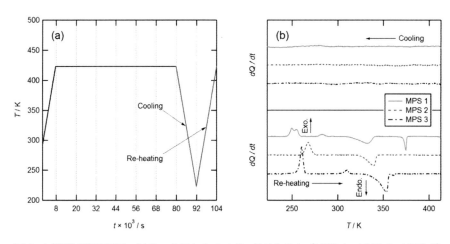

図2 (a)実験の温度履歴，(b)3つの異なるメソポーラスシリカ（MPS 1, MPS 2, MPS 3）に閉じ込められたエリスリトールの示差走査熱量計（DSC）の冷却・再加熱曲線
加熱・冷却速度は 1.0 K/min。

223 K まで冷やされ，その後，再加熱過程において，アモルファス状態から結晶になったと解釈できる。また，さらに加熱を続けると結晶は融解するが，その融解温度はバルクの融点（393 K）より低い温度となった。一方，MPS 1 の加熱・冷却曲線においては，2つの発熱のピーク（250 K と 283 K）と2つの吸熱のピーク（332 K と 376 K）が見られる。MPS 1 は細孔容積が小さいためすべてのエリスリトールを細孔内部へ含浸させることができなかった。したがって，283 K の発熱のピークと 332 K の吸熱のピークはそれぞれ細孔内部における冷結晶化と融解に対応するピークであり，250 K の発熱のピークと 376 K の吸熱のピークはそれぞれメソポーラスシリカ粒子の外表面における冷結晶化と融解に対応するピークと考えられる。詳しい DSC 加熱・冷却曲線の解析は次の文献を参考にされたい[34]。

図3はバルクのエリスリトールの融点から細孔内部に閉じ込められたエリスリトールの融点を引いた値，すなわち融点降下を細孔径の逆数の関数として示したものである。原点を通る直線でフィッティングするとその傾きは 429 K nm と求められた。一般に，温度降下は次のギブス・トムソンの式[18,19]によって表される。

$$T_{f\,bulk} - T_{f\,conf} = -T_{f\,bulk}\frac{4\sigma\cos\theta}{h_f\rho d_p} \tag{1}$$

ただし，$T_{f\,bulk}$ はバルクの融点，$T_{f\,conf}$ は細孔内部の融点，σ は固液界面のエネルギー，θ は接触角，h_f は融解のエンタルピー，ρ はバルクの固相の密度である。今，$T_{f\,bulk}$ = 393 K，σ = 0.03 N/m，θ = π，h_f = 340 kJ/kg，ρ = 1,450 kg m^3 と仮定すると，図3に示される温度降下の傾きは 95.9 K nm と求められる。すなわち，温度降下の傾きの実験値は理論値よりもはるかに大きいことがわかる。ギブス・トムソンの式においては，温度降下に関する「細孔内部に包含される物質のミクロな結晶構造（結晶粒界のサイズ）の効果」や「その結晶構造と細孔表面構造の類似性

の効果」などを考慮していないため，このような差異が生じたと考えられる。

次に，エリスリトールの量がDSC加熱・冷却曲線に与える影響を調べた。図4はメソポーラスシリカ MPS 3 の量を 3.0 mg で一定とし，エリスリトールの量を 3.5 mg と 4.5 mg としたとき，先ほどの実験と同じ温度履歴（図2(a)）で求めたDSC加熱・冷却曲線を示している。エリスリ

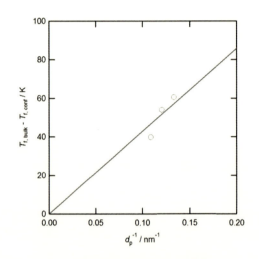

図3 細孔直径の逆数と融解温度降下

直線は実験データのフィッティング直線：$T_{f,bulk} - T_{f,conf}$ (K) = 429 (K nm) $\times d_p^{-1}$ (nm^{-1}) を示している。

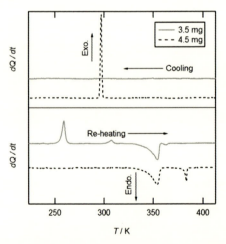

図4 エリスリトールとメソポーラスシリカ粒子（MPS 3）の混合物の示差走査熱量計（DSC）の冷却・再加熱曲線（温度域は 223 から 423 K まで）

メソポーラスシリカ粒子（MPS 3）の量は 3.0 mg，エリスリトールの量は 3.5 mg と 4.5 mg の2通り。実験の温度履歴は図2(a)と同じである。

第 6 章　微細領域の相変化

トールの量が 3.5 mg の場合は，基本的には図 2(b) に示される MPS 3 の DSC 加熱・冷却曲線と同様である（図 2(b) の実験においては，MPS 3 とエリスリトールの量はいずれも 3.0 mg である）。しかし，エリスリトールの量が 4.5 mg の場合は，冷却過程において 298 K 付近に結晶化に伴う発熱のピークが見られ，再加熱過程において 356 K と 383 K 付近に融解に伴う吸熱のピークが見られる。エリスリトールの量が 4.5 mg の場合は，すべてのエリスリトールが細孔内部に入りきらず，一部が細孔外部に存在していると考えらえる。したがって，冷却過程においては，298 K 付近で細孔外部のエリスリトールが結晶化することにより，細孔内部のエリスリトールの結晶化を誘起したと考えられる。一方，再加熱過程においては，細孔内部のエリスリトールは既に結晶化しているため，冷結晶化は起こらず，したがって発熱のピークは見られない。また，356 K 付近の吸熱のピークは細孔内部のエリスリトールの融解，383 K 付近の吸熱のピークは細孔外部のエリスリトールの融解に対応すると考えられる。融解過程については，細孔内部のエリスリトールが融解しても細孔外部のエリスリトールの融解を促すことはないと言える。エリスリトールの細孔含有率や細孔内外のエリスリトールの相互作用が相変化過程に与える影響についてはより詳細な検討が必要である。

4　ナノ細孔内部におけるエリスリトールの相変化と熱履歴

これまでの実験において，エリスリトールを細孔内部に閉じ込めると冷却過程で結晶化が生じず，過冷却域が拡大すること，細孔のサイズを変えると，融解を示す吸熱ピークの幅が変化したり，温度域が変化したりすることがわかった。ここでは，熱履歴が細孔内部の相変化挙動に与える影響を調べる。今，図 5(a) に示されるように 2 種類の異なる温度履歴で加熱冷却を繰り返す実験を行う。試料はメソポーラスシリカ粒子 MPS 3 とエリスリトールであり，MPS 3 の量は 3.0 mg，エリスリトールの量は 3.5 mg である。また，加熱・冷却速度は 1.0 K/min である。いずれの温度履歴においても，前処理から再加熱過程まではこれまでの実験と同様であるが（図 2(a) 参照），温度履歴 I においては，再加熱過程において 423 K まで昇温させる代わりに，353 K と 303 K の間で昇温，降温を繰り返した（図 5(a-I)）。一方，温度履歴 II においては，昇温，降温の繰り返しにおいて，353 K → 303 K → 363 K → 303 K → 373 K → 303 K のように徐々に最高温度を高くした（図 5(a-II)）。図 5(b) はそのときの DSC 加熱・冷却曲線を示している。温度履歴 I（図 5(b-I)）の DSC 加熱・冷却曲線より，冷却過程において発熱のピークが見られ，また，3 回の昇温，降温の繰り返しにおいて，DSC 加熱・冷却曲線はほぼ重なることがわかった。先の実験において，423 K から 1.0 K/min で冷却した際には発熱のピークが見られなかったが（図 2(b) 参照），この実験において 353 K から 1.0 K/min で冷却した際には発熱のピークが見られた。この結果から，ナノ細孔内部のエリスリトールは，423 K においては完全に融解しているため，冷却過程において結晶化が見られないが，353 K では完全に融解しておらず，結晶が残っているため，353 K からの冷却過程においては，その結晶が核となり，結晶化が進むと予想される。

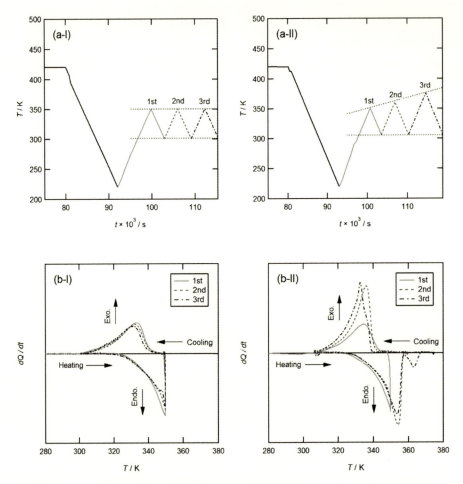

図5 (a) 2つの実験（IとII）の温度履歴, (b)示差走査熱量計（DSC）の冷却・再加熱曲線
メソポーラスシリカ粒子（MPS 3）の量は3.0 mg, エリスリトールの量は3.5 mg。
加熱・冷却速度は1.0 K/min。

　また，バルク相におけるエリスリトールの凝固現象は，同じ冷却速度であっても，しばしば凝固点，凝固熱が変わり，再現性がよくないことが知られているが[27]，ナノ細孔内部のエリスリトールの凝固は再現性が比較的よいことがわかった。また，温度履歴II（図5 (b-II)）のDSC加熱・冷却曲線より，冷却過程の開始点の温度を上げると，凝固熱も大きくなることがわかる。この実験の3回目の冷却過程で発生した凝固熱は184 kJ/kgであり，バルクの凝固熱340 kJ/kgのおよそ54%である。

　ナノ細孔内部におけるエリスリトールの相変化は熱履歴の影響を受け，バルク相と異なることがわかった。ここでは，エリスリトールの構造的特性を明らかにするために，X線回折装置（Smart Lab 3kW, リガク社製）を用いて構造解析を行った。X線源はCu Kα, 波長λ = 1.54 Å，電圧45 kV, 電流200 mAである。図6(a)はこの実験の温度履歴，および5つの測定点（A-E）

第6章 微細領域の相変化

を示している。基本的には先の実験と同じであるが(図5(a)参照),5つの測定について,5つの試料を準備し,前処理から測定点まで加熱冷却を行った後,293 K において X 線回折パターンをとった。温度履歴 I(図6(b-I))の X 線回折パターンより,A においては $2\theta = 20°$ 付近になだらかなピークがあるが,明確なピークが見られないことからアモルファスであることがわかる。B については冷結晶化に特徴的なピークが見られる[27, 34]。一方,C,D,E のピークの形状はバルク相のエリスリトールの結晶と同じである。温度履歴 II(図6(b-II))の X 線回折パターンについても,基本的には温度履歴 I(図6(b-I))の X 線回折パターンと同じであるが,D,E のピークが大きくなることから,冷却過程の開始温度を高めることにより,エリスリトールの結晶がより成長することがわかる。

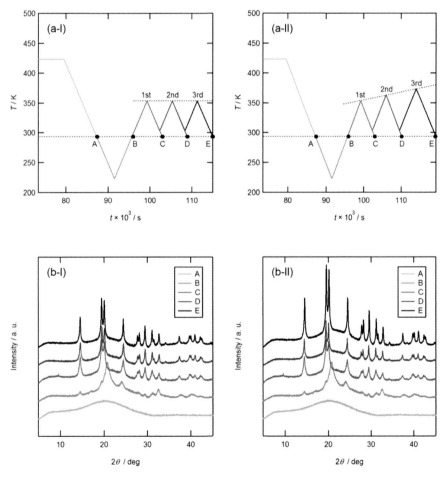

図6 (a)2つの実験 (I と II) の温度履歴と X 線回折の測定点 (A – E),
(b)各測定点における X 線回折パターン
メソポーラスシリカ粒子 (MPS 3) の量は 3.0 mg,エリスリトールの量は 3.5 mg。加熱・冷却速度は 1.0 K/min。

さらに，試料の温度を制御しながら，X線回折測定を行い，ナノ細孔内部におけるエリスリトールの構造的特徴を明らかにした．図7(a)は温度履歴，図7(b)はX線回折パターンを示している．前処理から加熱冷却を経て353 Kに至るまでの温度履歴は，先の実験と同様である（図2(a)参照）．353 KのX線回折パターンはエリスリトール結晶のX線回折パターンと基本的に同じである．また，この実験においては，冷却速度が極めて遅いが，293 KにおけるX線回折パターンを先の実験で得られたX線回折パターンと比較するとピークが小さくなっていることがわかる．冷却速度と結晶成長の関係についても今後さらに検討する必要がある．

図8は以上の実験で得られた知見をエンタルピーで整理したものを示している．エリスリトールをメソポーラスシリカの細孔に閉じ込めると，表面エネルギーや閉じ込め効果により，液相と結晶相のエンタルピー差はバルクにおける液相と結晶相のエンタルピー差よりも小さくなる．しかし，熱履歴1に示されるように完全な液相から冷却すると，ガラス転移が起こり，その後，加熱過程において冷結晶化，さらに融解が起こる．一方，熱履歴2に示されるように完全な液相になる前に，冷却を開始し，ある温度範囲で加熱・冷却を繰り返すと，細孔内部で融解，凝固を安定に繰り返すことができる．ここでの実験においては，加熱・冷却速度は全て1.0 K/minであるが，加熱・冷却速度を変えると相変化の挙動も変わると予想される．

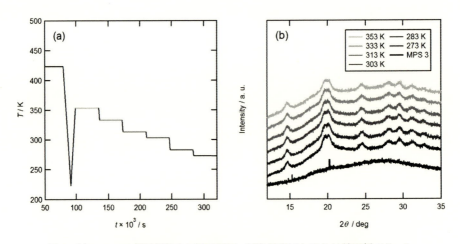

図7 (a) In-situ X線回折測定の温度履歴，(b) 各温度におけるX線回折パターン
メソポーラスシリカ粒子（MPS 3）の量は3.0 mg，エリスリトールの量は3.5 mg．参照データとして293 KにおけるMPS 3のX線回折パターンが示されている．

第6章　微細領域の相変化

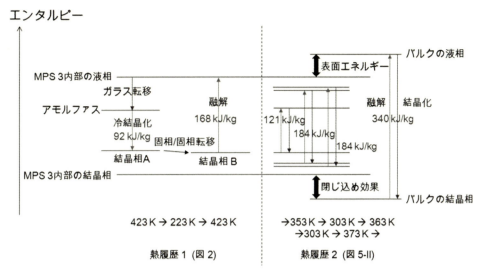

図8　メソポーラスシリカ（MPS 3）細孔内部におけるエリスリトールの相変化に伴うエンタルピー変化

5　結言

本章では，ナノ細孔の内部や周囲における潜熱蓄熱材の融解，凝固の挙動についての研究を紹介した。ここでは，潜熱蓄熱材として糖アルコール類のエリスリトール，ナノ細孔として規則的なシリンダー型の細孔構造をもつメソポーラスシリカ SBA-15 が用いられた。細孔内部の相変化はバルクの相変化と異なり，また，メソポーラスシリカの細孔径，エリスリトールの量，熱履歴などを変えることにより，異なる相変化を実現することができた。微細領域内における物質の構造的，動的性質を明らかにすることにより，より正確に物質の相変化挙動を制御できる可能性がある。

文　献

1) B. Zalba et al., *Appl. Therm. Eng.*, **23**, 251 (2003)
2) M. M. Farid et al., *Energy Convers. Manage.*, **45**, 1597 (2004)
3) A. Sharma et al., *Renewable Sustainable Energy Rev.*, **13**, 318 (2009)
4) T. Nomura et al., *ISIJ Int.*, **50**, 1229 (2010)
5) W. Guex et al., U. S. Patent 4,296,801, October 27 (1981)
6) G. Hoermansdoerfer, U. S. Patent 4,795,580, January 3 (1989)
7) H. Kakiuchi et al., 2nd Workshop of IEA Annex 10 – PCMs and Chemical Reactions for

Thermal Energy Storage, Sofia, Bulgaria, November 11-13 (1998)
8) E. P. Ona *et al.*, *J. Chem. Eng. Jpn.*, **34**, 376 (2001)
9) E. P. Ona *et al.*, *J. Chem. Eng. Jpn.*, **35**, 290 (2002)
10) E. P. Ona *et al.*, *J. Chem. Eng. Jpn.*, **36**, 799 (2003)
11) H. Hidaka *et al.*, *J. Chem. Eng. Jpn.*, **37**, 1155 (2004)
12) D. Zhang *et al.*, *Sol. Energy*, **81**, 653 (2007)
13) A. Sarı *et al.*, *Chem. Eng. Technol.*, **34**, 87 (2011)
14) T. Nomura *et al.*, *Mater. Chem. Phys.*, **115**, 846 (2009)
15) A. Sagara *et al.*, *Mater. Chem. Phys.*, **146**, 253 (2014)
16) M. N. A. Hawlader *et al.*, *Appl. Energy*, **74**, 195 (2003)
17) A. Sarı *et al.*, *Sol. Energy Mater. Sol. Cells*, **101**, 114 (2012)
18) M. Alcoutlabi *et al.*, *J. Phys.: Condens. Matter*, **17**, R461 (2005)
19) C. Alba-Simionesco *et al.*, *J. Phys.: Condens. Matter*, **18**, R15 (2006)
20) G. Dosseh *et al.*, *J. Phys. Chem. B*, **107**, 6445 (2003)
21) Y. Xia, *J. Phys. Chem. B*, **110**, 19735 (2006)
22) C. Le Quellec *et al.*, *Eur. Phys. J.: Spec. Top.*, **141**, 11 (2007)
23) A. Schreiber *et al.*, *Phys. Chem. Chem. Phys.*, **3**, 1185 (2001)
24) G. H. Findenegg *et al.*, *ChemPhysChem*, **9**, 2651 (2008)
25) A. Endo *et al.*, *J. Phys. Chem. C*, **112**, 9034 (2008)
26) D. Zhao *et al.*, *Science*, **279**, 548 (1998)
27) A. J. Lopes Jesus *et al.*, *Int. J. Pharm.*, **388**, 129 (2010)
28) A. Shimada, *Acta Cryst.*, **11**, 748 (1958)
29) C. Ceccarelli *et al.*, *Acta Cryst.*, **B36**, 3079 (1980)
30) A. Sayari *et al.*, *J. Am. Chem. Soc.*, **126**, 14348 (2004)
31) K. Yamashita *et al.*, *J. Phys. Chem. C*, **117**, 2096 (2013)
32) A. Endo *et al.*, *J. Colloid Interface Sci.*, **367**, 409 (2012)
33) H. Yanagihara *et al.*, *J. Phys. Chem. C*, **117**, 21795 (2013)
34) K. Nakano *et al.*, *J. Phys. Chem. C*, **119**, 4769 (2015)

第7章　建築材における蓄熱技術

竹林英樹*

1　はじめに

　建築分野における蓄熱技術の利用は，氷蓄熱，水蓄熱などの蓄熱槽（帯水層などの地盤蓄熱なども含まれる）を利用した冷暖房システムと，床，壁，天井などの躯体に蓄熱させる躯体蓄熱の分野に大別され，非常に多くの研究成果や導入実績がある。例えば，辻本ら[1]は，温度成層型蓄熱槽の運転評価を実施した。吉田[2]は，蓄熱槽を用いた空調システムの冷暖房負荷予測方法を検討した。于ら[3]は，大温度差水蓄熱式空調システムの性能評価に基づき高効率化の可能性を検討した。城田ら[4]は，氷蓄熱空調機を開発し基本特性を明らかにした。中村ら[5]は，敷地内帯水層蓄熱システムの提案と実証を行った。中曽ら[6]も同様に実証実験を行った。伊藤ら[7]は，ダイレクトゲインシステムにおける蓄熱材の効果を分析した。中島ら[8]は，潜熱蓄熱材を組み込んだ地中蓄熱式太陽熱暖房システムの性能評価を行った。近藤ら[9]は，潜熱蓄熱壁体の性能把握と適用効果の検討を行った。武田ら[10]は，潜熱蓄熱暖房装置を開発し利用方法を検討した。水野ら[11]は，蓄熱式電気床暖房を対象として快適温度範囲に制御する方法を検討した。添田ら[12]は，潜熱蓄熱材を組み込んだ壁の熱的性能評価を行った。長野ら[13]は，潜熱蓄熱を適用した躯体蓄熱床吹出し空調システムを提案しその特性を評価した。菊田ら[14]は，外断熱住宅へ導入した躯体蓄熱型暖房システムの有用性を検討した。藤田ら[15]は，蓄熱型床下暖房の実棟実験より蓄熱・放熱挙動を確認した。金ら[16]は，日射ダイレクトゲインを蓄熱する蓄熱式床暖房システムの省エネルギー性能を評価した。相楽ら[17]は，天井裏空間利用型と床吹出し型の躯体蓄熱空調システムのシステム性能を評価した。森山ら[18]は，太陽熱を利用する蓄熱コンクリートの蓄放熱特性を検討した。佐藤ら[19]は，太陽熱の有効利用を目的として住宅に導入した潜熱蓄熱内装建材の暖房負荷削減効果を検討した。草間ら[20]は，潜熱蓄熱内装左官材のパッシブ蓄熱効果を検討した。特に後半（建築材における蓄熱技術）の研究では，地球温暖化対策，省エネルギー方策としての建築物の高断熱・高気密化を背景とし，室内への適切な熱容量の付加が検討されている。具体的には，日射熱や内部発熱を有効に利用するために蓄熱材が用いられている。

　図1は高断熱・高気密住宅における年間冷暖房負荷（熱損失係数は住宅全体からの熱の逃げやすさを示す指標であり，この値が小さいほど熱が逃げにくく，断熱性能が良い（高断熱））を示している[21]。次世代省エネルギー基準は1999年施行の旧基準（熱損失係数2.7（W/m^{2}K））であり，著者らが検討に用いた実験住宅は2013年施行の新基準より若干優れた性能（熱損失係数0.68

　＊　Hideki Takebayashi　神戸大学　大学院工学研究科　建築学専攻　准教授

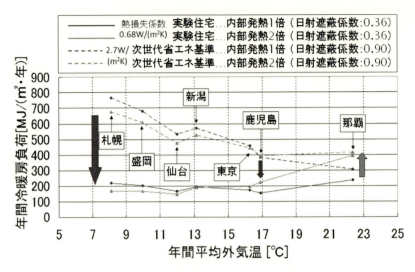

図1　高断熱・高気密住宅における年間冷暖房負荷

($W/m^2 K$))を有する。暖房負荷の主要因は外気温であり，断熱性能の向上により削減される。札幌や仙台などの寒い地域で高断熱化の効果が大きい。高断熱・高気密住宅では適度な日射取得と内部発熱により快適な室温が保持され，暖房装置が不要になる可能性がある。すでにコンピュータなどによる内部発熱が大きいオフィスでは年間を通して冷房のみが行われている場合がある。これに対して，冷房負荷の要因は外気温だけでなく，日射熱や内部発熱の影響も大きいため，住宅の性能が向上しても冷房装置は不要にならない。那覇では内部発熱の増加により高断熱・高気密住宅の年間冷暖房負荷が増加する結果になった。

2　住宅における潜熱蓄熱利用技術の紹介

　高断熱・高気密住宅において，さらに自然エネルギー（ここでは太陽エネルギー）を積極的に利用することを想定すると，蓄熱技術が必要となる。貯湯槽を用いた太陽熱給湯システムや床や壁等の躯体に蓄熱させる太陽熱暖房システムが代表例である。これらのシステムでは貯湯槽や蓄熱体からの熱供給量が不足すると補助熱源により熱供給される。したがって，居住者は蓄熱不足でストレスを感じることはない。ここで，より多くの熱エネルギーを可能な限り太陽熱により賄おうとすると，より大きな蓄熱装置（槽）が必要となる。ただし，住宅の面積は限られており，大きな容積を占める蓄熱装置の設置には限界がある。そこで，少ない容積で大容量の熱を蓄熱することができる潜熱蓄熱材が注目される。以下では，著者らのグループが検討を進めてきた潜熱蓄熱利用技術（空調システム，太陽熱暖房給湯システム）について紹介する。

第7章　建築材における蓄熱技術

2.1　潜熱蓄熱空調システム

　図2に潜熱蓄熱空調システムの概要を示す[22]。市販のヒートポンプ空調機の室内機（図中のコイルとヒートポンプファン）と潜熱蓄熱槽，ダクト，送風ファン，ダンパーなどにより構成される（図3）。ダクトは各居室に接続され，大型の空調機で建物全体の空調が行われる全館空調方式である。日本の一般的な住宅では，リビング，寝室，子供部屋などの各部屋に空調機が設置される場合が多いが，冷房負荷の小さい高断熱・高気密住宅では，市販のヒートポンプ空調機でも蓄熱技術と組み合わせることで建物全体の空調が可能となる。逆に，冷暖房負荷が小さくなると，既存のヒートポンプ空調機では過剰容量となり，効率の良い運転ができなくなる可能性がある。

　図4a〜dに潜熱蓄熱空調システムの運転モードを示す。冷房運転を想定して説明する。蓄熱運転モード（図4a）では，夜間の外気温が低く運転効率の良い時間帯（例えば4〜6時）に空調機を運転し，潜熱蓄熱槽に冷熱（例えば相変化温度18℃）を蓄熱する。その後，午前中の負荷はあまり大きくないため，蓄熱維持運転モード（図4b）で蓄熱槽の温度を維持し，空調機により各居室に冷熱を供給する。放熱モード（図4c）では，最も冷房負荷が大きくなる時間帯（例えば13〜15時）に潜熱蓄熱槽に蓄熱された冷熱を各居室に供給する。潜熱蓄熱槽からの冷熱供給が終了すると，通常運転モード（図4d）として，空調機により各居室に冷熱が供給される。

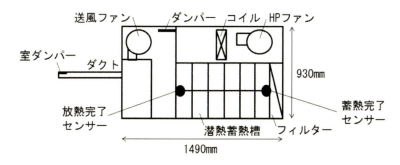

図2　潜熱蓄熱空調システムの概要

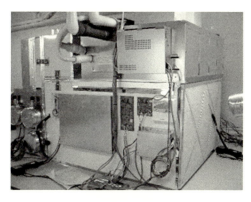

図3　潜熱蓄熱空調システム

蓄熱，放熱完了センサーによる計測に基づき蓄熱，放熱終了が判定され，運転モードの時間帯設定に基づき，ダンパーの開閉，ファンの稼働が自動で制御される。

このシステムによる省エネルギー効果は，外気温の低い夜間に空調機を運転し，外気温の高い日中の運転を避けることで，高効率の運転が実現されることによる。図5に室の使用に応じて冷房を使用する間欠運転の場合の通常時と蓄放熱運転時のピークシフトの様子を示す。通常時には昼過ぎ頃の冷房使用開始時に予熱負荷（暖まった室温を設定温度まで低下させる）のために大き

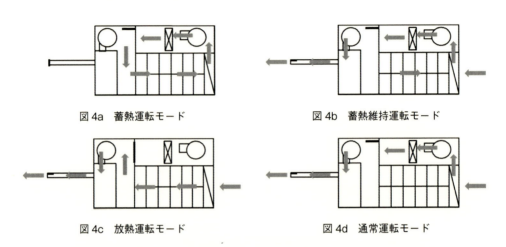

図4a 蓄熱運転モード　　　　　図4b 蓄熱維持運転モード

図4c 放熱運転モード　　　　　図4d 通常運転モード

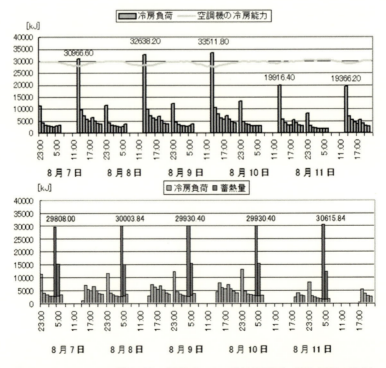

図5　ピークシフトの様子（上：通常時，下：蓄放熱運転）（間欠運転の場合）

第7章 建築材における蓄熱技術

な冷房負荷となっている。蓄放熱運転時には4〜5時に蓄熱された冷熱の放熱により予熱負荷がほぼ賄われ，負荷の小さい日には17時頃まで放熱が継続される。冷房用の電力消費量と電気代を図6に示す。空調機の高効率な運転時間へのシフトに伴う省エネルギー効果はあまり大きくなく，電力消費量，電気代の削減量も限定的ではあるが，上述の通り高断熱・高気密住宅に適した空調システムである。

2.2 戸建住宅の太陽熱潜熱蓄熱給湯暖房システム

一般的な戸建住宅に集熱パネル，潜熱蓄熱槽，貯湯槽，補助熱源等を組み合わせた太陽熱潜熱蓄熱給湯暖房システムの概要を図7に示す[23]。日中の太陽熱を潜熱蓄熱槽に蓄熱し，主に夜間に必要となる暖房と給湯に利用するシステムである。床暖房により賄われる暖房負荷は急に必要とならないが，給湯負荷は開栓後すぐの供給が要求される。貯湯槽と潜熱蓄熱槽の組み合わせを変

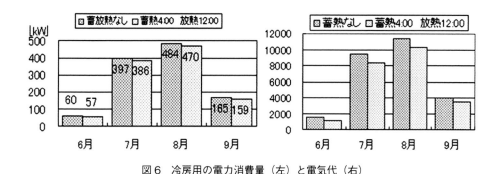

図6 冷房用の電力消費量（左）と電気代（右）

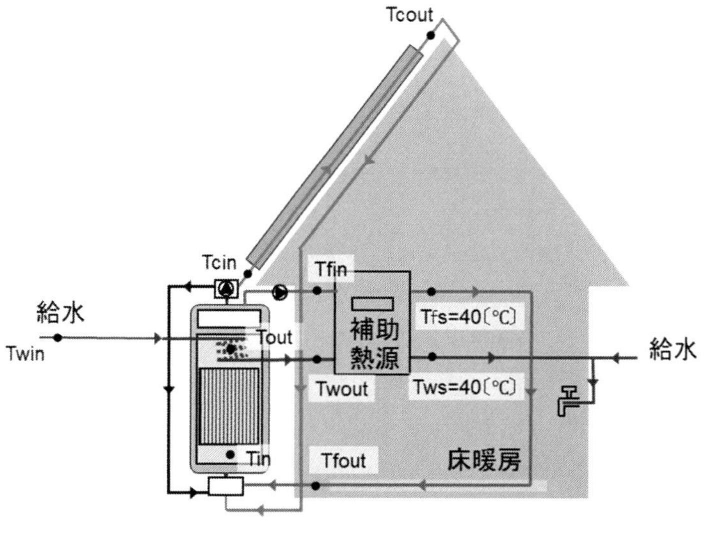

図7 太陽熱潜熱蓄熱給湯暖房システムの概要（model 0, 0'）

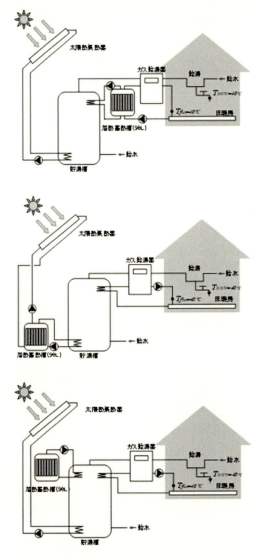

図8 潜熱蓄熱槽の位置を変化させた検討（model 3～5）

化させて（図8），給湯，暖房への熱供給の可能性を検討した結果を図9に示す。独立した貯湯槽を持たないmodel 0（図7），給湯負荷には対応しないmodel 0'において暖房に供給される熱量が大きい。貯湯槽を設置したmodel 3～5では給湯負荷には対応するが，暖房に供給される熱量は小さい。貯湯槽を持って給湯に供給される従来型のmodel 1（図8の潜熱蓄熱槽なし）では，太陽熱利用の割合が大きい。潜熱蓄熱材と熱媒との熱交換に時間がかかる潜熱蓄熱システムは，瞬間的に負荷が発生する給湯負荷には適さないため，冷暖房のベース部分に利用し，不足分を空調機により補う仕組みが適当である。

第7章　建築材における蓄熱技術

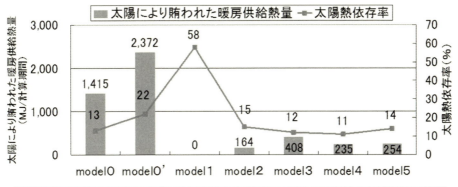

図9　貯湯槽と潜熱蓄熱槽の組合せを変化させた場合の検討結果

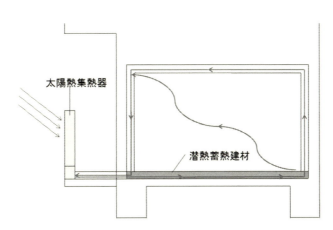

図10　ベランダ設置型の集合住宅用太陽熱潜熱蓄熱暖房システムの概要（集熱器6m²，床面積74m²）

2.3　集合住宅の太陽熱潜熱蓄熱暖房システム

　集合住宅のベランダに集熱器を設置し，床面に設置した潜熱蓄熱材に蓄熱し，夜間の暖房に利用する太陽熱潜熱蓄熱暖房システムを図10に示す[24]。潜熱蓄熱材からの伝導による床暖房方式と，潜熱蓄熱材と熱交換した循環空気を室内に吹き出す温風吹き出し方式を想定し，室温が17℃以上に保持される時間を算出した（図11）。多くの日で就寝時まで17℃以上の室温が保持されるが，朝まで保持される日はほとんどない。

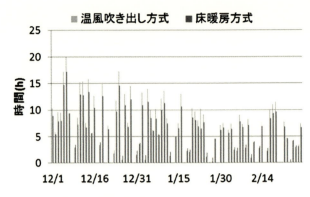

図11 太陽熱潜熱蓄熱暖房システムにより室温が17℃以上に保持される時間(大阪の気象条件)

3 まとめ

建築分野における蓄熱技術の利用に関しては,非常に多くの研究成果や導入実績がある。それらの一部であるが,主要な文献を引用した。著者らのグループが検討を進めてきた潜熱蓄熱利用技術について紹介したが,それらはあくまで一例である。

潜熱蓄熱空調システムの概要を紹介し,導入の可能性として次の点を指摘した。①冷暖房負荷の小さい高断熱・高気密住宅では,現在市販されている空調機では部分負荷運転となり運転効率が悪くなるため,全館空調方式の潜熱蓄熱空調システムが適する。②高断熱・高気密住宅では暖房負荷は大幅に減少するが,冷房負荷は増加する可能性があるため,効率の良い夜間に蓄熱し,外気温の高い日中の冷房運転を避ける潜熱蓄熱空調システムが適する。

戸建住宅に集熱パネル,潜熱蓄熱槽等を組み合わせた太陽熱潜熱蓄熱給湯暖房システムの概要を紹介した。潜熱蓄熱材と熱媒との熱交換に時間がかかる潜熱蓄熱システムは,瞬間的に負荷が発生する給湯負荷には適さないため,冷暖房のベース部分に利用し,不足分を空調機により補う仕組みが適当である。最後にベランダ設置型の集合住宅用太陽熱潜熱蓄熱暖房システムの概要を紹介した。

文　　献

1) 辻本誠ほか,空気調和・衛生工学会論文集, **16**, 23 (1981)
2) 吉田治典,日本建築学会計画系論文集, **495**, 77 (1997)
3) 于航ほか,日本建築学会計画系論文集, **535**, 31 (2000)
4) 城田修司ほか,空気調和・衛生工学会論文集, **77**, 85 (2000)

第7章　建築材における蓄熱技術

5) 中村慎ほか，日本建築学会計画系論文集，**546**, 69 (2001)
6) 中曽康壽ほか，空気調和・衛生工学会論文集，**190**, 11 (2013)
7) 伊藤直明ほか，日本建築学会計画系論文報告集，**377**, 1 (1987)
8) 中島康孝ほか，日本建築学会計画系論文報告集，**393**, 35 (1988)
9) 近藤武士ほか，日本建築学会計画系論文集，**540**, 23 (2001)
10) 武田仁ほか，日本建築学会計画系論文集，**551**, 53 (2002)
11) 水野里絵ほか，日本建築学会計画系論文集，**552**, 63 (2002)
12) 添田晴生ほか，空気調和・衛生工学会論文集，**86**, 11 (2002)
13) 長野克則ほか，日本建築学会環境系論文集，**579**, 21 (2004)
14) 菊田弘輝ほか，日本建築学会環境系論文集，**589**, 37 (2005)
15) 藤田浩司ほか，日本建築学会環境系論文集，**626**, 479 (2008)
16) 金秀耿ほか，日本建築学会環境系論文集，**660**, 169 (2011)
17) 相楽典泰ほか，日本建築学会環境系論文集，**670**, 1061 (2011)
18) 森山実記ほか，空気調和・衛生工学会論文集，**167**, 1 (2011)
19) 佐藤友紀ほか，日本建築学会環境系論文集，**678**, 651 (2012)
20) 草間友花ほか，日本建築学会環境系論文集，**722**, 367 (2016)
21) 三浦貴宏ほか，空気調和・衛生工学会近畿支部学術研究発表会論文集，p.121 (2011)
22) 村井佐江ほか，日本建築学会大会学術講演梗概集，p.1165 (2008)
23) 青山雅則ほか，空気調和・衛生工学会近畿支部学術研究発表会論文集，p.281 (2011)
24) 佐々木和樹ほか，日本建築学会近畿支部研究発表会要旨集，p.105 (2015)

【第Ⅲ編　化学蓄熱】

第1章　無機水和物系反応材料

窪田光宏[*]

1　はじめに

　100℃以下の低温熱エネルギーは，その質の低さ故に現状では膨大な量が排熱として未利用のまま廃棄されており，その有効利用技術の確立が急務となっている。また，東日本大震災以降，導入促進が期待される燃料電池などの小規模分散型エネルギーシステムでは，発電に伴い発生する60～70℃の温熱の熱余りが課題として挙げられ，その利用用途の拡大を可能とする技術が求められている。

　低温熱エネルギーの有効利用技術として，水を蓄熱媒体とした従来からの顕熱蓄熱に替わり，吸着現象や化学反応を利用した化学蓄熱・ヒートポンプ技術が注目されている。化学蓄熱・ヒートポンプ技術は熱エネルギーを高密度に貯蔵することに加え，貯蔵した熱エネルギーの温度をほぼ任意に制御し，高温熱あるいは冷熱の生成も可能とする技術である。

　我々はこの化学蓄熱・ヒートポンプ技術について，比較的低温で水の吸収・放出を行う無機水和物の水和・脱水反応に着目し，これまで検討を行ってきた。本稿では，低温化学蓄熱に適した無機水和物反応系の探索，ならびにその結果として見出した水酸化リチウム（LiOH）の水和と水酸化リチウム一水和物（$LiOH \cdot H_2O$）の脱水の可逆反応を利用する$LiOH/LiOH \cdot H_2O$系の概要と実現に向けた取り組みについて概説する。

2　低温化学蓄熱用反応系の探索

　低温熱の高密度化学蓄熱に適した反応系については，これまでにもさまざまな検討が行われてきたが，我々は無機水和物に再度注目し，候補反応系の探索を行った[1]。この理由として，無機化合物は一般に反応熱が大きく高密度蓄熱が可能であるものの，熱分解温度が高く低温化学蓄熱には適さない場合が多い。一方，無機水和物は潜熱蓄熱材としても利用されるとおり，水和水の脱離が比較的低温で生じることから，低温化学蓄熱への適用が期待されるためである。

　具体的な探索手法としては，図1の表に示す市販の硫酸塩（18種），硝酸塩（9種），炭酸塩（1種），リン酸塩（3種），水酸化物塩（2種）の無機水和物について，示差走査熱量計（DSC-60，島津製作所）を用いて，融解あるいは脱水時の吸熱温度および吸熱量の測定を行った。

　図1に，候補反応系の探索により得られた無機水和物の吸熱温度と吸熱量の関係を示す。本図

---

　[*]　Mitsuhiro Kubota　名古屋大学　大学院工学研究科　エネルギー理工学専攻　助教

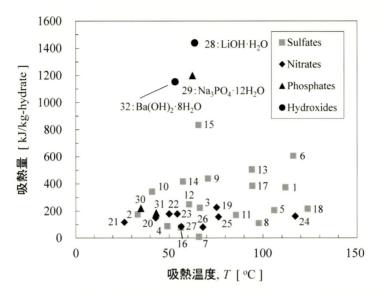

図1 各種無機水和物の吸熱温度と吸熱量の関係

より，100℃以下では，蓄熱材料としての検討が過去になされた$Ba(OH)_2 \cdot 8H_2O$などの吸熱量が高いことに加え，$LiOH \cdot H_2O$，$Na_3PO_4 \cdot 12H_2O$も大きな吸熱量を示しており，低温化学蓄熱の候補材料となる可能性を有していることが分かる。そこで図2に，$LiOH \cdot H_2O$の脱水反応におけるDSCカーブを示す。本図より，$LiOH \cdot H_2O$は昇温速度5℃/minの条件下，63℃で脱水反応が開始し，98℃で完了する単一ピークを示すとともに，その吸熱量が図1に示したように1,440 kJ/kgと高い値となっている。この結果は，$LiOH \cdot H_2O$の場合，100℃以下の低温域で一水和物の脱水というシンプルな反応が進行することを意味しており，化学蓄熱での繰り返し反応

第1章　無機水和物系反応材料

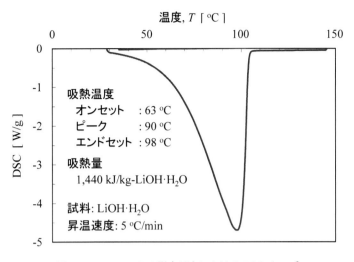

図2　LiOH・H₂O の脱水反応における DSC カーブ

を想定した際，高い反応可逆性・耐久性を有することが期待できる。さらに，その吸熱量が1 MJ/kg 以上の極めて高い値を示すことから，高蓄熱密度の実現も期待できる。

以上より，我々は100℃以下の低温熱の高密度化学蓄熱に有望な反応候補としてLiOH/LiOH・H₂O 系を選定した。

3　LiOH/LiOH・H₂O 系の化学蓄熱・ヒートポンプ特性

前節で選定したLiOH/LiOH・H₂O系の化学蓄熱・ヒートポンプ特性について理解するため，本反応系（式(1)）について得られる圧力-温度（P-T）線図（式(2)）を図3に示す。なお，図3には水の飽和蒸気圧線も併示した。

$$\text{LiOH} \cdot \text{H}_2\text{O(s)} = \text{LiOH(s)} + \text{H}_2\text{O(g)}, \quad \Delta H = 1,440 \text{ kJ/kg},\ 脱水開始温度：63℃ \tag{1}$$

$$\ln p = -\frac{\Delta H}{R}\frac{1}{T} + \frac{\Delta S}{R} \tag{2}$$

本図より，同一水蒸気圧力条件下ではLiOH/LiOH・H₂O系がH₂O(g)/H₂O(l)系より高温側に位置しており，両線が交差するまでは水の凝縮／蒸発を作動媒体（水蒸気）貯蔵系とする化学蓄熱・ヒートポンプサイクルの構築が可能である。しかし，両反応の平衡線の差があまり大きくないことから，昇温型ヒートポンプとしては十分な昇温幅の確保が困難である。このため，本反応系は63℃付近での脱水（＝蓄熱）開始を利用し，60～75℃の低温熱で駆動する蓄熱モードでの運用が適していると考えられる。この温度域は燃料電池やガスエンジン，エコキュートなどのコジェネレーションシステムの貯湯温度に近いことから，従来の貯湯タンクの代替などが応用先として想定される。

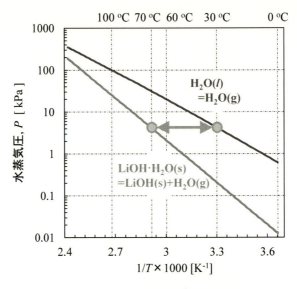

図3 LiOH/LiOH・H_2O系のP-T線図

4 LiOH/LiOH・H_2O系化学蓄熱の実現に向けた課題と課題解決に向けた取り組み

LiOH/LiOH・H_2O系を用いた化学蓄熱の実現に向けた課題の一つとして，LiOHの水和速度がきわめて小さい点が挙げられる．図4に，熱重量分析装置（TGA-50，島津製作所）を用いて，LiOH・H_2Oの粉末（45～63μm）を窒素雰囲気下で150℃まで加熱して脱水を行った上で，30℃まで降温後，流通ガスを30℃，相対湿度80%の湿潤窒素に切り替えて水和反応を行った際の水和量の経時変化を示す．本図より，LiOH・H_2Oの脱水反応はすみやかに進行し，150℃への昇温中に一水和物の脱水が完了している．これに対して，LiOHの水和反応は水蒸気導入から徐々に進行するものの，60分後でも水和量はわずか0.18 g$_{-H_2O}$/g$_{-LiOH}$（反応率：24%）ときわめて水和速度が遅いことが分かる．本結果は，蓄熱操作（LiOH・H_2Oの脱水）は十分な速度で行うことができるものの，放熱操作（LiOHの水和）では熱出力が小さいことを意味しており，LiOHの水和速度の大幅な向上を達成しない限り，LiOH/LiOH・H_2O系を用いた化学蓄熱の実現は困難と言える．

我々はLiOHの水和促進に向け，これまでに，① LiOHと吸湿性化合物との混合，② LiOHとメソ孔性多孔体の複合化に取り組んできた．図5に，両手法による水和促進のイメージを示す．いずれの手法もLiOHと液状水の水和反応が迅速に進行することを利用しており，①では吸湿性化合物が材料周囲の水蒸気を大量・迅速に吸収した後，吸湿性化合物表面に吸湿された水分とLiOHが水和反応を行う[2]．また，②では，まずメソ孔性多孔体に水蒸気が吸着し，メソ孔内で液相の水に近い状態で吸着している水分とLiOHが反応することにより，水和速度の向上を目指

第1章　無機水和物系反応材料

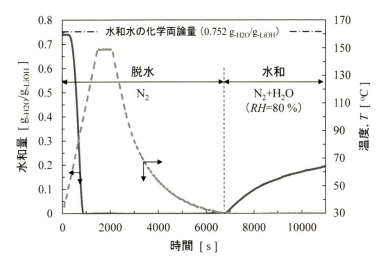

図4　LiOH/LiOH・H₂O系の水和・脱水挙動

1）LiOHと吸湿性化合物との混合
Concept：吸湿性化合物が材料周囲の水蒸気を大量・迅速に吸収
　　　　　⇒ 吸湿性化合物表面に吸湿された水分がLiOHと水和反応

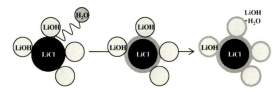

2）LiOHとメソ孔性多孔体の複合化
Concept：メソ孔性多孔体が水蒸気を迅速に吸収
　　　　　⇒ メソ孔性多孔体内部に吸着された水分がLiOHと水和反応

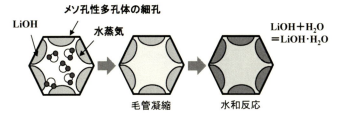

図5　LiOHの水和速度向上に向けた取り組み

した手法である．我々の検討では，メソ孔性多孔体としてメソポーラスシリカ（Mesoporous Silica：MPS）[3]ならびにメソポーラスカーボン（Mesoporous Carbon：MPC）[4]の適用を試みた．本稿では，LiOHとメソポーラスカーボンの複合化を行ったLiOH・MPC複合材料に関する研究成果の一例を次節で紹介する．

5 LiOHとMPCの複合化によるLiOHの水和速度の向上

5.1 LiOH・MPC複合材料の調製および水和特性評価

　LiOH・MPC複合材料の試料として，LiOH・H_2O（和光純薬）ならびに比表面積1,448 m^2/g，平均細孔径3.75 nm，細孔容積1.36 cm^3/gのメソポーラスカーボン（CNovel，東洋炭素）を用いた。複合材料の調製では，8時間減圧乾燥したMPC（0.5 g）と濃度1～10 wt％に調整したLiOH水溶液を液固比40で混合し，1～48時間含浸・撹拌を行った。その後，減圧ろ過により試料を回収し，150℃で15時間減圧乾燥することにより，LiOH・MPC複合材料を得た。

　調製したLiOH・MPC複合材料の水和特性については，熱重量分析装置を用いて測定した。実験では，TGA中で試料約2 mgを窒素流通下，200℃に昇温して10分間保持することで試料の脱水を行った。つづいて30℃まで降温した後，流通ガスを相対湿度80％の湿潤空気に切り替えることで試料の水和反応を開始し，水和量の経時変化を試料重量の変化から算出した。また，水和量だけでなく，10分水和後の複合材料の吸熱量を示差走査熱量計により測定し，MPCとの複合化に伴う水和速度の向上効果について検討を行った。

5.2 LiOH・MPC複合材料の水和速度の向上効果

　図6に，LiOH，MPCならびにMPCと10 wt％のLiOH水溶液を24時間撹拌して得たLiOH・MPC複合材料を30℃，相対湿度80％で反応させた際の水和量の経時変化を示す。なお，本図にはLiOHとMPCの複合化による相乗効果がなく，各時間における水和量に関して，LiOH，MPCそれぞれの重量割合に応じた単純な加成性が成立すると仮定して計算される推算値（式(3)）も併示する。

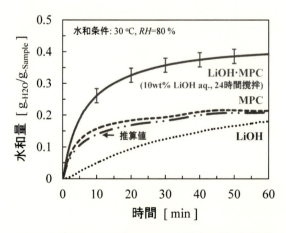

図6　LiOHとMPCの複合化による水和速度向上効果

第 1 章　無機水和物系反応材料

$$水和量 = \frac{x}{100} \times w_{LiOH} + \left(1 - \frac{x}{100}\right) \times w_{MPC} \tag{3}$$

式(3)において，x[wt%]は複合材料中のLiOHの担持率，w_LiOH，w_MPC[$g_{-H_2O}/g_{-\text{LiOH or MPC}}$]はある時間でのLiOH，MPC単体の水和量である。

図6より，LiOH単体は前述のように水和速度が遅く，60分経過後でも水和量が$0.18\,g_{-H_2O}/g_{-\text{Sample}}$（水和率：24%）である。一方，MPC単体では，実験開始からすみやかに吸着が進行し，10分後には平衡吸着量（$0.216\,g_{-H_2O}/g_{-\text{MPC}}$）の73%に至った後，吸着平衡に到達している。これらに対し，LiOH・MPC複合材料は反応初期および60分経過後の水和量がいずれもLiOH，MPC単体より大きな値を示している。また，LiOH・MPC複合材料の実験値と推算値を比較すると，いずれの時間においても実験値が推算値を大幅に上回っており，LiOH・MPC複合材料においてLiOH，MPC単体の単純和以上の水和量の増大が観察された。一方，LiOH，MPC，LiOH・MPC複合材料の10分水和時の吸熱量は，それぞれ$\Delta H_\text{LiOH·H_2O}=214.2\,\text{kJ/kg}$，$\Delta H_\text{MPC·H_2O}=409.9\,\text{kJ/kg}$，$\Delta H_\text{LiOH·MPC·H_2O}=617.9\,\text{kJ/kg}$であり，吸熱量の面からもLiOHの水和速度の向上が確認された。さらに，これら試料の吸熱量およびLiOHの担持率（$x=16.7\,\text{wt}\%$）から，10分水和時のLiOHの反応率を推算したところ，ほぼ100%と算出された。以上の結果より，LiOH・MPC複合材料では，10分以内に材料中に存在する全てのLiOHが水和してLiOH・H_2Oが生成していると推察されることから，MPCとの複合化によりLiOHの水和速度の飛躍的な向上が達成可能であることが示された。水和促進の機構についてはMPC内におけるLiOHのナノ粒子化による反応面積の増大なども考えられるが，いまだ解明されておらず，今後より詳細な検討が必要である。なお，現状では，LiOHの担持率は最大でも16.7 wt%と低い値（メソ孔以下の細孔内すべてをLiOHで担持した場合の最大担持率：66.5 wt%）であることから，今後，LiOH担持量の増大を図ることで，複合材料単位重量あたりの水和速度，つまり出熱速度の向上が見込まれ，LiOH/LiOH・H_2O系を用いた低温化学蓄熱の実現に近づくものと期待される。

6　おわりに

本稿では100℃以下の低温熱の高密度化学蓄熱の候補反応として我々が着目しているLiOH/LiOH・H_2O系について，着目に至った経緯ならびに反応系の基礎特性について概説した。さらに，着目系の実用上の課題であるLiOHの水和速度の大幅向上を目指して実施したLiOHとメソポーラスカーボンの複合化による新規化学蓄熱材料の開発に関する研究成果の一部を紹介した。

100℃以下の低温熱エネルギーの排出量は膨大であり，エネルギー・環境問題の両観点からその有効利用が求められつづけている。低温熱はエネルギー密度・質の低さ，投資回収の難しさなど，利用上の課題点が多いことは事実であるが，たとえば家庭部門ではエネルギー需要の約50.7%は暖房・給湯の熱需要であり[5]，サーマルギャップを解消しうる実用的な技術が存在すれば，その利活用は進むと思われる。このために，本反応系あるいは化学蓄熱に限らず，顕熱，潜

熱蓄熱においても性能面・コスト面から競争力のある技術を開発し，適材適所の導入を可能とする蓄熱の技術オプション群を構築していくことが重要と思われる。

文　　献

1) M. Kubota *et al.*, *Adv. Mater. Res.*, **953-954**, 757（2014）
2) 窪田光宏ほか，2013 年度日本冷凍空調学会年次大会講演論文集，p.47（2013）
3) 窪田光宏ほか，2014 年度日本冷凍空調学会年次大会講演論文集，A211（2014）
4) 松本怜ほか，第 5 回潜熱工学シンポジウム講演論文集，p.5（2015）
5) 平成 27 年度度エネルギーに関する年次報告（エネルギー白書 2016）（2016）

第 2 章　塩化カルシウム系反応材

藤岡惠子[*]

1　はじめに

　数ある無機塩化学蓄熱材の中でも，塩化カルシウムは最も広く用いられている反応材の一つである。その最も大きな特徴は150℃以下の比較的低温度の熱源でも再生が可能な点にあり，低温度域で作動するケミカルヒートポンプや化学蓄熱に利用される。一方で，固体表面への反応気体の収着が起こり潮解性を持つという塩化カルシウムに固有の特性や，化学蓄熱材に共通した反応に伴う熱物性値の変化が反応動特性の解析を難しくしており，これらを定量的に理解して安定した作動と耐久性を維持することが課題である。

2　反応系と熱力学特性，作動サイクル

　これまでに研究開発されてきた主な塩化カルシウム系反応は，水，メタノール，アンモニア，メチルアミンとの可逆反応である。それぞれの反応とエンタルピー変化ΔH，エントロピー変化ΔSを式(1)〜(12)に示す。

塩化カルシウム／水系[*1]

$CaCl_2 + H_2O = CaCl_2 \cdot H_2O$　　　　$\Delta H = 43.6$ kJ/mol,　$\Delta S = 82.2$ J(mol・K)　　(1)

$CaCl_2 + H_2O + H_2O = CaCl_2 \cdot 2H_2O$　　　　$\Delta H = 47.6$ kJ/mol,　$\Delta S = 107$ J(mol・K)　　(2)

$CaCl_2 + 2H_2O + 2H_2O = CaCl_2 \cdot 4H_2O$　　　　$\Delta H = 47.9$ kJ/mol,　$\Delta S = 116$ J(mol・K)　　(3)

$CaCl_2 + 4H_2O + 2H_2O = CaCl_2 \cdot 6H_2O$　　　　$\Delta H = 46.7$ kJ/mol,　$\Delta S = 115$ J(mol・K)　　(4)

塩化カルシウム／メタノール系[*2]

$CaCl_2 + 2CH_3OH = CaCl_2 \cdot 2CH_3OH$　　　　$\Delta H = 52.0$ kJ/mol,　$\Delta S = 126$ J(mol・K)　　(5)

塩化カルシウム／アンモニア系[*3]

$CaCl_2 + NH_3 = CaCl_2 \cdot NH_3$　　　　$\Delta H = 78.1$ kJ/mol,　$\Delta S = 161$ J(mol・K)　　(6)

$CaCl_2 + NH_3 + NH_3 = CaCl_2 \cdot 2NH_3$　　　　$\Delta H = 65.5$ kJ/mol,　$\Delta S = 148$ J(mol・K)　　(7)

$CaCl_2 + 2NH_3 + 2NH_3 = CaCl_2 \cdot 4NH_3$　　　　$\Delta H = 42.1$ kJ/mol,　$\Delta S = 134$ J(mol・K)　　(8)

＊　Keiko Fujioka　㈱ファンクショナル・フルイッド　代表取締役

$$CaCl_2 + 4NH_3 + 4NH_3 = CaCl_2 \cdot 8NH_3 \qquad \Delta H = 42.1 \text{ kJ/mol}, \quad \Delta S = 138 \text{ J/(mol·K)} \qquad (9)$$

塩化カルシウム/メチルアミン系[*4]

$$CaCl_2 + 2CH_3 \cdot NH_3 = CaCl_2 \cdot 2NH_3 \qquad (10)$$

$$CaCl_2 \cdot 2NH_3 + 2CH_3 \cdot NH_3 = CaCl_2 \cdot 4NH_3 \qquad \Delta H = 46.3 \text{ kJ/mol}, \quad \Delta S = 138 \text{ J/(mol·K)} \qquad (11)$$

$$CaCl_2 \cdot 4NH_3 + 2CH_3 \cdot NH_3 = CaCl_2 \cdot 6NH_3 \qquad \Delta H = 42.1 \text{ kJ/mol}, \quad \Delta S = 138 \text{ J/(mol·K)} \qquad (12)$$

[*1]～[*4]：それぞれ文献[1～4]のデータ用いて式(13)に基づくプロットからΔH，ΔSの値を得た。

以下では，塩化カルシウム1モルあたりに付加した反応気体のモル数nを用いて$CaCl_2 \cdot nH_2O$のように表記する。

気固反応の平衡圧力は反応のΔH，ΔSを用いて次式によって求めることができる。

$$\ln(P_e/P_0) = -\Delta H/RT + \Delta S/R \qquad (13)$$

反応の平衡関係に基づいて，構成できるケミカルヒートポンプサイクルの例を図1に示した。図1ではアンモニア系とメタノール系については冷凍モード，水系については冷凍モードと増熱モードの場合の再生熱，反応熱，凝縮熱，蒸発熱，ならびに付加反応と脱離反応の推進圧力差ΔP_a，ΔP_d，を示している。塩化カルシウム系ケミカルヒートポンプは反応気体の蒸発潜熱によって冷熱を得る冷凍モードが主な開発目標だが，反応熱と凝縮熱を利用する増熱モードの運転を組み合わせれば，熱電比の小さいSOFCコジェネレーションシステムのように，夏季の冷房需要だけでなく冬季の熱不足の解消が問題となるシステムに対応でき，総合効率の向上に寄与する。

3　多孔性粒子層の構造と熱物性値の変化

反応に用いられる塩化カルシウムは多孔性であるため，粒子層は粒子と粒子を構成する微細な塩化カルシウムグレインから成り，その構造とそれぞれの階層の体積，空隙率，熱伝導度，すなわち粒子層体積V_b，粒子体積V_p，空隙を含まない固体体積V_s，総括空隙率ε，粒子間空隙率ε_b，粒子内空隙率ε_p，は図2のような関係となっている。以下に述べるように，塩化カルシウム反応材の体積，空隙率，熱容量，熱伝導度は反応の進行とともに大きく変化して伝熱特性や反応ガスの透過性に影響を与えるので，反応層設計や運転条件設定には任意の付加モル数におけるこれらの熱物性値を定量的に評価することが必要である。以下にその方法を述べる。

4　体積と空隙率

塩化カルシウムに反応気体が付加すると，最初の付加反応によって粒子層の体積V_bは膨張し，反応気体の脱離とともに収縮する（図3）。2回目以降の付加・脱離反応では，初期よりも小さい

第2章　塩化カルシウム系反応材

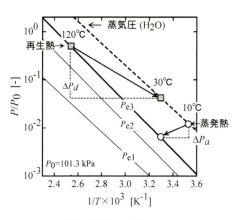
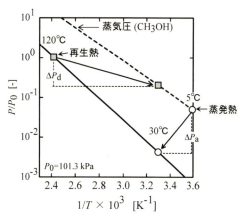
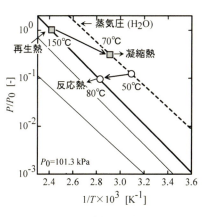
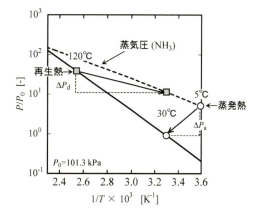

(a) 水系（冷凍モード）
○ 出力：反応器　30℃，蒸発器　10℃
□ 再生：反応器　120℃，凝縮器　30℃

(c) メタノール系（冷凍モード）
○ 出力：反応器　30℃，蒸発器　5℃
□ 再生：反応器　120℃，凝縮器　30℃

(b) 水系（増熱モード）
○ 出力：反応器　80℃，蒸発器　50℃
□ 再生：反応器　150℃，凝縮器　70℃

(d) アンモニア系（冷凍モード）
○ 出力：反応器　30℃，蒸発器　5℃
□ 再生：反応器　120℃，凝縮器　30℃

図1　塩化カルシウム系ケミカルヒートポンプの作動サイクル

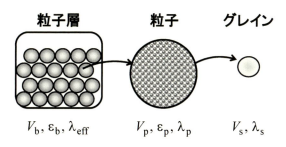

図2　多孔性粒子層の構造

膨張・収縮率で体積変化が繰り返される。これは，初期反応で膨張した固体から，それに続く脱離反応で気体が抜け出た後に空隙が残るためで，2回目以降の付加反応ではこの空隙を反応気体が満たして粒子内空隙率 ε_p が減少するとともに層体積が膨張し，脱離反応では逆に粒子内空隙率が増加して層体積は収縮する。

このとき固体の体積 V_s 自体も付加モル数 n に比例して増減し，V_s と n のプロットの勾配より体積変化率 β が得られる。β と反応前の塩化カルシウムの体積 V_{s0} を用いて，(14)式によって付加モル数が n のときの反応固体の体積 V_s を求めることができる[5]。

$$V_s(n) = V_{s0} + \beta \cdot n \ [\mathrm{cm^3/mol}] \tag{14}$$

各反応系の β の値を次節の熱容量変化率とともに表1に示す。

図2に示した粒子層体積 V_b，粒子体積 V_p，固体体積 V_s，総括空隙率 ε，粒子間空隙率 ε_b，粒子内空隙率 ε_p は式(15)～(17)によって関係づけられる。

$$\varepsilon = \frac{1 - V_s}{V_b} \tag{15}$$

$$\varepsilon_p = 1 - V_s/V_p \tag{16}$$

$$\varepsilon_p = \frac{\varepsilon - \varepsilon_b}{1 - \varepsilon_b} \tag{17}$$

以上の諸式と実測値を用いて求めた ε ならびに ε_p と付加モル数の関係を図4に示す。粒子内の空隙率は脱離反応が完了した状態では 0.6～0.8 程度であるが，付加反応の進行とともに減少し，反応気体の体積が大きいメチルアミン系やメタノール系では付加反応終了時にはほぼ0となる。

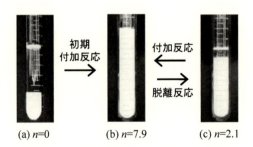

図3　反応層の体積変化（$CaCl_2 \cdot n NH_3$）

表1　塩化カルシウム系反応材の体積変化率と熱容量変化率

	$\beta\ [\mathrm{cm^3/mol}]$	$\gamma\ [\mathrm{J/mol \cdot K}]$
$CaCl_2/H_2O$[*5]	14.0	－
$CaCl_2/CH_3OH$	39.8	$0.102 \cdot T + 25.8$
$CaCl_2/NH_3$	19.0	$0.085 \cdot T + 25.4$
$CaCl_2/CH_3NH_2$	43.6	$0.101 \cdot T + 44.6$

＊5：文献[4]のデータより推算。他は実測値[5]

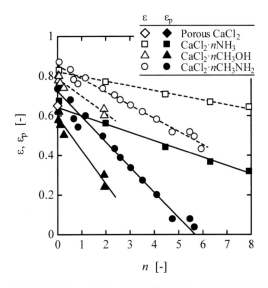

図4 反応気体の付加・脱離による総括空隙率，粒子内空隙率の変化

5 熱容量

反応固体の熱容量も付加モル数に比例して増大する。体積と同様に，熱容量変化と付加モル数の勾配から求めた熱容量増加率 γ を用いて，反応固体の熱容量は次の式で算出できる[5]。

$$C_p(n, T) = C_{p0}(T) + \gamma(T) \cdot n \tag{18}$$

$C_{p0}(T)$ は未反応の塩化カルシウムの熱容量で，次のように表される。

$$C_p(T, 0) = -4.52 \times 10^{-4} \cdot T^2 + 0.0352 \cdot T + 7.87 \ [\mathrm{J/mol \cdot K}] \tag{19}$$

各反応系の γ の値を表1に示した。

6 熱伝導度

6.1 有効熱伝導度と気相条件

気固反応層の基本的な装置形態である粒子充填層の有効熱伝導度は無機塩の種類や反応系によって異なるがおおむね 0.1〜0.2 W/mK 程度と，きわめて低い。注意しなければならないのは，これは未反応の無機塩の常圧下における値であり，実際の化学蓄熱装置の作動条件では熱伝導度はさらに低いという点である。図5に塩化カルシウムと，塩化カルシウムにメタノールを $n=2$ まで付加させた後に $n=0.048$ まで脱離した粒子層の有効熱伝導度 λ_{eff} を気相が窒素とアルゴンの場合について気相圧力を変化させて測定した結果を示した。窒素ガスとアルゴンガスの常圧下 10℃ における熱伝導度はそれぞれ 0.024 W/mK，0.017 W/mK，2つの気体のもとでの有効熱伝

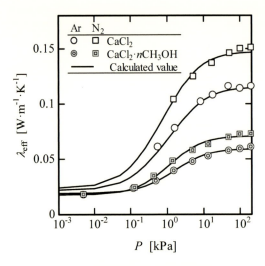

図5 有効熱伝導度と圧力の関係

導度の差はその80％であり，気相の熱伝導度が粒子層の有効熱伝導度に与える影響が大きいことが分かる。また，0.1 kPa以下の圧力下では，気相圧力の低下とともに有効熱伝導度は低下する。これは，粒子充填層では粒子接点近傍の狭い空間を通る熱移動の寄与が大きいため，比較的高い圧力下で気体圧力の影響が現れるためである。

さらに，未反応の塩化カルシウムと比べて，付加・脱離反応を経た後の有効熱伝導度は約1/2に低下している。反応を経た塩化カルシウムは粒子内部の空隙率が大きくなり（図4参照），有効熱伝導度が低下する。ここでは詳述しないが，粒子を構成する微細な一次粒子（グレイン）の構造変化による固体熱伝導度の低下も寄与している[6]。

6.2 反応気体の付加・脱離による有効熱伝導度の変化

付加モル数と有効熱伝導度の関係を図6(a)に示した。反応気体の付加によって粒子内の空隙率は減少し固体の熱伝導度λ_sは増大するので，有効熱伝導度は付加モル数とともに増大する。図6(b)には，非定常熱移動を表す次の式（一次元の場合）で定義される有効熱拡散係数α_{eff}を示した。

$$\frac{dT}{dt} = \alpha_{eff} \frac{dT}{dx} \tag{19}$$

$$\alpha_{eff} = \lambda_{eff} / \rho \cdot C_p \tag{20}$$

有効熱拡散係数は付加モル数とともに減少する。2モル以上の反応気体が付加した反応層では，α_{eff}は未反応の塩化カルシウムの1/3以下，$n=0$の反応層と比べても1/2以下に減少しており，熱移動速度が低下していることが分かる。

式(19)に示されるように，反応層内の熱移動速度は有効熱拡散係数に依存する。有効熱伝導度

第2章　塩化カルシウム系反応材

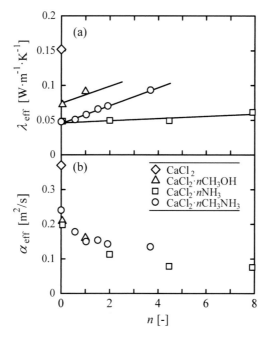

図6　有効熱伝導度，有効熱拡散係数と付加モル数の関係

λ_{eff} が分かれば，表1の値と比較的測定の容易な粒子層の体積 V_b ならびに式(14)〜(18)を用いて，任意の反応進行度 n において有効熱拡散係数を求めることができる。

7　塩化カルシウム / 水系の反応特性

　安全性の観点から，塩化カルシウムの水和反応を利用した蓄熱・ヒートポンプ技術の開発が期待されている。塩化カルシウムに潮解性があることは広く知られており，水和反応の繰り返し安定性を保つためには，潮解条件が重要な因子となる。図7は文献データ[7,8]より作成した塩化カルシウムの潮解領域である。各温度における溶解度を表す曲線よりも右の領域では水和物は液体となる。例えば20℃の6モル付加物を40℃に加熱すると水和物はそれ自身の水和水に溶解して液化する。

　いったん潮解した塩化カルシウムは加熱・脱水しても反応性が著しく低下する。これに対しては，膨張化グラファイトのような内部に微細な細孔を持つ材料と複合化することによって改善できる[9]。複合化反応材中で高い含有量で水を吸収した塩化カルシウムは液として細孔内に存在し，その後の水和は液吸収として起こるが，微細な細孔内に拘束されているために脱水時に塩化カルシウムの多孔性構造が再生すると推測できる。メソポーラス吸着材に担持された金属塩について同様の水和メカニズムが報告されている[10]。

　また，塩化カルシウム／水系では，式(1)〜(4)で表される各段階の反応平衡圧よりも低い蒸気圧

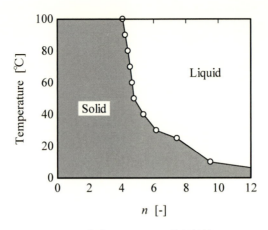

図7 塩化カルシウムの潮解領域

下,すなわち水和反応が起こらない条件下であっても固体表面への多層吸着が起こることが特徴で,吸着層によって水分子の固体内部への拡散が阻害され反応性が低下することがある[11]。これに対しても微細な細孔をもつ材料との複合化が有効である。

8 作動特性

プレートフィン熱交換器を反応器ならびに蒸発・凝縮器として用い,両者を1つの容器内に設置した試作機による作動特性の試験結果の例を図8,9に示す。反応器は塩化カルシウムと膨張

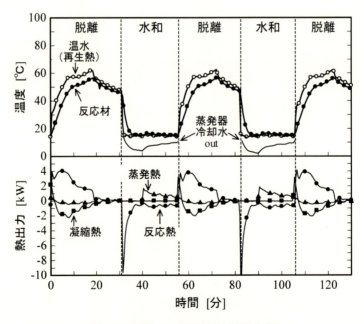

図8 試作機による試験結果(冬季条件)

第2章 塩化カルシウム系反応材

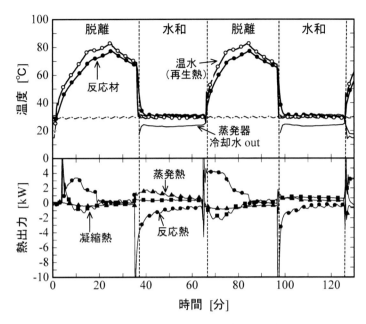

図9 試作機による試験結果(夏季条件)

化グラファイトの複合化反応材を熱交換器のフィン間に充填しており、複合反応材中の塩化カルシウムの量は約1kgである[9]。冬季と夏季の2つの条件で試験を行った。冬季条件(図8)は、再生熱源温度65℃、蒸発/凝縮器の熱媒体温度15℃、水和反応時の反応層熱媒体温度15℃、夏季条件(図9)は、再生熱源温度85℃、蒸発/凝縮器の熱媒体温度30℃、水和反応時の反応層熱媒体温度30℃である。熱出力は、反応器、蒸発器、凝縮器の入口・出口の温度差に熱媒体(水)流量を掛けて求めた。

試験結果より、65℃の低い再生温度でも凝縮器熱媒体温度を15℃にすることによって、また夏季条件のように30℃の高い凝縮器冷却水でも85℃の再生熱源を用いることで脱水(再生)反応を進行できることが確認できた。これには、蒸気の移動抵抗がない一体型反応器を採用していることが寄与している。性能としては温熱COPが1.24、冷熱COPが0.34程度と低く、放熱防止や伝熱促進などによる改善の必要があるが、塩化カルシウム系反応材を用いた低温度域で作動する蓄熱・ヒートポンプ装置の可能性を示している。

9 おわりに

化学蓄熱材にとって大きな問題である熱物性値や反応材の構造変化が反応挙動に与える影響と、それを定量的に評価する方法を塩化カルシウム系反応材の実測値に基づいて示した。大きく変化する反応サイクル中の反応・伝熱特性を正確に把握することによって、的確な装置設計や作動サイクル設定を行うことによって化学蓄熱技術を大きく進展できると考える。

文　献

1) E. W. Washburn *et al.*, "International critical tables of numerical data, physics, chemistry, and technology", New York McGraw. Hill (2003)
2) P. O' D. Offenhartz *et al.*, *J. Sol. Energy Eng.*, **102**, 59 (1980)
3) R. W. Carling, *J. Chem. Thermodynamics*, **13**, 503 (1981)
4) Landolt-Börnstein, Zahrenwerte und Funktion aus Physik, Chimie, Astronomi, Geophysic und Technik, 6Aufl., Bd. II/1, Springer-Verlag (1971)
5) K. Fujioka *et al.*, *J. Chem. Eng. Jpn.*, **29**, 858 (1996)
6) K. Fujioka *et al.*, Proc. 10th APCChE, Kitakyusyu, Japan (2004)
7) 日本化学会編，化学便覧基礎編，II-167 (1988)
8) K. S. Pitzer *et al.*, *J. Chem. Eng. Data*, **39**, 553 (1994)
9) 藤岡惠子ほか，エネルギー・資源，**29**, 97 (2008)
10) Yu. I. Aristov *et al.*, *React. Kinet. Catal. Lett.*, **71**, 377 (2000)
11) 藤岡惠子ほか，日本伝熱シンポジウム講演論文集，I335 (2002)

第3章 水酸化マグネシウム系材料

劉 醇一*

1 緒言

　近年，化石燃料使用量の削減や二酸化炭素排出量の削減が求められている中で，様々なエネルギーシステムに関する研究が進められている。さらに，2011年3月に発生した福島第一原子力発電所の事故に伴い，より安全で環境負荷が小さく高効率なエネルギーシステムの再構築が求められている。これらの問題を解決するためには，現行の化石燃料の燃焼（消費）によるエネルギー供給を可能な限り減らすとともに，太陽光・風力・水力・潮力などの再生可能エネルギーを用いたエネルギー供給システムや，産業排熱等の未利用エネルギーを有効利用するエネルギー供給システムを早急に実用化する必要がある。その例として熱エネルギーに着目すると，未利用の熱エネルギーを有効利用する手段として，各種蓄熱技術やヒートポンプ技術の開発が進められている。
　これまでに研究が進められている蓄熱技術は，材料の顕熱を用いる「顕熱蓄熱」，材料の相転移に伴う潜熱を用いる「潜熱蓄熱」，材料の化学反応に伴う反応熱を用いる「化学蓄熱」の3種類に分類することができ，特に潜熱蓄熱については工場排熱を輸送する手段として実用化されている[1]。
　一方，数ある蓄熱技術の中で最も蓄熱密度が高い化学蓄熱は，反応系の選択により幅広い温度域に対応可能という特徴があることから，今後の省エネルギー社会において有望な技術であり，それを実用化する上では種々の熱源温度に対応した化学蓄熱用反応器の開発と蓄熱材の開発が重要である。しかしながら，これまでに進められてきた研究の多くは，既存の材料を化学蓄熱材として用いたものであり，また蓄熱操作や熱出力操作のための反応速度が十分とはいえず，必ずしも需要と一致していない点が実用化への課題となっている。
　ここでは，気固反応を用いた化学蓄熱材，特に水酸化マグネシウム系材料を用いた化学蓄熱に関する現状と，今後の開発課題等を紹介する。

2 化学蓄熱の作動原理

　化学蓄熱に用いられる反応には，蓄熱操作時，熱出力操作時に副反応がなく，可逆性を示すことが求められる。また，反応物質の混合や分離が容易にできることが望まれる。このような条件

　＊ Junichi Ryu　千葉大学　大学院工学研究科　准教授

を満たす反応として気固反応(気体と固体の反応)があり,
・金属酸化物/水蒸気系
・金属酸化物/二酸化炭素系
・金属酸化物/酸素系
・金属塩/水蒸気系
・金属塩/アンモニア系
等の反応系について研究が進められている[2~6]。

反応系の例として,図1に2価の陽イオンに対応する金属酸化物(MO)と水蒸気との反応の平衡線図を示す。反応式は以下の通りである。

$$M(OH)_2 \rightleftarrows MO + H_2O \tag{1}$$

ここで,図の縦軸の1 atmは101.3 kPaを示す。これらの平衡線は,以下に示すように各反応のエンタルピー変化ΔHとエントロピー変化ΔSから求められる。

$$\ln P_{gas} = -\Delta H/RT + \Delta S/R \tag{2}$$

ここで,各反応のΔHとΔSは固有の値を持ち,反応の平衡は系内の圧力(P_{gas}:水蒸気圧や二酸化炭素圧)と温度(T)から決定される。金属酸化物−水蒸気系では,平衡線図の左側(高温,

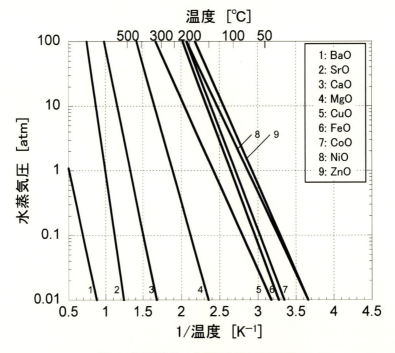

図1 金属酸化物/水蒸気系反応平衡線図

第3章　水酸化マグネシウム系材料

低圧側）では酸化物，右側（低温，高圧側）では水酸化物が安定となる。

　さて，金属酸化物と水蒸気や二酸化炭素等の気体との反応によって蓄熱操作／熱出力操作を行う場合，熱源の温度によって適用可能な反応系が決定される。例えば，産業排熱の固定発生源となる清掃工場の排熱や，排熱の移動発生源となるガソリンエンジンの排熱を用いて蓄熱操作を行う場合を想定すると，その温度域は200℃～300℃程度である。この温度域で蓄熱操作が可能な反応や蓄熱材を探索する場合，300℃以下で蓄熱操作，すなわち金属水酸化物の脱水反応や金属炭酸塩の脱炭酸反応が可能であることが条件の一つとなることから，水酸化マグネシウムを用いる化学蓄熱材が一つの候補となる[7]。

　もし，蓄熱操作においてさらに高い温度域の熱エネルギーを蓄える場合は，水酸化カルシウムや炭酸カルシウム等，水酸化マグネシウムよりも高温側に平衡線がある物質が化学蓄熱材の候補となる。

　さて，水酸化マグネシウムを用いて化学蓄熱を行う場合の反応式は，以下の式で表される。

$$Mg(OH)_2 \rightleftarrows MgO + H_2O \tag{3}$$

　ここで，右向きの反応（脱水反応）は吸熱反応であり蓄熱操作に相当し，逆に左向きの反応（水和反応）は発熱反応であり熱出力操作に相当する。これらの反応をベースとした酸化マグネシウム／水蒸気系のケミカルヒートポンプは，蓄熱材（ここでは水酸化マグネシウム）の原材料に海水由来成分を利用可能であることから安価であるという特徴があり，潜熱蓄熱に比べて蓄熱密度が2～3倍程度高いという特徴があることから，これまでに研究が進められてきた。

　この反応系は図1の平衡線より，水蒸気圧1気圧の時に平衡温度が270℃程度であることから，この付近の温度で蓄熱操作が可能であると考えられる。実験結果の一例として，図2に，蓄熱操作として水酸化マグネシウムをAr気流下280℃（平衡線より高温側でMgOを生成する温度）で30分間加熱した後に，熱出力操作として110℃で80分間水蒸気（水蒸気圧57.8 kPa）に暴露することによって水和反応を行った際の，試料中に含まれる水酸化マグネシウムのモル分率の変化を示す。

　実験には熱天秤を用い，試料の脱水反応・水和反応による重量変化を実測した。実験中，試料は水酸化マグネシウムと酸化マグネシウムの混合物となり，脱水反応が完全に進行すると酸化マグネシウムとなる。脱水反応・水和反応の進行を評価するために，試料の重量変化から試料中の水酸化マグネシウムのモル分率を算出した。図2より，蓄熱操作を280℃で行った場合は試料中の水酸化マグネシウムのモル分率がほとんど減少していないことがわかる。言い換えれば，この反応条件では脱水反応がほとんど進行せず，蓄熱操作が困難であると言える。よって，この試料を用いて同じ時間で蓄熱操作を行うためには，より高い温度で反応を行うか，脱水反応時間を長くする必要があることがわかる。

　図3に，蓄熱操作を350℃で行った際の結果を示す。水和反応の条件は図2と同様である。この条件では，蓄熱操作終了後の水酸化マグネシウムのモル分率が約6％，言い換えれば脱水反応

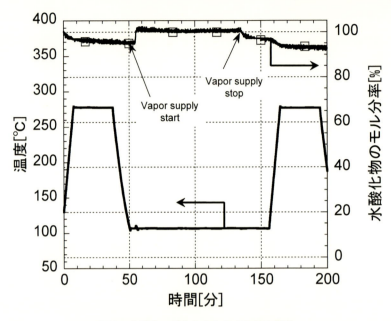

図2 水酸化マグネシウムの水和反応挙動
(蓄熱操作280℃,熱出力操作110℃(水蒸気圧57.8 kPa))

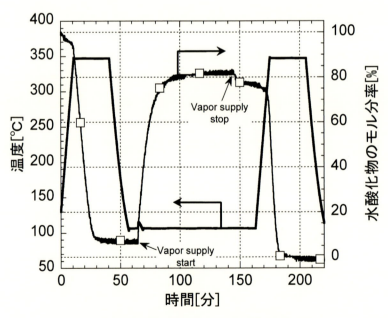

図3 水酸化マグネシウムの水和反応挙動
(蓄熱操作350℃,熱出力操作110℃(水蒸気圧57.8 kPa))

第3章　水酸化マグネシウム系材料

率が約94％となり，脱水反応がよく進行していることがわかる。続いて熱出力操作を行った際，水酸化マグネシウムのモル分率は約81％となり，水和反応も進行することがわかる。再度蓄熱操作を行うことにより水酸化マグネシウムのモル分率がほぼ0％になることから，この材料は350℃で蓄熱操作が可能であり，かつ110℃（水蒸気圧57.8 kPa）で熱出力操作が可能な材料であるといえる。

しかしながら，この試料は200℃〜300℃の温度域で蓄熱操作を行うことが困難であることから，化学蓄熱材の主成分として水酸化マグネシウムを用いる場合は，何らかの方法で化学的に修飾し，反応特性を変化させる必要がある。

3　化学蓄熱材の化学修飾

200℃〜300℃の温度域で蓄熱操作を実現するために，新しい化学蓄熱材の開発が進められている。図1に示す平衡線図について低温側に注目すると，水酸化ニッケルや水酸化コバルトは水蒸気圧1気圧の時に平衡温度が100℃程度であることから，この付近の温度で脱水反応が可能となる。

$$Ni(OH)_2 \rightleftarrows NiO + H_2O \tag{4}$$

$$Co(OH)_2 \rightleftarrows CoO + H_2O \tag{5}$$

しかしながら，これらの物質は熱出力操作に相当する金属酸化物の水和反応がほとんど進行しないことから，そのまま化学蓄熱に用いることは困難である。言い換えれば，これらの反応を熱源温度200℃の化学蓄熱に用いることは困難である。筆者らは，酸化マグネシウムの水和反応活性と，遷移金属水酸化物の脱水反応特性（200℃以下で脱水反応が進行）を併せ持った材料の合成を目的として，Mg-Ni系複合水酸化物やMg-Co系複合水酸化物を合成し，その反応性について検討を行った[8]。これらの試料を用いた場合の反応式は以下のように表される。

$$Mg_xNi_{1-x}(OH)_2 \rightleftarrows Mg_xNi_{1-x}O + H_2O \tag{6}$$

$$Mg_xCo_{1-x}(OH)_2 \rightleftarrows Mg_xCo_{1-x}O + H_2O \tag{7}$$

これらの複合水酸化物は250℃程度で蓄熱操作が可能であるが，水和反応転化率が30％程度であることから，反応転化率の向上を目的とした材料の改良が必要である。

この方法とは別に，水酸化マグネシウムの脱水反応性は，試料表面に微量の金属塩を添加することによっても向上させることができる。水酸化マグネシウムの表面に塩化リチウムや塩化カルシウム等の水和物を形成しやすい金属塩を微量添加した試料は，金属塩無添加の水酸化マグネシウムよりも10℃〜30℃程度低下することが明らかになっている[9]。

図4に，塩化リチウムを添加した水酸化マグネシウムに対して，蓄熱操作を280℃で行った際の結果を示す。水和反応の条件は図2，図3と同様である。塩化リチウム：水酸化マグネシウム

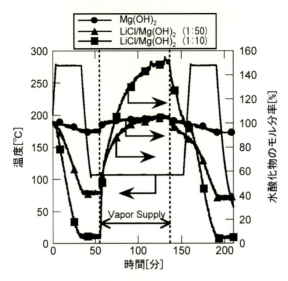

図4 塩化リチウム添加水酸化マグネシウムの水和反応挙動
(蓄熱操作280℃, 熱出力操作110℃ (水蒸気圧57.8 kPa))

のモル比が1:10の試料は，蓄熱操作終了後の水酸化マグネシウムのモル分率が約6％となり，脱水反応がよく進行していることがわかる。続いて熱出力操作を行った際，水酸化マグネシウムのモル分率は約154％に達し，水和反応によって水酸化マグネシウムが生成するとともに，塩化リチウム水和物も生成することを示唆している。水蒸気の供給を止めると水酸化マグネシウムのモル分率が約95％となることから，塩化リチウムの水和水は水蒸気存在下でのみ存在することがわかる。この状態から再度280℃で脱水反応を行うことにより，水酸化マグネシウムのモル分率は約4％となることから，この材料は280℃で蓄熱操作が可能であり，かつ110℃ (水蒸気圧57.8 kPa) で熱出力操作が可能な材料であるといえる。塩化リチウムの添加による水酸化マグネシウム脱水温度の低下のメカニズムは明らかになっていないが，水酸化マグネシウム脱水反応における活性化エネルギーの減少によることが示唆されている[10]。また，これらの手法を同時に用いた塩化リチウム添加複合水酸化物も，脱水反応温度の低下が可能であることが報告されている[11]。

4 蓄熱密度の比較と今後の開発課題

表1に，これまでに検討されてきた化学蓄熱材と，すでに実用化が進んでいる潜熱蓄熱材について比較を示す。今回紹介した水酸化マグネシウム系化学蓄熱材は，従来の蓄熱材と比べて，①250℃〜300℃で蓄熱操作が可能であることから，清掃工場やコンビナート等の今まで未利用となっている熱エネルギーを蓄えることが可能，②潜熱蓄熱材と比べて約2倍の蓄熱密度をもつ，③安価で毒性が低い物質から合成可能，という利点がある。

第3章　水酸化マグネシウム系材料

　今後，化学蓄熱材の実用化を目指す上では，繰り返し反応に対する耐久性の向上，反応速度の改善，熱伝導性の向上等の課題が挙げられる。

　これまでに検討された反応系は可逆反応ではあるが，繰り返し反応に対する転化率の低下（性能劣化）が認められる。図5は，塩化リチウム添加水酸化マグネシウムを化学蓄熱材として用いた場合の，水和反応転化率の変化を示したものである[2]。

　塩化リチウム無添加の水酸化マグネシウムを蓄熱材として用いた場合，蓄熱操作温度350℃，

表1　金属酸化物系化学蓄熱材と潜熱蓄熱材の比較

蓄熱材の種類	蓄熱操作温度域	想定利用シーン	蓄熱密度	メンテナンス性
エリスリトール，キシリトール（潜熱蓄熱）	100℃～150℃	工場排熱 エンジン排熱等	0.4～0.5 GJ/m^3	蓄熱状態を保持するために，断熱容器を必要とする
塩化リチウム添加水酸化マグネシウム	250℃～300℃	清掃工場 コンビナート 地域熱供給等	0.5～0.8 GJ/m^3	反応媒体（水蒸気等）との接触を遮断するだけで，蓄熱状態を保持することが可能
水酸化マグネシウム	350℃～500℃	コンビナート 製鉄等	1.0～1.5 GJ/m^3	
水酸化カルシウム	500℃～600℃	製鉄 太陽熱等	1.0～1.5 GJ/m^3	

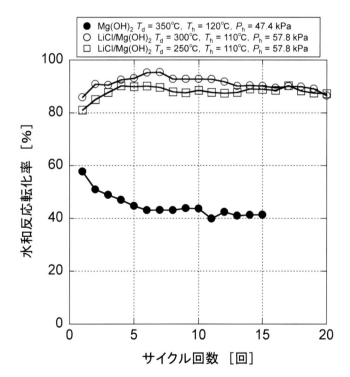

図5　塩化リチウム添加水酸化マグネシウムの耐久性

熱出力操作温度120℃，水蒸気圧57.8 kPaの条件で15回反応を繰り返した場合，水和反応転化率が58％から41％まで低下した。一方，塩化リチウムを添加した材料では蓄熱操作温度250℃～300℃，熱出力操作温度110℃，水蒸気圧57.8 kPaの条件で20回反応を繰り返した場合，水和反応転化率は80％以上を維持した。今後実用化を目指す上では，数百回～数千回のオーダーで反応を繰り返す耐久試験データが必要である。

　ここまで示したデータは，蓄熱操作，熱出力操作ともに，数十分～数時間のオーダーの反応条件を必要としている。将来，化石燃料の燃焼に代わる熱源として化学蓄熱技術を用いる場合，蓄熱操作や熱出力操作に要する時間を数秒～数分のオーダーで行う場合も想定されることから，反応速度の向上を目指し，材料の粒子径，比表面積，細孔構造等を制御した新しい材料合成法の開発が必要である。また，一般的に金属酸化物や水酸化物は熱伝導性が悪いため，蓄熱操作時における反応器外部からの熱エネルギーの供給，熱出力操作時の熱交換が遅くなり，その用途が制限される。反応器内の伝熱フィン配置の最適化等，熱工学的なアプローチはもちろんのこと，炭素系材料との複合化による化学蓄熱材そのものの熱伝導性の向上[12,13]，無機多孔体との複合化による反応速度の向上を目的とした新規材料等[14,15]が報告されており，今後も化学蓄熱材の開発を進める必要がある。

文　　献

1) 三機工業ホームページ，https://www.sanki.co.jp/product/thc/
2) 亀山秀雄ほか，骨太のエネルギーロードマップ，p.188，化学工業社（2005）
3) 加藤之貴ほか，実装可能なエネルギー技術で築く未来—骨太のエネルギーロードマップ2—，p.168，化学工業社（2010）
4) Y. Kato et al., *Energy Technology Roadmaps of Japan*, p.523, Springer（2016）
5) 架谷昌信ほか，蓄熱技術—理論とその応用［第Ⅱ編］潜熱蓄熱・化学蓄熱，信山社サイテック（2001）
6) L. Andre et al., *Renew. Sustain. Energy Rev.*, **64**, 703（2016）
7) Y. Kato et al., *J. Chem. Eng. Jpn.*, **40**, 1264（2007）
8) J. Ryu et al., *J. Chem. Eng. Jpn.*, **40**, 1281（2007）
9) J. Ryu et al., *Chem. Lett.*, **37**, 1140（2008）
10) H. Ishitobi et al., *Appl. Therm. Eng.*, **50**, 1639（2013）
11) J. Ryu et al., *J. Chem. Eng. Jpn.*, **47**, 579（2014）
12) O. Myagmarjav et al., *Appl. Therm. Eng.*, **91**, 377（2015）
13) M. Zamengo et al., *J. Chem. Eng. Jpn.*, **49**, 261（2016）
14) A. Shkatulov et al., *Energy*, **44**, 1028（2012）
15) J. Kariya et al., *Appl. Therm. Eng.*, **94**, 186（2016）

第4章 カルシウム系ケミカルヒートポンプによる熱リサイクルシステム開発

小倉裕直[*]

1 はじめに

未利用熱利用に向けたサーマルギャップソリューションを考える上で重要な点は，工業，商業，民生利用等問わずあらゆるプロセスで捨てられている熱エネルギーすなわち廃熱となってしまっている各種排熱の高効率利用法である。その重要な手法として，各種余熱・排熱・再生可能エネルギー等を蓄えて再利用する各種蓄熱法があり，さらにより高度に利用する方法として熱を蓄える際に化学的に蓄え（化学蓄熱），改質し，高温熱や冷熱に変換して再生利用できるケミカルヒートポンプによる有効利用法がある。

他章において，化学蓄熱の原理やいくつかの化学蓄熱用反応材について述べられているので，本章では，化学蓄熱の発展型としての未利用熱を再生利用できるケミカルヒートポンプの実用化へ向けたシステム開発事例を特にカルシウム系を中心に紹介する。

ヒートポンプとは，投入された熱をより高温熱や低温熱に汲み上げ下げできる装置を意味するが，普及している電力やガス，オイル等で駆動する機械的なヒートポンプは，低温排熱自体が直接ヒートポンプの駆動エネルギーとなることはできず外部エネルギーを投入しなければならない。これに対して化学蓄熱を発展させたケミカルヒートポンプであれば，各種排熱等を蓄え，ほぼそのエネルギーのみで高温熱や冷熱を高効率に生成でき，生成冷・温熱量が投入排熱量を上回ることも可能である。

本章では，化学蓄熱に加えてケミカルヒートポンプ技術の原理や基本性能を紹介した上で，実用化に向けて開発が進められている各種排熱等を再生利用可能なケミカルヒートポンプシステム技術の研究開発状況について特に硫酸カルシウム系および酸化カルシウム系に着目して記す。

2 化学蓄熱技術

蓄熱技術には，大きく分けて顕熱蓄熱，潜熱蓄熱，化学蓄熱がある。化学蓄熱は，物体の化学変化熱を利用するものであり，他の2つの蓄熱方式に比べて，利点として高蓄熱密度，放熱ロス小，温度レベルが一定となる上に，放熱温度レベルを変更できるケミカルヒートポンプへの発展が可能である。すなわち他の蓄熱法に比べて非常に有利であるが，他章にも述べられているよう

---

[*] Hironao Ogura　千葉大学　大学院工学研究科　教授

に反応材の制御や耐久性に関してまだ研究段階のものが多く、次世代技術と呼ぶべき段階であり、実証試験等によりシステムの選定が必要となる[1]。ただし、ヒートポンプ機能を用いず単に化学蓄熱機能を用いるのであれば、携帯カイロや弁当加熱のようにコンパクトで長時間放熱可能な化学蓄熱材は実用化している。これをこのまま顕熱蓄熱や潜熱蓄熱が既に用いられているプロセスに適用可能であるが、化学反応を用いるために装置が複雑になりがちなことを考えると、化学蓄熱を用いる場合には、次に述べるケミカルヒートポンプ機能を用いて、顕熱蓄熱や潜熱蓄熱とは異なり自由に放熱温度をコントロールできる熱駆動型ヒートポンプすなわちエネルギーリサイクル技術として導入することが望ましい。

3 ケミカルヒートポンプ技術

3.1 熱機関とヒートポンプ

ヒートポンプとは、その名の通りヒートをポンプするので熱を汲み上げたり下げたりする。特に熱駆動型ヒートポンプの場合には、熱回収して、高温熱や冷熱に変えて放出するので、熱のリサイクル技術と言えよう。各プロセスにて発生する廃エネルギーを改質再利用するが、回収時よりも高温にしたり冷熱を生成したりすることが可能なため、外部投入エネルギーが少なく有効利用できる可能性が増す。

図1に熱機関とヒートポンプの作動原理を示す。図中右側のヒートポンプ機能に仕事Wを与えて、低温熱$Q_{L,R}$を高温熱$Q_{H,R}$に汲み上げるのが多く普及している機械圧縮式ヒートポンプである。すなわち、機械圧縮式という作動方式は、エネルギー源としては電力やガス、オイル等によるエンジン駆動力の一部といった外部エネルギーを用いたコンプレッサー等の仕事Wにより熱源を高温熱あるいは冷熱に変換する。これに対して、図中左側の熱機関としての機能は、熱が

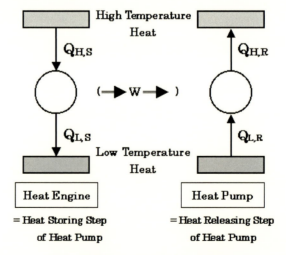

図1 熱機関とヒートポンプの作動原理

第4章　カルシウム系ケミカルヒートポンプによる熱リサイクルシステム開発

高温 $Q_{H.S}$ から低温 $Q_{L.S}$ になる際に外部へ仕事 W を行うものであり，古くから蒸気機関等がある。

熱駆動型のヒートポンプの場合は，これら熱機関とヒートポンプの二役を担っており，図中左側の熱機関に似て熱が高温 $Q_{H.S}$ から低温 $Q_{L.S}$ になる際に仕事 W に相当するエネルギーを化学エネルギー等で蓄えておいて（蓄熱過程），放熱過程においてその蓄えられたエネルギーを使って図中右側のヒートポンプ機能にあるように低温熱 $Q_{L.R}$ を高温熱 $Q_{H.R}$ に汲み上げる。よって実際には仕事 W を必要せずに，図中左側の熱機関機能に与える高温側熱源 $Q_{H.S}$ のみで駆動して温熱＝$Q_{H.R}+Q_{L.S}$ および冷熱＝$-Q_{L.R}$ を放出可能となる。この場合，反応系によるが得られる冷温熱量は熱源量を超える，すなわちエネルギー効率が100％以上も可能である。

図2に，図1と対比して硫酸カルシウム系ケミカルヒートポンプの作動原理を簡単に示す。

蓄熱は，反応器内の水和物に熱が与えられ，脱水反応が進行することにより行われる。この際発生した水蒸気 H_2O（g）により反応器内圧力は蒸発器／凝縮器内圧力より高くなる。この圧力差によって水蒸気は反応器から蒸発器／凝縮器へと移動し，蒸発器／凝縮器内熱交換器により凝縮熱が奪われることにより凝縮する。

放熱は，両容器間の接続バルブを開けることにより，圧力差のみによって蒸発器／凝縮器内の

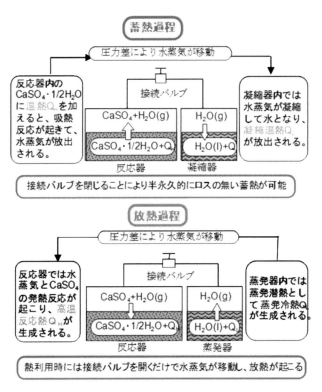

図2　硫酸カルシウム系ケミカルヒートポンプの作動原理

水が蒸発し反応器へと移動する。この際，反応器内では，硫酸カルシウムの水和物化反応が起こり，温熱が生成される。蒸発器/凝縮器では水の蒸発潜熱により，冷熱生成が行われる。蓄熱完了後，両容器間の接続バルブを閉じておくことにより，半永久的にほぼロスのない化学蓄熱が可能である。

このように，反応器において各種排熱や太陽熱等による温熱を蓄熱して，凝縮温熱，高温反応熱，蒸発冷熱を放熱する。この場合，各反応は両容器間の圧力差によってのみ進行するため，基本的に他のエネルギーを投入する必要はない。

ヒートポンプ技術においては，エネルギー源別分類のうち排熱等を回収してリサイクル駆動可能なのは熱駆動式のみであるが，直接的な熱駆動が可能な作動方式は，吸収式，吸着式，ケミカル式である。これら3方式を総称して広義のケミカルヒートポンプと呼ばれることもあるが，ほぼ完全に熱駆動のみで作動が可能であり，熱効率，作動温度範囲が最も大きいのは化学反応熱を用いるケミカル式であり，これを狭義のケミカルヒートポンプと呼ぶ。本章では，この化学反応を用いるヒートポンプのみをケミカルヒートポンプと呼ぶことにする。

3.2 ケミカルヒートポンプの操作例

ケミカルヒートポンプは，反応系の選択や圧力操作条件等により，蓄える熱量や蓄・放熱時の温度レベルを変えることができる。

たとえば先の硫酸カルシウム系では，高温側反応にセッコウの半水和物化反応を用い，低温側反応に水の蒸発/凝縮を用いる。この場合，図3に示す平衡線図上の操作により，100℃レベルの排熱や電力を蓄えて，140℃レベルの温熱に改質して放熱したり，0℃以下の冷熱に改質して放熱したりすることができる。

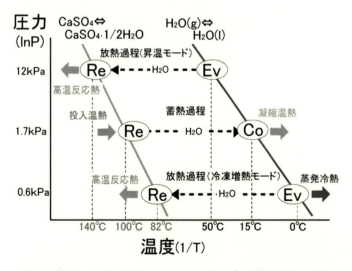

図3 硫酸カルシウム系ケミカルヒートポンプの平衡線図上の操作

第4章 カルシウム系ケミカルヒートポンプによる熱リサイクルシステム開発

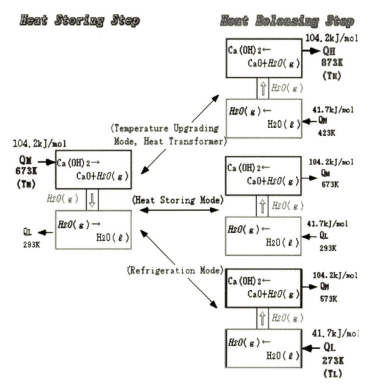

図4 酸化カルシウム系ケミカルヒートポンプの作動温度例

また，酸化カルシウム系では，高温側反応に石灰 CaO の水和・脱水反応を用い，低温側反応に水の蒸発／凝縮を用いる。この場合，図4に示すように，400℃レベルの排熱や電力を蓄えて，600℃レベルの温熱に改質して放熱したり，0℃以下の冷熱に改質して放熱したりすることができる。

4 各種ケミカルヒートポンプシステムの開発状況

4.1 ケミカルヒートポンプ用反応材料

ケミカルヒートポンプ用として開発されている無機系材料の事例を蓄熱可能温度域が低い側から紹介すると，塩化カルシウム系（100℃以下），硫酸カルシウム系（100℃レベル），酸化マグネシウム系（300℃レベル），酸化カルシウム系（400℃レベル）等が主なものである。蓄熱可能温度域が低い方が低温熱源を利用できるが，一般に蓄熱可能温度が低い方が蓄熱密度も低くなり熱出力も低くなる傾向にある。

塩化カルシウム系および酸化マグネシウム系等は他章で記されているので，本章では著者らが長年実用化に向けて開発を進めている硫酸カルシウム系および酸化カルシウム系システムについて解説する。

4.2 100℃レベル熱源駆動—冷・温熱生成：硫酸カルシウム系ケミカルヒートポンプシステム

硫酸カルシウム系は，セッコウの水和物化反応を用い，100℃レベルの廃熱や電力を蓄えて，140℃レベルの温熱に改質して放熱したり，0℃以下の冷熱に改質して放熱したりすることができる。100℃レベル熱源駆動ケミカルヒートポンプ用反応材として有望であるため，安定した可逆反応性，高反応速度，耐久性を持つことを目指して，粒子径や雰囲気条件の違いによる平衡や反応速度式の検討[2]や各種セッコウから生成する硫酸カルシウム粒子の反応性の違い[3]等について研究されている。本系については各種の熱環境に対応が可能なため，以下に示すような各種ケミカルヒートポンプシステムを著者らはこれまでに実用化に向けて研究開発してきた。

4.2.1 冷凍車両用エンジン廃熱蓄熱型冷熱生成ケミカルヒートポンプシステム

図5に，省エネルギー，CO_2削減等の観点から，未利用熱利用に向けたサーマルギャップソリューションの試みとして冷凍車両から排出される排気ガスやエンジンからの廃熱に着目し，そ

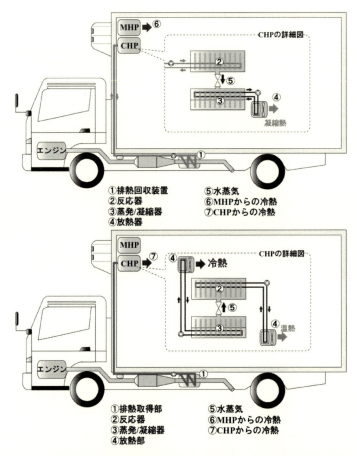

図5　冷凍車両用排ガス蓄熱型冷熱生成ケミカルヒートポンプシステム例[4,5]
（上図：蓄熱過程＝走行時　下図：放熱過程＝エンジン停止時）

第4章　カルシウム系ケミカルヒートポンプによる熱リサイクルシステム開発

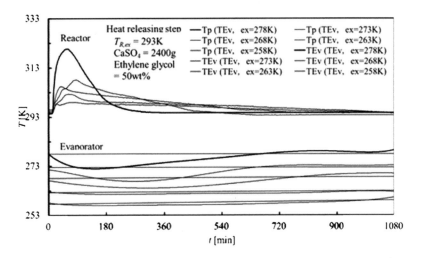

図6　冷凍車両用排ガス蓄熱型冷熱生成用ケミカルヒートポンプ実験結果例[4,5]

の熱を回収してケミカルヒートポンプにより化学蓄熱し，アイドリングストップ時のコンテナ庫内の空調用冷熱源としてリサイクル利用する冷凍車両用排ガス蓄熱型冷熱生成ケミカルヒートポンプシステム例を示す[4,5]。

図6に，硫酸カルシウム系車両搭載型ケミカルヒートポンプによる排ガス熱の化学蓄熱／冷熱生成・回収のラボスケール実験による検討を行った結果例として，放熱水和過程における反応器側熱交換媒体入口温度 T_R in 293 K，蒸発／凝縮器側熱交換媒体入口温度 T_{Ev} in 278 K，273 K，268 K，263 K，258 K に設定し，蒸発／凝縮器条件を変えて実験を行った場合の反応粒子温度および蒸発器内水温の経時変化の比較グラフを示す。本結果より，蒸発／凝縮器用水溶液としてエチレングリコール水溶液を用いることにより，蓄えられた廃熱のみで258 K 以下の冷熱が12時間以上に渡り生成できることが分かる。その後，共同研究企業により試作車を用いた蓄・放熱試験による実用化に向けた開発が進められている。

4.2.2　地域エネルギーリサイクル有効利用ケミカルヒートポンプコンテナシステム

時間のみでなく空間を大きく超えて廃エネルギーをリサイクル利用するサーマルギャップソリューションの試みとして，図7に示すような地域エネルギー有効利用システムとして，工場排熱を都心部の地域熱供給用に輸送して，温水と冷水を供給する工場排熱のオフラインリサイクル利用も研究されている。工場排熱をケミカルヒートポンプコンテナに化学蓄熱し，コンテナを熱需要がある場所へオフライン輸送し，ケミカルヒートポンプ機能により温・冷熱に変換して供給するシステムである[6]。顕熱蓄熱や潜熱蓄熱で運ばれた場合と異なり，高温熱や冷熱を必要とする需要地でも新たなボイラーやヒートポンプ等を設置する必要がなく，エネルギー再投入の必要もない。よって使用エネルギーは輸送エネルギー程度であり，コンテナに化学蓄熱されたエネルギーの数％程度のみが環境負荷となる。

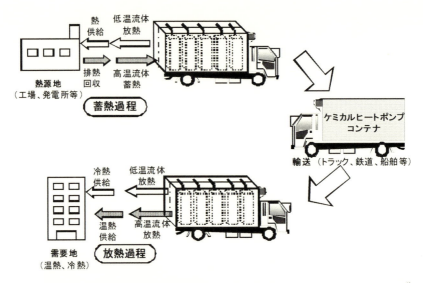

図7 地域エネルギーリサイクル有効利用ケミカルヒートポンプコンテナシステム例[6]

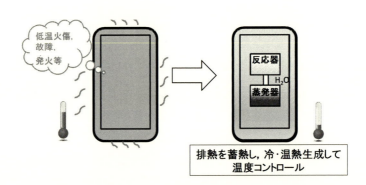

図8 小型電子デバイスの自己排熱駆動冷却システム例[7]

4.2.3 小型電子デバイスの自己排熱駆動冷却システム

小型化・高性能化の進む電子デバイスは，発熱量が増加し，手に持つはずの小型電子機器（スマホなど）の温度が急上昇している。そのサーマルギャップソリューションの試みとして，図8に示すような新たな温度コントロール手法として，電子デバイスの排熱のみを駆動源としてデバイス冷却を行うことができる次世代型熱リサイクル技術であるケミカルヒートポンプシステムを提案し，基礎研究では簡易解析およびモデル実験によりその冷却可能性を検討した。その結果，電子デバイスからの排熱をマイクロケミカルヒートポンプの反応器に蓄え，そのエネルギーのみで放熱時には電子デバイスをマイクロケミカルヒートポンプの蒸発器から発生する冷熱により冷却できる可能性が示された[7]。

以上，排熱を再生利用する硫酸カルシウム系ケミカルヒートポンプシステム例を紹介したが，

第4章　カルシウム系ケミカルヒートポンプによる熱リサイクルシステム開発

硫酸カルシウム系ケミカルヒートポンプは100℃レベルの熱源で駆動できるため，これまで給湯補助程度にしか利用できなかった太陽熱等も，化学蓄熱して冷・温熱生成することにより，空調，給湯，各種プロセスへの熱投入が可能になる[8]。

4.3　400℃レベル熱源駆動―冷・温熱生成：酸化カルシウム系ケミカルヒートポンプシステム

酸化カルシウム系は，石灰の水和・脱水反応を用い，400℃レベルの廃熱や電力を蓄えて，600℃レベルの高温熱に改質して放熱したり，0℃以下の冷熱に改質して放熱したりすることができる。本反応系は，回収熱源が高温である必要があるが，非常に反応性が良く，短時間で100%の反応を繰返すことができるため，熱源さえ確保できればサーマルギャップソリューションとして非常に有用なエネルギーリサイクルシステムの構築が可能となる。化学蓄熱密度も，約1.9 MJ/kg-CaO（1.7 GJ/m^3-CaO）と高いためロスのない長期間高密度エネルギー保存が可能である。酸化カルシウム系ケミカルヒートポンプについては以下のような実用化システムの検討例がある。

4.3.1　工場排熱リサイクル型ケミカルヒートポンプドライヤーシステム

本システムでは，図9に示すように，ケミカルヒートポンプは2機用いられ，蓄熱過程であるCHP1では，工場排熱等の熱が高温側反応器に投入され，反応物の脱水反応により化学反応エネルギーを蓄える化学蓄熱が起こる。脱水した水蒸気は凝縮器（低温側反応器）へと圧力差のみによって移動し，凝縮機内で凝縮熱を生成し，これを熱風生成に用いる。一方，既に蓄熱されているCHP2は，放熱過程として，電力等の他のエネルギーを必要とせずに両容器内の圧力差のみによって，蒸発器（低温側反応器）内の水が蒸発して，高温側反応器に移動する。高温側反応器にて反応物の水和反応が進行，温熱生成し，これを熱風生成に用いる。この際，蒸発器内では蒸

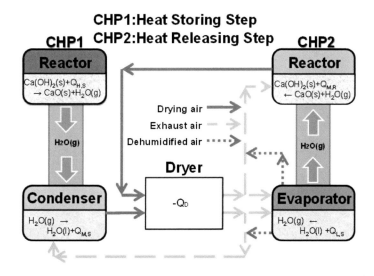

図9　工場排熱リサイクル型ケミカルヒートポンプドライヤーシステム例[9,10]

発潜熱による冷熱生成が起こり，乾燥用空気の冷却除湿に利用できる。これらの操作により，熱風の完全循環が可能となるとともに，生成温熱量はCHP1の凝縮熱とCHP2の反応熱により投入熱量を上回る。

これの操作は少し複雑ではあるが，別ラインの乾燥物の焼成過程等における排熱をCHP1に投入することにより排熱エネルギーを増大してオンタイムでリサイクルして駆動する高効率乾燥システムとなり，より一層工場全体の省エネが可能となる[9,10]。

なお，酸化カルシウム系ケミカルヒートポンプでは，上記のCHP2に相当する放熱過程において蒸発器に150℃程度の熱を加えることにより，高温側反応器では600℃程度での放熱が可能である。この場合，放熱量は増大しないものの，例えば400℃で蓄熱された熱が600℃に変換されて放熱され，エクセルギー効率が高い変換が可能となる[11]。

4.3.2 自動車廃熱再生利用ケミカルヒートポンプシステム

自動車のエネルギーシステムには非常に大きなエネルギーロス，特にエンジンからの放熱ロスがあり，実際ガソリン等のエネルギーのわずか30％程度しか駆動には使われていないと言われている。時間を超えてエンジン廃熱をリサイクル利用するサーマルギャップソリューション研究事例として，走行中のエンジン廃熱を化学蓄熱して，エンジン始動時のコールドスタート解消に利用するシステムの研究等を行ってきた。図10に，ケミカルヒートポンプを2機搭載した車両概念図をCHP駆動モード別に示す[12]。走行時は，走行開始と同時にCHPによる放熱を行うことで暖機と車内空調を行いつつ，廃熱をもう一方のCHPに蓄える。走行前暖機は，エンジン始動前にCHPによる放熱を行うことで暖機を完了させる。

モデル装置による実験的検討および理論計算による走行時の各種検討を行った結果，新たにエ

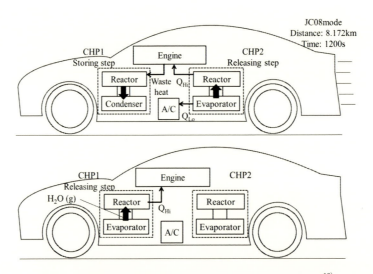

図10 自動車廃熱再生利用ケミカルヒートポンプシステム例[12]
（上図：蓄放熱過程＝走行時　下図：放熱過程＝エンジンスタート時）

第4章 カルシウム系ケミカルヒートポンプによる熱リサイクルシステム開発

ネルギーを加えることなく，エンジン排ガス熱からCHPに蓄えられた熱のみでエンジン暖機および車室内空調を行うことにより，実走行での燃費向上効果が示された。CHP搭載による燃費向上効果は，走行前暖機の場合38％, 68％（空調使用），コールドスタートの場合7％, 30％（空調使用）の燃費向上効果が示された。ホット／コールドスタートを考慮した空調使用時JC08モード燃費の場合は，燃費向上効果23％および環境負荷低減効果，コスト削減効果19％を見込めることがわかった。

5 おわりに

　以上，化学蓄熱技術やケミカルヒートポンプ技術の原理や基本性能を紹介した上で，実用化に向けて開発が進められている各種排熱等を再生利用可能なケミカルヒートポンプシステム技術の研究開発状況を，特に硫酸カルシウム系および酸化カルシウム系に着目して紹介した。
　これまでの研究成果より，各種排熱・再生可能エネルギー等のかなりの部分はケミカルヒートポンプで回収可能であり，使用時にはほとんど他のエネルギーを使用することなく蓄えられた化学エネルギーのみで高温熱や冷熱を生成できることが分かった。
　ただし，ケミカルヒートポンプシステムは，限られた排熱を限られた条件で利用することになるため，ニーズに応じた反応熱特性のみならずサイズや形状も考慮した伝熱等も検討しなければならないため，やはり個別のシステムに応じた最終的な実用化のためのデザインおよび制御性，耐久性，コスト等を含めた実証試験は対象ごとに必要になる。しかし，いずれも共同研究等により産官学の力を持ち寄れば早急に解決できると考える。
　このようなエネルギー高効率利用型の次世代技術が，コスト削減型であり低環境負荷型でもあり，これから続々と実用化していくことが期待される。なお紙面の都合により詳細なデータは掲載できなかったため，以下の参考文献の参照や著者への連絡をお願いしたい。

文　　　献

1) 小倉裕直，骨太のエネルギーロードマップ，p.178, 化学工業社（2005）
2) H. Ogura et al., *J. Chem. Eng. Jpn.*, **40**, 1252 (2007)
3) J.-H. Lee & H. Ogura, *Appl. Therm. Eng.*, **50**, 1557 (2013)
4) 小倉裕直ほか，化学工学論文集，**35**, 506 (2009)
5) 小倉裕直ほか，日本冷凍空調学会論文集，**32**, 373 (2015)
6) 小倉裕直ほか，都市計画論文集，**41**, 821 (2006)
7) 小國佑ほか，日本機械学会 熱工学コンファレンス2014講演論文集，B111 (2014)
8) 小倉裕直ほか，日本太陽エルギー学会・日本風力エネルギー学会 合同研究発表会講演論文

集,122 (2013)
9) H. Ogura *et al.*, *Dry. Technol.*, **22**, 307 (2004)
10) H. Ogura *et al.*, *Proceedings of the 20th International Drying Symposium*, C-6-6 (2016)
11) H. Ogura *et al.*, *Energy*, **28**, 1479 (2003)
12) 小倉裕直ほか, 自動車技術会論文集, **47**, 579 (2016)

第5章　化学蓄熱の伝熱促進

加藤之貴*

1　はじめに

　日本の一次エネルギーの7割以上はプロセス熱利用で消費され，副次的に大量の排熱が排出されている。排熱の有する熱エネルギーの有効利用は日本のエネルギー消費の削減ひいては二酸化炭素排出削減につながると考えられる。とくに200〜400℃のいわゆる中温域の排熱または未利用熱の高効率回収，再利用が重要な候補対象といえる[1]。中温熱はエンジン排熱，高温産業プロセスから発生している。中温熱の蓄熱技術として化学蓄熱がある。化学蓄熱は熱を比較的高密度に長期間にわたり貯蔵，再利用できる利点があり，次世代技術として重要と判断される。酸化マグネシウム／水（MgO/H_2O）系[2]が反応候補である。

$$MgO + H_2O = Mg(OH)_2 \tag{1}$$

　中温排熱の化学蓄熱による，熱回収，再利用は量的な貢献性が大きい省エネルギー技術として期待できる。重要な開発課題として化学蓄熱材料と伝熱流体間の伝熱性の向上である。実プロセスでは高速の熱出力，蓄熱が必要であり，化学蓄熱装置システム内での高速の熱移動が望まれる。解決に必須であるのが化学蓄熱材料の伝熱促進である。ここでは中温化学蓄熱向けの化学蓄熱材料の伝熱促進に関する材料開発事例を示す。

2　化学蓄熱材料の高熱伝導度化

　化学蓄熱システムにおいては迅速な蓄熱，熱出力を可能とする反応器設計が重要である。実用においてはフィン型熱交換器を用いて，フィン間に化学蓄熱材料を充填した構成の反応器を利用することになる。この構成に適した化学蓄熱材料の開発が必要である。

　化学蓄熱システムにおける充填層型反応器の熱伝導度の定性的な性質を図1に示す。これまでに開発された $Mg(OH)_2$ 単体はペレット形状をしている（図2）。充填層内で反応水蒸気の移動が容易に行われ，また単体材料の飛散を防止するためにペレット形状が基本的な形状になる。図3に気固反応系化学蓄熱材用のプレートフィン式熱交換型の反応器の候補例を示す。プレートフィンの間にペレット材料を充填しフィンを通して熱媒体輸送管と化学蓄熱材料の間で熱交換が行われる。図1(a)にペレット（図2）を用いた場合のプレートフィン型反応器（図3）における

＊　Yukitaka Kato　東京工業大学　科学技術創成研究院　先導原子力研究所　教授

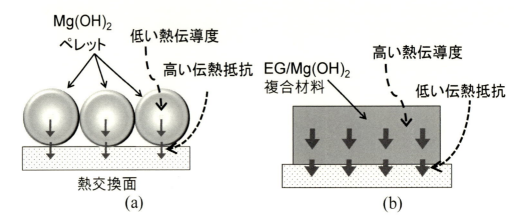

図1　化学蓄熱反応層の伝熱促進コンセプト
(a) 通常の $Mg(OH)_2$ ペレットと伝熱面の熱交換形体，(b) EG/$Mg(OH)_2$ 複合材料と伝熱面との熱交換形体

図2　酸化マグネシウム/水系化学蓄熱材用に開発した繰り返し耐久性を持つ高純度水酸化マグネシウム反応材料ペレット（UFP-MgO）

蓄熱材料と伝熱面（フィン）の熱移動の様式を示す。この構成では材料粒子自体の熱伝導度が低く，さらに伝熱面と材料は主に点接触のため，伝熱面において伝熱抵抗が大きく，包括的な熱伝導度が劣る。熱伝導度が低い場合，単位伝熱面積当たりの熱流量が多く取れずフィン面積，ひいては反応器体積を大きくしなければならない。また熱源と受熱側の温度差を大きく取る必要があるため例えば熱出力時に，材料の発熱反応で高温が発生しているにも関わらず，低い温度で熱を取り出さざるを得ず，熱エネルギーの質的利用が阻害される。よって実用においては反応器における熱の高速・効率的な貯蔵・放出実現のために蓄熱材料の熱伝導度の向上，さらには熱交換器フィンの接触性を高めた材料形状への容易な成形性が重要である。

第 5 章　化学蓄熱の伝熱促進

図 3　気固反応系化学蓄熱材用のプレートフィン式
　　　熱交換型の反応器の候補例

図 4　EG/Mg(OH)$_2$ 複合材料
(a) 膨張化グラファイトの電子顕微鏡写真, (b) タブレット成形体 (EM4) (直径 7 mm × 高さ 4 mm)

　高伝熱性化学蓄熱材料として, 後述する熱伝導度が高く化学的に安定な膨張化グラファイト (Expanded graphite: EG) (図 4(a)) と Mg(OH)$_2$ とを混合した複合化学蓄熱材料 (図 4(b)) が開発されている[3]。この複合蓄熱材は高純度 Mg(OH)$_2$ に比べ熱伝導度が高く, 材料形状の高い成形性を有する。図 1(b)に高熱伝導度を有する開発した複合化学蓄熱材料を導入した望ましい充填形式の反応器の構成を示す。材料形状の成形性があれば化学蓄熱材料は伝熱面に密着した形状に成形でき, 伝熱面の熱抵抗を低減できる。結果として蓄熱材料と熱交換器が合理的にパッケージ化された包括的に高い伝熱性, 熱的性能を有し, かつコンパクトな反応器が構成できる。

3 高熱伝導度化材料を用いた化学蓄熱充填層試験

図1(b)の構成を実現するための高熱伝導度複合材料の開発と，その材料を用いた充填層実験が行われている[4]。利用されたEG（図4(a)）は直径300 μm程度のグラファイトが積層された構造を持ち，層間にあらかじめ配置された膨張剤を700℃程度で膨張させることで，層間に広い空間を有した多孔構造を有している。$Mg(OH)_2$粉体を水と混合しペースト状にした後，EGと一定の重量比で混合させる。その後，乾燥させ水分を除去する。得られた乾燥材料を錠剤成形器にて一定の密度，形状のタブレットに成形した。図4(b)にタブレット成形体（直径7 mm×高さ4 mm）を示す。重量比$Mg(OH)_2$：EG=β：1の種々の蓄熱材料を作製し，材料をEMβと呼称した。目標材料の形状は図1(b)に示すスラブ状である。工学的には材料の厚みが重要であり，実用的な厚みを有する基本形状としてタブレットでの試験が行われている。得られたタブレットを充填層型反応器（直径48 mm×高さ48 mm）に充填し化学蓄熱試験が行われている。

EM4，EM8，EM16と$Mg(OH)_2$単体ペレットの4種類について化学蓄熱実験が行われた。$Mg(OH)_2$状態のそれぞれの蓄熱材料を反応器に充填し，反応器を真空脱気した。充填層の外周に配したシースヒーターにより蓄熱材料を加熱し$Mg(OH)_2$脱水反応を行った。発生する水蒸気は水容器で凝縮回収された。反応器内の水蒸気圧力は水容器の水温度（T_{cond}=20℃）で維持され，平均圧力P_{cond}=2.3 kPaであった。反応器内側面の温度を熱電対で測定し，その温度を代表温度T_{wall}[℃] とし，T_{wall}を脱水反応目標温度T_d=400℃までは一定電力で加熱し，到達後は目標温度一定に温度調節した。反応器を入れた反応装置全体の質量を精度0.1 gで測定し，重量変化から脱水反応による水の移動量から充填蓄熱材料の平均脱水反応転化率変化を求め，さらに$Mg(OH)_2$当たりの蓄熱量q_d[kJ(kg-$Mg(OH)_2$)$^{-1}$] を算出した。

充填層型反応器の$Mg(OH)_2$脱水反応実験結果を図5に示す。横軸は昇温開始時刻を統一した反応時間，縦軸はq_dを示す。$Mg(OH)_2$ペレット，EM材料は脱水がより速く進行し蓄熱量が迅速に増加した。とくにEM8が最も早く蓄熱が進行した。これは反応材料の熱伝導度の向上により，ヒーターからの熱が迅速にEMタブレット内の$Mg(OH)_2$粒子に伝達され，短時間でタブレット温度が上昇し，吸熱反応が促進されたためといえる。EM16ではEG量が少なく，EG8に対して伝熱速度が劣った。またEM4ではEGが多いが系が伝熱律速から反応律速に変化したためEGの効果が低下したと判断された。この条件では熱伝導度の向上によって従来材料より反応進行度が促進され，より短時間で蓄熱できることが確認され，本実験条件ではEM8付近の混合比が熱伝導度の向上と反応促進の両方を実現できる最適な値であると判断された。以上からEM8に代表されるEM材料は反応性を損なうことなく熱伝導度，反応速度が高く，材料形状の成形性に優れた特性を有しており，実用的な化学蓄熱材料と期待された。今後は蓄熱材料と充填層反応器とのパッケージ構成の最適化を進めることで，化学蓄熱装置の実用性がより向上することが望まれる。

図6に充填層反応器での蓄熱操作（脱水反応）におけるモル反応転化率（x[-]），充填層内温

第5章 化学蓄熱の伝熱促進

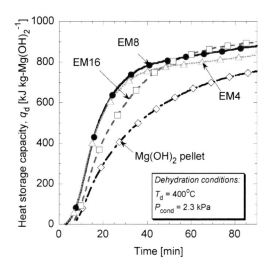

図5 充填層実験において，混合比の異なる EG/Mg(OH)$_2$ 複合材料および Mg(OH)$_2$ ペレットの脱水反応時の Mg(OH)$_2$ 当たりの蓄熱量 q_d [kJ(kg-g(OH)$_2$)$^{-1}$] の経時変化

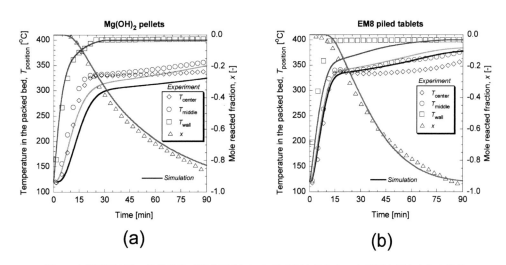

図6 充填層反応器の蓄熱操作（脱水反応）における反応転化率，充填層内温度変化の比較
(a) 水酸化マグネシウム単体，(b) EM8 タブレット（$T_{wall}=400℃$，$P_{cond}=2.3$ kPa）
（点が実測結果，実線が数値計算結果）

度変化の経時比較を水酸化マグネシウム単体充填層（図6(a)），EM8 タブレット充填層（図6(b)）の場合について示す。各点が実測結果である。T_{wall} の目標操作温度を 400℃ として，蓄熱操作を行った。充填層型反応器の中心と壁の中間温度（T_{middle}），反応器中心温度（T_{center}）の経時変化が示されている。EM8 は単体ペレットに対して反応層温度が迅速に上昇し，脱水反応が進行す

る330℃付近に素早く到達している。脱水反応終了後，充填層温度は再び上昇に転じている。この間，T_{wall}, T_{middle}, T_{center}, の温度差がEM8層では水酸化マグネシウム層に比べ極めて小さい。これらは材料の熱伝導度の向上による反応熱の迅速な移動が実現したためと判断された。結果として脱水反応速度が向上し，単位時間の単位反応器体積当たりの蓄熱量も大きく，EMが従来材料に比べ優れていることが確認された。充填層の数値計算モデルを作成し，充填層内の反応現象を解析した[5]。解析に必要な見かけ熱伝導度，熱容量を実測し，熱天秤試験より導出した反応速度式を用いて解析を行った。結果を図6の各図に実線で示す。ほぼ，実験結果を定量的に再現できており，この数値モデルを用いて本現象が説明できることが明らかになった。この数値モデルからも，材料の高熱伝導度が化学蓄熱装置としての性能向上に有用であることが示されている。

4 まとめ

化学蓄熱は実用に向けての未開発の部分が多いが，従来の蓄熱，熱利用技術にない広い操作温度域，熱貯蔵性などを持ち，排熱回収に柔軟に対応できる可能性がある。無機反応を用いた気固系化学蓄熱に可能性があり，中温域では酸化マグネシウム／水系化学蓄熱などに可能性がある。化学蓄熱装置の実用化においては材料と熱交換器との合理的なパッケージ構成が必須となり，包括的な熱交換性能，反応性能の向上による装置の性能向上が重要である。そのために化学蓄熱材料の伝熱性の向上，材料成形性が重要な開発事項である。膨張化グラファイトとの複合化が有効な方法であった。今後この材料製作手法を用いた化学蓄熱技術開発の発展が期待される。

文　献

1) 財団法人省エネルギーセンター，平成12年度「工場群の排熱実態調査」(2000)
2) Y. Kato et al., *Appl. Therm. Eng.*, **16**, 853 (1996)
3) S. Y. Kim, Y. Kato et al., *Prog. Nucl. Energy*, **53**, 1027 (2011)
4) M. Zamengo, Y. Kato et al., *Appl. Therm. Eng.*, **61**, 853 (2013)
5) M. Zamengo, Y. Kato et al., *Appl. Therm. Eng.*, **64**, 339 (2014)

第6章 ハロゲン化アルカリ金属系蓄熱剤を用いる長期蓄放熱サイクル

小林敬幸＊

1 はじめに

　水の顕熱蓄熱は安価であるだけでなく，蓄熱と放熱に要する時間が短いという大きな利点を有するものの，蓄熱密度が小さく長期蓄熱に不向きのため，自動車への適用では小量の熱の蓄熱ニーズに限定される。潜熱蓄熱，化学蓄熱では蓄熱密度も大きくなり一定温度の放熱も可能となり，材料選定により所望の温度での熱回収・熱放熱が可能となる。化学蓄熱はそれに加えて，原理的には材料そのものの蓄熱密度が大きく，反応を生じさせない状態で長時間に亘り蓄熱状態を保つことができる。

　これまで，化学反応を用いる蓄熱技術は，過去に通商産業省の主導で実施された「ムーンライト計画」(1976～2001年度)において，「スーパーヒートポンプ・エネルギー集積システム」プロジェクト (1984～1992年度) で開発が進められた後，ここ数年でようやく実用化に近づきつつある[1,2]。工業用途としては，平成26年度より工業団地全体で熱と電力の需給の最適化・最小化するシステム構築の手段の一つとして，酸化マグネシウム系[3,4]の化学蓄熱剤を用いる熱輸送技術の実証事業が試みられ[5]，実用化への扉が開かれようとしている。ところが，新しい技術である化学蓄熱を社会実装するために求められる蓄放熱速度の短縮化，長期に亘る稼働安定性についてはこれまでほとんど報告例がなく，化学蓄熱そのものの技術成立性を議論するに至っていなかった。本稿では，筆者らが実施してきた2種類のハロゲン化アルカリ塩（臭化カルシウム $CaBr_2$，塩化カルシウム $CaCl_2$）の水和反応を用いる蓄熱技術の研究例を通じて，今後の実用化のための課題を議論したい。

2 臭化カルシウム（$CaBr_2$）水和反応を用いる化学蓄熱

　図1に水和反応を用いる化学蓄熱の動作原理を示す。図中の蓄熱材Aが加熱されて作動媒体の水を放出し，物質Bの状態で蓄熱させ，放熱時はBと水を反応させて物質Aに戻すと同時に反応熱を放熱させる。

　反応剤に臭化カルシウム（$CaBr_2$）を選び，その水和反応を用いる蓄熱・放熱操作を具体的に説明する[6]。反応式ならびに反応熱は式(1)に示すとおりである。

　＊ Noriyuki Kobayashi　名古屋大学　大学院工学研究科　准教授

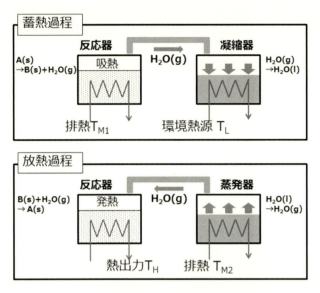

図1 化学蓄熱の蓄熱・放熱操作の動作原理

$$CaBr_2(s) + H_2O(g) \rightleftarrows CaBr_2 \cdot H_2O(s) \quad \Delta H_{abs} = -75.1 \text{ kJ/mol} \ (375.5 \text{ kJ/kg}_{-無水物}) \quad (1)$$

温度-圧力化学平衡関係より，環境温度に相当する T_{Low} を20℃と想定した場合，155℃にて脱水反応が進行することにより蓄熱される。その後1気圧の H_2O 圧力を供給し水和反応させると245℃の反応熱が出熱され90℃（$=T_H-T_{M1}$）の昇温がなされる。これらの放熱と蓄熱過程が連続的にサイクルされることにより，中低温排熱が高温熱へ変換されプロセスへ供給される。昇温させず，蓄えた熱を放出するだけならば，反応させる水の蒸気圧はもっと低くてよく，線図を用いれば蒸発器の温度（圧力）に対する放熱温度が推定できる[3]。

これらの特徴を有する $CaBr_2$ 蓄熱剤を活性炭粒子（粒径100～200μm）中に $CaBr_2$ を含浸させ調製した蓄熱剤をマイクロプレート熱交換器（SUS316L，120×135×10 mm，流路間隔1 mmピッチ）のフィンの間に充填して作製した蓄熱器を用いて入出力特性を評価した。

実験装置の概略図を図2に示す。実験装置は反応器，蒸発器，凝縮器の各1器より構成しており，反応器内には熱交換器を設置した。各器には，恒温槽を接続し，温度を制御した熱交換流体を循環させた。恒温槽の温度制御および各器間のバルブの開閉によって蓄熱，放熱を切り替えた。水和，脱水に伴う反応熱によって変動する熱交換流体の熱交換器出入口温度を測定し，その温度差から蓄放熱特性を評価した。

実験結果を図3に示す。放熱時の蓄熱器温度 T_{abs} は200～220℃の3条件，蒸発器温度は80℃である。結果から，条件により変化するものの，最も速い場合30秒程度で放熱を完了していることがわかる。また，蓄熱時には，放熱の場合よりも遅いものの，最も速い場合には70秒程度で反応が終わっている。これらの結果から，伝熱，水蒸気移動の条件を整えれば，十分に速い化

第6章 ハロゲン化アルカリ金属系蓄熱剤を用いる長期蓄放熱サイクル

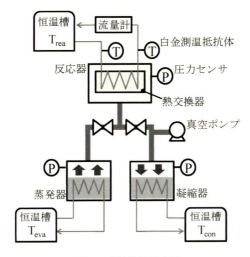

図2 実験装置概略図

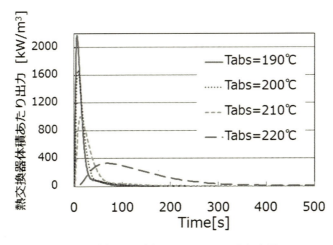

図3 $CaBr_2(s) + H_2O(g) \rightleftarrows CaBr_2 \cdot H_2O$ 反応を用いる蓄熱装置の出力履歴（放熱過程）

学蓄熱の速度を得られることがわかる。

図4に蓄熱モジュールの出力の安定性と耐久性を評価するため，蓄熱と放熱を交互に150秒毎に切り替えて2,000回繰り返した結果を示す。蓄熱器に供給する熱交換流体温度は170℃で一定とし，蒸発器温度60℃，凝縮器温度20℃の条件とした。図からわかるように，出力値の時間経過の挙動は非常に再現性が高く，出力密度のピーク値の変動も20 W/L以内に収まっていた。出力密度の時間履歴と反応材料利用率は，長期の繰り返し操作に亘り，反応材が劣化することなく再現性が高いことが確認された。また，体積当たりの出力値は平均値1 kW程度となった。

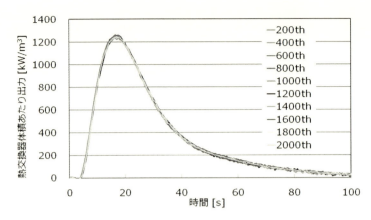

図4 $CaBr_2(s) + H_2O(g) \rightleftarrows CaBr_2 \cdot H_2O$ 反応を用いる蓄放熱繰り返し試験結果
2,000回繰り返し。グラフは放熱過程。

3 塩化カルシウム（$CaCl_2$）水和反応を用いる化学蓄熱

　本研究では，100℃程度の熱源により駆動し，160℃への昇温が可能な反応系として，式(2)，(3)に示す塩化カルシウム水和反応を適用した。優れた環境親和性や安価であること等が特徴である。

$$CaCl_2 \cdot H_2O(s) + H_2O(g) \Leftrightarrow CaCl_2 \cdot 2H_2O(s) + 52.7 \text{ kJ/mol} \quad (471.7 \text{ kJ/kg}_{-無水物}) \quad (2)$$

$$CaCl_2(s) + 2H_2O(g) \Leftrightarrow CaCl_2 \cdot 2H_2O(s) + 126.0 \text{ kJ/mol} \quad (1,135 \text{ kJ/kg}_{-無水物}) \quad (3)$$

　図5に$CaCl_2$の1水和物と2水和物の間で蓄放熱する操作を1,000回繰り返した結果を示す。図6には1,000回繰り返し操作中の反応率の変化を示す。なお，蓄熱器に供給する熱交換流体温度（蓄熱・放熱温度）は110℃，蒸発器温度64℃，凝縮器温度30℃とし，蓄熱剤を充填した熱交換器はコルゲート型（アルミニウム製，250×200×20 mm，フィン間隔1 mmピッチ）を用いた。結果から，およそ15分程度で蓄放熱が完了し，さらに1,000回に亘り安定して蓄放熱していることから，蓄熱剤などの劣化がほとんどなく，装置が安定して稼働したことがわかる。

　1,000回のサイクル試験終了後，蓄熱状態から3,600秒間放熱させたところ，到達反応率は10回目と同等であった。よって，繰り返しによる反応率の低下は，熱回収速度の低下が原因であると考えられる。反応材料の様子を確認したところ，反応材料は膨張した状態でとどまっており，一部が熱交換器の伝熱面から離れている状態であった。そのため，伝熱抵抗が増大したことで，熱回収速度の低下が引き起こされたと考えられる。反応材料の膨張収縮に起因する伝熱抵抗の増大等の課題を解決することにより，さらに長期に亘って安定な蓄放熱が可能となる。

　図5，6の結果から，化学蓄熱として，塩化カルシウムの1水和−2水和可逆反応系を適用し，

第6章 ハロゲン化アルカリ金属系蓄熱剤を用いる長期蓄放熱サイクル

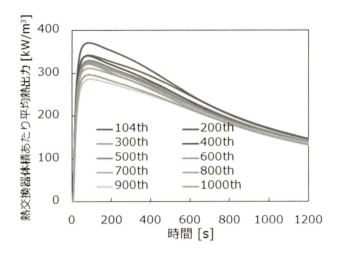

図5 CaCl$_2$ の1水和・2水和系を用いる蓄放熱繰り返し操作の耐久性評価と平均熱出力
1,000回繰り返し。縦軸値は，経過時間までの平均熱出力を示す。

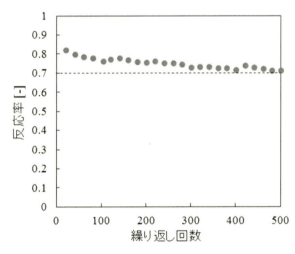

図6 CaCl$_2$ の1水和・2水和系を用いる蓄放熱繰り返し操作中の反応率の変化

長期に安定して比較的蓄放熱速度が速い蓄熱器を構築できる可能性を示した。そこで，蓄熱量が2.4倍（無水物重量基準）大きな塩化カルシウムの無水和-2水和反応系を用いて，蓄放熱繰り返し実験を実施した。その結果を図7に示す。実験条件が異なるため直接比較することは難しいが，到達反応率0.8に達するまでの蓄熱時間は1水和-2水和系の方が早いものの，無水和-2水和系でも20分以内に80％放熱し，放熱量は560 kJ/L（1,750 kWh/L－熱交換器体積基準）に達した。この値は実用化されている潜熱蓄熱技術の値を上回る成績であり，20分以下で蓄熱あるいは放熱を完了できることから，今後の実用化に向けた発展が期待される。

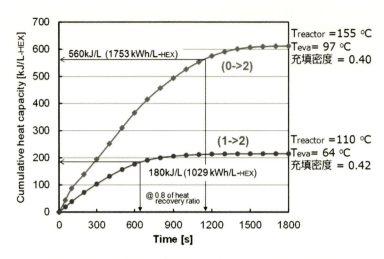

図7　CaCl₂無水和・2水和系と1水和・2水和系の放熱量，放熱速度の比較

4　おわりに

　化学蓄熱技術は，従来から言われてきた，反応速度，長期安定性などの欠点を，化学的反応特性，伝熱速度，物質移動速度，反応速度を適切に制御することによって克服しつつあり，いよいよ実用化に向けた段階に到達しつつある。ただし，社会実装するためには，熱源とのマッチング，装置の体格，装置の作動環境などの条件を満たしながら装置を構成するためには，まだ多くの課題が残されているが，将来技術としての可能性があると期待したい。

文　　献

1) J. Lee et al., *Appl. Therm. Eng.*, **63**, 192 (2014)
2) H. Zhang & H. Ogura, *J. Chem. Eng. Jpn.*, **47**, 587 (2014)
3) O. Myagmarjav et al., *Appl. Therm. Eng.*, **91**, 377 (2015)
4) M. Zamengo et al., *J. Chem. Eng. Jpn.*, **49**, 261 (2016)
5) http://www.nepc.or.jp/topics/pdf/150330/150330_2_5.pdf
6) 鬼頭毅，小林敬幸，資源・エネルギー学会論文集，**33** (3), 1 (2012)

【第Ⅳ編　潜熱輸送】

第1章　流動性のある潜熱蓄冷材

大久保英敏[*]

1　はじめに

　水溶液などのように，互いに液相中で溶け合っている多成分混合物質は，固相と液相が共存する固液共存相が存在する。筆者ら[1,2]は，多成分混合物質の固液共存相において，固液二相状態を実現し，これを流動性のある潜熱蓄冷材として高性能なブラインに利用することを提案し，自然界にある物質で構成されるエタノール－水混合物質および尿素－水混合物質を流動性のある潜熱蓄冷材として利用することを検討してきた。

　人工的に低温環境を実現する機器の進歩は目覚ましく，年々多様化し，高度化している。低温環境における正確な熱物性値を必要とする分野は理学，工学，医学，農学等々に拡がっており，対象とする温度域も室温以下から絶対零度近傍まで広範囲に拡がっている。一方で，目覚ましい技術的進歩の結果として地球的規模の環境問題にも直面している。冷凍サイクルの作動流体である冷媒の代表格であったフロン系冷媒は，オゾン層を破壊しているとの理由から代替フロンへの移行を余儀なくされた。さらに，代替フロンも地球温暖化に悪影響を及ぼすことが明らかとなり，オゾン層破壊係数と温暖化係数の高い冷媒は規制の対象となっている。現在，環境に悪影響を及ぼさない人工冷媒の開発が行われているが，自然冷媒への切り替えや氷スラリーに代表される機能性二次冷媒の開発も進められている。

　固体混合物質は蓄熱材・蓄冷材としての利用が進められており，目的によって利用温度が限定される。蓄熱材・蓄冷材や機能性二次冷媒を利用する温度域は高温側にも低温側にも広がっており，筆者は「蓄熱バンク」のような供給元を考えている。「蓄熱バンク」では熱物性値とみかけの熱物性値の提供が必要となるが，氷スラリーに代表される固液混合物質のみかけの熱物性値も現状では十分にまとまっていない。測定を困難にしている原因の一つが試料の不均一性であり，再現性のある測定値を得るためには試料の均一性に十分な注意を払う必要がある。

　本稿では，相平衡状態図である融点図の作成と熱物性の評価，結晶成長，流動性のある潜熱蓄冷材の作製とその評価について紹介する。

2　相平衡状態図（融点図）

　水および水と溶け合う物質で構成される多成分混合物を冷却した場合，固体と液体が共存する

---

[*]　Hidetoshi Ohkubo　玉川大学　大学院工学研究科；工学部　機械情報システム学科　教授

固液共存相を経て，固相線温度において混合物質のすべてが凝固する。エタノール−水混合物質の場合，図1に示した相平衡状態図（融点図）[1,3]において液相線温度と固相線温度の間の温度領域が固液共存相である。固液共存相の温度範囲や結晶の種類，結晶成長の過程などは混合物質の種類および濃度によって異なる。エタノール−水混合物質の場合は固液共存相における固体が氷（S_i）である領域と固体がエタノールの水和物（S_h）である領域および固体がエタノール（S_e）である領域の3種類が存在する。筆者らは，これらの固液共存相において流動性のある固液混合物質を作製し，これを流動性のある潜熱蓄冷材として利用することを検討してきた。流動性のある潜熱蓄冷材は，潜熱が利用可能な機能性の高い二次冷媒として利用できる。

図2に尿素−水混合物質の融点図[4]を示した。尿素−水混合物質の融点図は$L+S_i$と$L+S_u$の2つの固液共存領域が存在する。$L+S_i$は固相が氷の領域，$L+S_u$は固相が尿素の領域である。$L+S_u$の領域では，室温以上の温度でも固相が存在することから，暖房への利用も考えられる。ただし，尿素の場合，熱分解が発生することから，利用温度範囲が限定される。図2中には，示差走査熱量分析（DSC）によって得られた尿素ブラインおよび尿素ブラインを水で希釈した物質の固相線温度，液相線温度および融解潜熱量の測定値を併記した。また，融点図の下に尿素ブラインおよび尿素ブラインを水で希釈した物質のDSC曲線を示した。低濃度では比較的広い温度範囲にわたり吸熱反応が起こっているのに対し，共晶点濃度では固相線温度近傍の狭い温度範囲で吸熱反応が起こっている。この結果から，尿素−水混合物質を共晶点濃度で利用すれば，固相線温度で大きな蓄冷量を得ることが可能である。融点図が特定できた場合，「てこの法則」を用

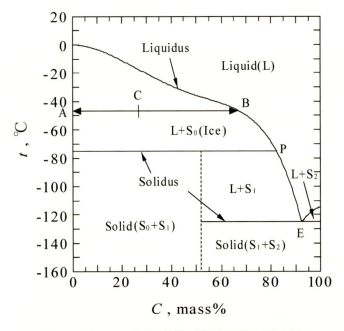

図1　エタノール−水混合物質の相平衡状態図（融点図）

第1章 流動性のある潜熱蓄冷材

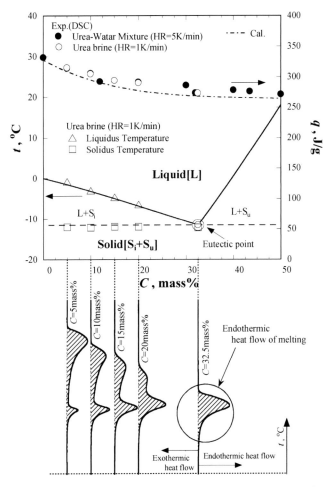

図2　尿素－水混合物質の相平衡状態図（融点図）とDSC曲線[4]

いて固相率を算出することが可能となる。図3に尿素－水混合物質の固相率と温度の関係を示した。固相率はいずれの濃度でも温度の低下とともに増加し、液相線温度付近の増加量は顕著である。なお、図3中に示したp_mは質量百分率に基づく固相率であり、p_vは体積百分率に基づく固相率である。図1, 2に示した融点図は横軸が質量百分率であり、この融点図からはp_mを計算で求めることができる。

　密度の測定により得られた尿素－水混合物質および尿素ブラインの密度およびみかけの密度と温度の関係を図4に示した。図中には以下に示した式(1)より算出した計算値を併記した。

$$\rho' = \rho_L(1-p_v) + \rho_S \cdot p_v \tag{1}$$

ここで、ρ'はみかけの密度、ρ_Lは液相の密度、ρ_Sは固相の密度、p_vは体積百分率に基づく固相率である。

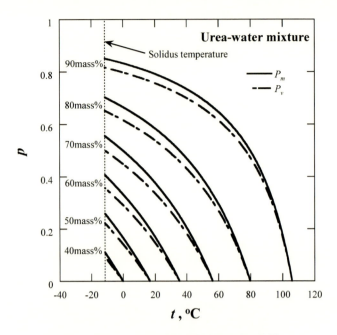

図3 尿素－水混合物質の固相率と温度の関係

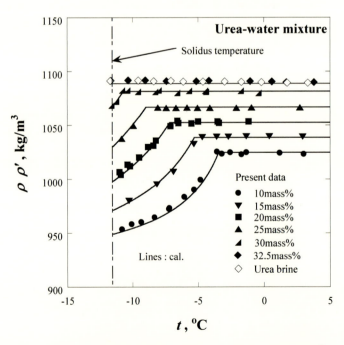

図4 尿素－水混合物質の密度およびみかけの密度と温度の関係[4]

液相の密度は20℃における文献値[5]を用いた。また，固相（氷）の密度は文献[6]より定式化されたものを用いた。尿素 – 水混合物質の場合，液相における密度の温度依存性は顕著ではなく，20℃における文献値との対応が良好であった。液相および固液共存相における実験値と計算値は±0.5％以内で対応した。また，尿素ブラインと共晶点濃度における尿素 – 水混合物質の液相における測定値に顕著な差はなかった。

3　固液共存相における結晶成長

筆者ら[1]はエタノール – 水混合物質の固液共存相における結晶成長の観察を行い，冷却面に発生するマッシー層（固液混合層）とは別に，氷の結晶が液相中に浮遊しながら発生し，成長することを明らかにしている。ここでは，液相中で成長する結晶を浮遊性結晶と呼ぶ。多成分混合物質の固液共存相では，図5(a)～(c)に示した例を代表として様々な混合状態が考えられるが，これらのうち，(a)のように液相中に浮遊性の結晶のみが存在する混合状態を実現することで流動性のある潜熱蓄冷材が作製できると考えられる。

筆者ら[7]は，金属製円筒容器の内壁面を冷却面とし，マッシー層の発生を抑制し，浮遊性結晶を連続生成・成長させることで流動性のある蓄熱・蓄冷材を作製できることを確認している。図6に尿素 – 水混合物質の黄銅製円筒内における浮遊性結晶の連続生成のスケッチ図を示した。冷却面となる金属製円筒を外側から冷却することにより，円筒内側の冷却面近傍から浮遊性結晶が生成する。撹拌を行わない場合，冷却時間の経過とともに冷却面よりマッシー層が生成される。この場合，連続して結晶を生成するためには，何らかの動力を用いてマッシー層を掻き取らなければならず，動力が増大してしまう。図6に示すような撹拌方法で，円筒容器内壁と撹拌羽根の

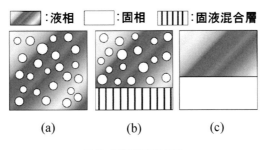

図5　固液共存モデル

図6　浮遊性結晶の連続生成[4]

間に隙間を設けて円筒内を撹拌した場合，撹拌羽根が通過するたびに温度境界層が更新されるため，浮遊性結晶を連続生成するとともに，マッシー層の生成を抑制することができる。

4 流動性のある潜熱蓄冷材

近年，環境負荷の少ないエネルギー源である天然ガス，自然エネルギーなどの利用および省エネルギー技術のさらなる発展が求められている。また，エネルギー供給やその利用形態が変化する方向にあり，熱エネルギーの輸送，貯蔵および利用技術の開発は高度化および複合化が要求されている。現在，氷スラリーを用いて直接的に冷熱を輸送するダイナミック型の氷蓄熱システムが注目されているが，利用可能な温度域は0℃付近の狭い範囲に限定される。これに対し，多成分混合物質の場合，固体と液体が共存する固液共存相が存在し，水と混合した物質の種類や濃度により広い温度域で流動性のある潜熱蓄冷材を機能性流体として利用できる。図7に浮遊性結晶を連続生成して作製した流動性のある潜熱蓄冷材を示した。固相を拡大して観察すると，氷の六角板の結晶および尿素の針状結晶が確認できた。氷スラリーのような単成分系の場合，浮遊性結晶は観察されていない。また，共晶点濃度では固液共存領域が存在しないが，筆者ら[4]は，凍結・融解温度が変化する凍結濃縮が起こらず一定温度で凍結・融解が可能な共晶点濃度（$C=$ 32.5 mass%）の尿素－水混合物質を用いて，撹拌羽根付き二重管式熱交換器内部で，流動性のある潜熱蓄冷材を10時間連続して生成することに成功している。この共晶点濃度での固液二相

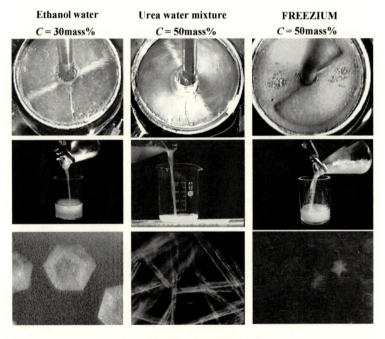

図7 流動性のある潜熱蓄冷材

第1章 流動性のある潜熱蓄冷材

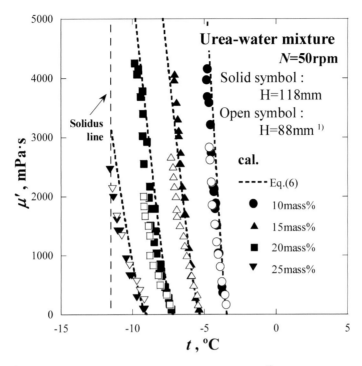

図8 みかけの粘性係数と温度の関係[8]

流を共晶点スラリーと呼んでいる。

図8にみかけの粘性係数と温度の関係を示した。実験中に冷却面へのマッシー層の生成は確認されず，撹拌羽根が滑らかに回転し，液相中に固相が分散した条件下で測定を行った。冷却によって固相線温度に近づくほど固相率が増大し，みかけの粘性係数が高くなっていることが分かる。Einstein[9]は粘性係数η_0の流体に微小粒子が懸濁している懸濁液のみかけの粘性係数ηを計算する式を導いている。懸濁液は一様媒質と考え，粒子形状を球状とした場合，$\eta = \eta_0(1+2.5 p_v)$で表される。筆者らの実験では，Einsteinの式は体積固相率$p_v<0.1$の条件で実験値と良く一致するが，$p_v>0.1$の条件では実験値が計算値よりも大きくなる。氷スラリーのような粒子が球状でなく，粒子の大きさに分布がある固液混合物質のみかけの粘性係数は粘度計では測定が困難であり，測定方法を含めた研究の進展が期待される。

次に，濃度をパラメータとして，尿素－水混合物質の比熱およびみかけの比熱と温度の関係を図9に示した。図中には式(2)から求めた計算値および市販の示差走査熱量分析装置（島津製作所製，DSC-TA60）を用いて求めた既存測定値を併記した。図から分かるように，準定常の状態で測定を行う断熱式カロリーメーターを用いた測定値は計算値とよく一致した。

$$c_p' = L(t) \cdot \Delta p + c_{p,L}(1-p) + c_{p,S} \cdot p \tag{2}$$

ここで，c_p' [J/g・K] はみかけの比熱，$c_{p,L}$ [J/g・K] は液相（残留液相）の比熱，$c_{p,S}$ [J/g・K]

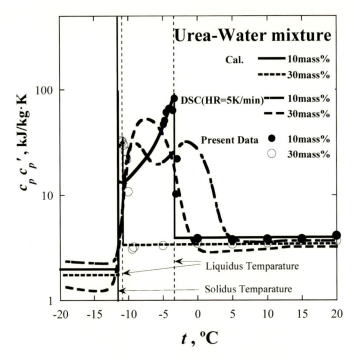

図9 比熱およびみかけの比熱と温度の関係

は固相の比熱，L[J/g] は氷の融解潜熱，p は質量濃度に基づく固相率，Δp[K^{-1}] は1Kあたりの固相率の変化量である。

5 おわりに

筆者らは，LNGの未利用冷熱を有効利用することを目的として，流動性のある潜熱蓄冷材の開発に取り組んで来たが，近年，ダイナミック型の氷スラリーを生成する際にも水溶液を用いることが検討されている。流動性のある潜熱蓄冷材を以下のように分類すると，この技術の過去，現在，未来が見えてくる。今後の発展に期待したい。

第1章　流動性のある潜熱蓄冷材

【氷スラリーから高機能性二次冷媒へ】
氷蓄熱
ダイナミック型（氷スラリー）　*cf.* スタティック型
↓
<u>氷－水溶液スラリー</u>
↑
二成分混合物質を利用した
流動性のある潜熱蓄冷材
<u>固液共存相スラリー</u>
<u>共晶点スラリー</u>
↓
多成分混合物質を利用した
流動性のある潜熱蓄冷材

文　　献

1) 大久保英敏ほか，冷空論，**18**（4），435（2001）
2) 外村琢，大久保英敏，冷空論，**22**（3），307（2005）
3) J. B. Ott *et al., J. Chem. Thermodynamics,* **11**, 739（1979）
4) 外村琢ほか，冷空論，**25**（2），157（2008）
5) 日本機械学会，技術資料 流体の熱物性値集，p.481，日本機械学会（1983）
6) 日本熱物性学会，熱物性ハンドブック，p.479，養賢堂（2000）
7) 大久保英敏，安成優樹，冷空論，**23**（4），525（2006）
8) 外村琢ほか，冷空論，**27**（3），293（2010）
9) ランダウ，リフシッツ，流体力学1，p.83，東京図書（1975）

第2章　I型不凍タンパク質とそれを基にした不凍ポリペプチドの利用

萩原良道*

1　はじめに

　凝固（融解）の潜熱を蓄えるあるいは輸送する目的で，融解する物質の固体粒子を含む液体を利用することが多い。この液体には，安全かつ優れた物性値を有する水がよく用いられる。一方，融解物質としては，カプセルに入れられた化学物質あるいは氷が利用される。融解物質の選定にあたっては，安全性のみならず熱物性値，とりわけ融解温度と融解潜熱が重要な因子となる。

　氷と水の混合体，すなわち氷スラリーの場合には，氷をカプセルに入れないので，融解が進むと氷が小さくなりすぎ，凝固が進むと氷が大きくなりすぎ，物性と流動性が変わる。また，氷の融点は他の融解化学物質のそれと比べて低い。このような短所があるが，氷の融解潜熱は他の物質に比べて高い。したがって，氷スラリーは，状態の制御に注意を要するものの，きわめて有効な潜熱の蓄熱・輸送媒体である。実際に，熱交換器，食品冷却，医療に利用されている[1]。

2　溶質の添加

　氷スラリーの状態の制御，とくに氷粒子の融解の制御には，微量の物質の添加が有効である。熱力学的平衡状態において，溶質が氷に取り込まれない不揮発性物質でかつその濃度が低い場合には，水溶液の凝固点と融点は等しく，かつ溶質のモル濃度（水中でイオンにかい離する物質では，全イオン数に基づく濃度）に正比例して低下する。したがって，適切な物質を適切な濃度になるように添加すれば，氷の融点を制御できる。

3　不凍タンパク質

　近年，上記の溶質の候補として，ある種の魚，昆虫，根菜類，菌類，細菌が有する不凍タンパク質（Antifreeze protein，以下 AFP と略記）あるいは不凍糖タンパク質（Antifreeze glycoprotein，以下 AFGP と略記）が注目されている。一般に，生物内外の水は，温度変化の影響を和らげ，物質の輸送や化学反応の場として働く。水の凝固により，これらの働きが失われるのみならず，体積が増加して細胞が破壊される。AF(G)P は，このようなストレスを回避する

＊　Yoshimichi Hagiwara　京都工芸繊維大学　機械工学系　教授

第 2 章　I 型不凍タンパク質とそれを基にした不凍ポリペプチドの利用

ための生体防御物質である。

　AF(G)P の希薄水溶液の凍結現象は，他の溶質のそれとは異なる。熱力学的準平衡状態（具体的には，温度変化率が 0.074℃/min 以下，界面速度が 0.2 μm/s 以下[2]）における浸透圧計内の微小結晶を含む AF(G)P 希薄水溶液の観察の結果，融点と浸透圧はほとんど変わらず，凝固点は下がることが明らかになった。このことは，融点と凝固点の間の温度において，氷の融解・成長を制御できることを示す。なお，凝固点降下は，AF(G)P の濃度に依存するが，正比例しない[3]。

　さらに，準平衡状態において，AFP とイオン性物質の混合水溶液の凝固点降下は，同じ濃度の AFP 水溶液の凝固点降下とイオン性物質水溶液の凝固点降下の和よりも著しいという相乗効果も明らかになった[3]。このことは，AFP とイオン性物質を微量添加することにより，氷の成長・融解を制御できる温度範囲がいっそう広がることを示している。

4　I 型不凍タンパク質

　これまでに発見されたさまざまな AF(G)P は，I 型，II 型，III 型，IV 型，不凍糖タンパク質などに分類されている[4]。本稿では，最初期に発見され，最も研究が進んでいる冬ガレイ由来 I 型 AFP の主成分である HPLC6 に焦点を絞る。表 1 に，37 残基からなる HPLC6 の一次構造を示す。全体の約 3 分の 2 は疎水性のアラニン残基からなり，11 残基毎に親水性のトレオニン残基がある。二次構造はらせん構造（α-helix）であり，トレオニン残基がらせん軸に平行な直線の近くにほぼ等間隔に並ぶ。

　浸透圧計内の熱力学的準平衡状態における HPLC6 希薄水溶液の微小結晶は，純水中で見られる六角柱形とは異なり，図 1 のような双六角錐形であった[5]。これは，六角柱の軸と角度をなす切断面の成長が遅いことを示す。この面のある方向の格子間隔がトレオニン残基の間隔とほぼ一致することから，トレオニン残基のヒドロキシル基が氷結晶表面の酸素原子に水素結合により固定されることが，面の成長の遅い原因であるという仮説[6]が立てられた。しかしながら，この仮説は，HPLC6 の変異タンパク質を用いた測定結果（トレオニン残基を疎水性バリン残基に置き換えた場合の凝固点降下は，同濃度の HPLC6 水溶液のそれに比べて約 15％しか低下せず，トレオニン残基を親水性セリン残基に置き換えた場合は，凝固点降下をまったく示さなかった[7]）を

表 1　冬ガレイ由来 I 型不凍タンパク質とそれをもとにした不凍ポリペプチドの構造と分子量

物質	一次構造	分子量
冬ガレイ由来 I 型 AFP	DTASDAAAAALTAANAKAAAELTAANAAAAAATAR	3,243 Da
不凍ポリペプチド	DTASDAAAAAL	1,046 Da

D: Aspartate, T: Threonine, A: Alanine, L: Leucine, N: Asparagine, K: Lysine, E: Glutamic acid, R: Arginine

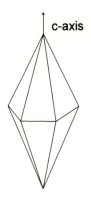

図1　冬ガレイ由来 AFP 水溶液
　　　中の氷結晶形状

十分説明できなかった。したがって現在では，氷結晶成長は近接引力相互作用[8]，疎水性相互作用[9]，あるいは結合水[10]の影響が大きいという仮説がある。

さらに，HPLC6 は氷核生成物質として働くとの仮説もある[11]。秋になると冬ガレイ体内の HPLC6 濃度が必要以上に高くなること，過冷却解消による急激な結晶成長を防ぐために一部の HPLC6 が核となって小さな氷結晶を作る可能性があること，他の HPLC6 が小さな氷結晶の成長を制御することは，生体防御の観点から合理的である。

5　一方向凝固

1節で述べた氷スラリーの利用例では，温度変化率の絶対値と界面速度は3節で述べた熱力学的準平衡状態よりもはるかに高い。したがって，熱力学的準平衡状態の場合に得られた知見だけでは，実際の氷スラリーを AF(G)P により制御できるかは明確でない。そこで，より高い温度変化率と界面速度が実現でき，かつ現象の観察や制御が容易な一方向凝固の実験が行われた。表2の上段に，代表的な実験条件を示す。著者らの水溶液は，他者に比べて厚みが少ない。したがって，界面形状がより二次元的になり，解析や測定を行う上で都合が良い。

HPLC6 水溶液の測定の結果，他者と同様に，刃元部に液体の細長い領域を伴う鋸刃状界面を観察した（図2(a)参照）[15,18]。刃先部の液体温度と刃元部の液体温度の差が刃先と刃元の距離に比例すること[19]，界面近傍の液体の結晶成長と直角方向の熱伝導が顕著であること[15]を明らかにした。また別途，蛍光分子を付与した HPLC6 を用いて HPLC6 の濃度場測定を行い，刃先部から界面に沿って HPLC6 濃度が増加することを明らかにした。これらの結果から，刃元部における HPLC6 濃度の上昇が氷内部に液体領域が残る原因であり，高濃度領域の存在とその移動が直角方向の熱伝導の原因と考えた。

一方向凝固の場合にも，3節に記した相乗効果と首尾一貫する効果が現れること，すなわち刃

第2章 I型不凍タンパク質とそれを基にした不凍ポリペプチドの利用

表2 AF(G)Pおよびイオン性物質の水溶液の一方向凝固実験に関する条件と界面速度

著者	溶質	濃度	溶液の体積 [mm^3]	温度勾配 [K/mm]	界面速度 [μ m/s]
Coger et al.[12]	AFP type I	0.5-20 mg/mL	20, 25 (25 × 25 × 0.032, 0.040)	13-26	0-89
Furukawa et al.[13]	AFGP	0.2 mg/mL	73 (76 × 16 × 0.060)	1.1	3-11
Butler[14]	AFGP	10 mg/mL	36 (22 × 22 × 0.075)	7.5	2-20
Hagiwara, Yamamoto[15]	AFP type I	0.25 mg/mL	11 (25 × 22 × 0.020)	(0.2-0.8)	7.4
Kourosh et al.[16]	NaMnO$_4$	7.1 wt%	3.6 (12 × 12 × 0.025)	2.94-3.81	1.0-9.54
Nagashima, Furukawa[17]	KCl	3.0 wt%	32 (20 × 16 × 0.10)	2.3	1-20
Hagiwara, Aomatsu[18]	AFP type I, NaMnO$_4$, NaCl	0.25, 0.5 mg/mL 0.225, 0.45 wt% 0.45 wt%	11 (25 × 22 × 0.020)	(0.2-0.8)	6-15

上段はAF(G)P水溶液, 中段はイオン性物質水溶液, 下段は混合水溶液

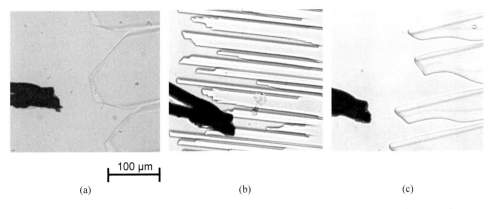

図2 代表的な氷・水溶液界面形状 (a)HPLC6, (b)不凍ポリペプチド, (c)予熱不凍ポリペプチド
いずれの水溶液も濃度は1 mg/mL, 各図の左側の黒い部分は熱電対の接点の影。

先部の氷・混合溶液界面温度が氷・HPLC6水溶液界面温度と氷・イオン性物質水溶液界面温度の和よりも低いことが明らかになった[18]。また, 氷・水溶液界面温度は界面速度に依存した。イオン性物質, HLPC6いずれも単独の水溶液の場合には, 界面速度の増加とともに刃先部の界面温度は低下した。氷の溶質排除効果によりイオン性物質の界面近傍濃度が界面の移動とともに上昇すること, HPLC6とその高濃度領域が界面と相互作用する確率が上昇することがその原因である。ところが, 混合水溶液の界面温度は界面速度の増加とともに上昇した。この原因を探るために, 刃先部前方におけるHPLC6とイオン性物質の濃度分布を調べた[18]。その結果, 氷の成長につれて, イオン性物質の濃度は減少し, HPLC6の濃度は増加した。これらの傾向は, 単独水溶液の場合とはまったく異なる。このことは, イオン性物質の濃度勾配による氷成長方向拡散がHPLC6により抑制されたこと, 同時にHPLC6の拡散がイオン性物質により促進されたことを示している。

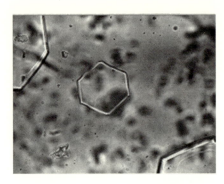

図3　HPLC6 を添加した氷スラリー流中の氷粒子
氷が徐々に成長しつつある場合，濃度は 0.25 mg/mL，
断面平均速度は 0.33 mm/s。

6　氷スラリー流

ごく最近 AFP の製品化がなされたものの，抽出でも化学合成でも AFP は高価であるので，氷スラリー流への AFP の添加については，ほとんど検討されていない。Grandum ら[20]は，内径 6 mm の円管内氷スラリー流に HPLC6 を添加して，圧力損失測定と氷結晶観察を行った。その結果，互いに付着せずかつ再結晶化しない針状氷結晶の存在，その氷結晶の充てん率の増加の可能性，および HPLC6 の耐久性が議論された。

著者のグループは，PDMS とガラスでできた幅 1.0 mm，深さ 0.7 mm，長さ 50 mm の水平微細流路における氷スラリー流への塩化ナトリウムと HPLC6 の添加の影響を調べた[21]。その結果，HPLC6 の添加により氷粒子の凝集（クラスター化）が抑えられ流動性が改善されること，氷粒子クラスターの移流速度は，クラスターのサイズと鉛直方向位置に依存すること，氷粒子クラスターが揺動的に回転することにより周囲の液流が攪拌されることを明らかにした。また，氷が徐々に融解しつつある条件では，HPLC6 が氷表面に存在しつつ，かつ氷粒子の合体が起こること，HPLC6 により融解が抑制されることが得られた[22]。さらに，幅 2.0 mm，深さ 1.0 mm の微細流路における氷スラリー流において，氷が徐々に成長しつつある条件では，六角平板形状（図3参照）を保ったまま，二次元的に成長していく氷粒子が多数観察された[23]。HPLC6 の添加により，氷粒子の成長速度が減少することが得られた。なお，スラリー流の断面平均速度が高いと，氷粒子の成長速度は高くなり，HPLC6 の添加による成長速度の減少は鈍化した。

第2章　Ⅰ型不凍タンパク質とそれを基にした不凍ポリペプチドの利用

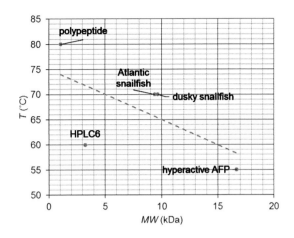

図4　不可逆熱変性の温度と分子量の関係
図中の破線は近似直線。

7　不凍ポリペプチド

　AF(G)Pは高価であるだけでなく，熱，せん断力，高圧，吸着，化学物質などにより変性する。変性の過程で水素結合や疎水性相互作用が失われると，元の状態に戻らず活性を失う不可逆変性状態になる。図4に，不可逆熱変性を生じる温度とAFPの分子量の関係を示す。分子量が高いほど，不可逆熱変性の生じる温度が低い。このような問題を避けるために，さまざまな代替物質が検討されてきた。KunとMastai[24]はHPLC6の一部を基にした3種類のポリペプチドを作製し，熱力学的準平衡状態の水溶液における氷成長抑制効果を明らかにした。

　著者らは，彼らのポリペプチドのうち最も効果が高かったもの（以下，不凍ポリペプチドと呼ぶ）を用いた測定を行ってきた。この不凍ポリペプチドは，図4にPolypeptideと示されているように，AFPに比べて不可逆熱変性する温度が高い利点がある。この不凍ポリペプチドの一次構造を表1に示す。この一次構造は，末端を除いてHPLC6の1番目から12番目の残基による一次構造と同じである。不凍ポリペプチド水溶液の一方向凝固実験の結果，界面形状は鋸刃状ではなく櫛刃状であること（図2(b)参照），また界面温度の低下は同じ質量パーセント濃度ではHPLC6と比べて著しくないことを得た[25]。後者は準平衡状態の結果と首尾一貫する。

　さらに，水平微細流路における氷スラリー流への不凍ポリペプチド添加の影響を調べた[26]。その結果，氷が徐々に融解しつつある条件では，HPLC6添加の場合と同様に，不凍ポリペプチドにより融解が抑制されることが明らかになった。

8　短時間予熱効果

　HPLC6あるいは不凍ポリペプチドの水溶液を不可逆熱変性が生じる温度において数時間予熱し，その後冷却して一方向凝固実験を行った[25,27]。その結果，予想に反して，予熱しない場合に比べて氷成長抑制と水溶液の過冷却状態維持がいっそう顕著になった。また，界面形状はよりHPLC6水溶液の界面形状に近くなった（図2(c)参照）。別途，予熱後の水溶液の分析を行い，予熱しない水溶液中の会合体と比較して，平均体積でHPLC6では3.2倍，不凍ポリペプチドでは16倍の大きな会合体が多数存在した。これら多数の巨大な会合体が，いっそうの氷成長抑制を引き起こしたと考えられる。最近，低温で保存されたⅠ型AFP水溶液の測定の結果，単独のⅠ型AFPと比較して，体積で20倍，活性が10～100倍の'hyperactive'Ⅰ型AFPが発見された[28]。これは，多くのAFPの集合体と考えられ，短時間予熱により生じた会合体は，この集合体と似た性質を持つことが考えられる。

　氷スラリー流に短時間予熱したHPLC6を添加した実験を行った。氷が徐々に融解しつつある条件では，初期の氷粒子が大きいこと，氷粒子のクラスター化が阻害されることを得た[22]。

9　おわりに

　冬ガレイ由来Ⅰ型不凍タンパク質，およびそれを基に作製された不凍ポリペプチドの一方向凝固と氷スラリー流への影響について概説した。これらの不凍物質の氷成長抑制メカニズムは，まだ完全には解明されていない。最適な濃度，温度，予熱の条件も決定されていない。しかしながら，今後，食品産業，医療，潜熱利用エネルギー産業において，これらの物質の添加が，過冷却度と氷結晶成長の制御，およびそれによる減エネルギー化の技術開発に，重要な役割を果たすことは十分期待できる。

謝辞
本稿で紹介した著者の研究成果は，日本学術振興会科学研究費補助金基盤研究(B)(21360097, 24360081)および基盤研究(A)(15H02220)により得られた。ここに記して謝意を表す。

文　　　献

1)　M. Kauffeld *et al.*, *Int. J. Refrigeration*, **33**, 1491 (2010)
2)　H. Chao *et al.*, *Biochemistry*, **36**, 14652 (1997)
3)　R. P. Evans *et al.*, *Comp. Biochem. Physiol. A Mol. Integr. Physiol.*, **148**, 556 (2007)

第2章　I型不凍タンパク質とそれを基にした不凍ポリペプチドの利用

4) 田中正太郎ほか，生物物理，**43**, 130 (2003)
5) A. D. G. Haymet et al., *J. American Chem. Soc.*, **121**, 941 (1999)
6) C. A. Knight et al., *Biophys. J.*, **59**, 409 (1991)
7) W. Zhang & R. A. Laursen, *J. Biol. Chem.*, **273**, 34806 (1998)
8) 灘浩樹，日本結晶成長学会誌，**35**, 161 (2008)
9) A. Jorov et al., *Protein Sci.*, **13**, 1524 (2004)
10) C. P. Garnham et al., *PNAS*, **108**, 7363 (2011)
11) P. W. Wilson et al., *J. Biol. Chem.*, **285**, 34741 (2010)
12) R. Coger et al., *J. Offshore Mech. Arct. Eng.*, **116**, 173 (1994)
13) Y. Furukawa et al., *J. Cryst. Growth*, **275**, 167 (2005)
14) M. F. Butler, *Cryst. Growth Des.*, **2**, 541 (2002)
15) Y. Hagiwara & D. Yamamoto, *Int. J. Heat Mass Transfer*, **55**, 2384 (2012)
16) S. Kourosh et al., *Int. J. Heat Mass Transfer*, **33**, 39 (1990)
17) K. Nagashima & Y. Furukawa, *J. Cryst. Growth*, **209**, 167 (2000)
18) Y. Hagiwara & H. Aomatsu, *Int. J. Heat Mass Transfer*, **86**, 55 (2015)
19) Y. Hagiwara et al., *J. Cryst. Growth*, **312**, 314 (2010)
20) S. Grandum ほか，日本機械学会論文集（B編），**63**, 1770 (1997)
21) Y. Onishi et al., *Proc. 10th Int. Conf. on Phase-Change Materials and Slurries for Refrigeration and Air Conditioning*, 203 (2012)
22) 平和也ほか，第3回生物の優れた機能から着想を得た新しいものづくりシンポジウム論文集（USBメモリー），G2, 3p (2014)
23) 武下雄気ほか，第5回潜熱工学シンポジウム講演論文集，11 (2015)
24) H. Kun & Y. Mastai, *Peptide Science*, **88**, 807 (2007)
25) N. Nishi et al., *Plos One*, **11**, e0154782 (2016)
26) 石川将次ほか，日本機械学会熱工学コンファレンス2015講演論文集（USBメモリー），2p (2015)
27) T. Miyamoto et al., *J. Physics* (2016) to appear
28) L. L. C. Olijve et al., *RSC Adv.*, **3**, 5903 (2013)

第3章 不凍タンパク質の代替物質

稲田孝明*

1 不凍タンパク質の氷スラリーへの応用技術

　寒冷地に生息する生物からは，氷の結晶成長を抑制する効果を持つタンパク質が数多く見つかっている。これらのタンパク質は，不凍タンパク質（antifreeze protein：AFP）や不凍糖タンパク質（antifreeze glycoprotein：AFGP）と総称され（以下ではまとめて AFP と表記する），生体内の水分凍結を防ぐことによって，氷点下での生物の生存戦略に貢献している[1~6]。これまでに微生物，植物，昆虫，魚などで AFP の分子構造が同定されてきたが，その構造は多様であり，生物の種類によって大きく異なる[2~4,6]。

　AFP による氷の結晶成長抑制は，AFP 分子が特定の氷結晶面に不可逆的に吸着することによって生じる Gibbs-Thomson 効果で説明されている[1,4,7,8]。氷結晶面の成長は AFP 分子の吸着によって空間的な拘束を受け，成長の進行に伴って界面の面積が増加するため，界面自由エネルギーの不利が生じ，その結果として成長が抑制される（図1）。結晶成長抑制効果を表す指標としては，熱ヒステリシス（thermal hysteresis）が使われることが多い[9]。熱ヒステリシスは，AFP 水溶液中で氷結晶が成長を開始する温度と，融解を開始する温度との差で定義される（図2）[6]。熱ヒステリシスの大きさは AFP の種類や濃度に依存する。一般に植物，魚などの AFP では熱ヒステリシスは1℃程度と小さいのに対して，微生物や昆虫などの AFP には5~10℃の大きな熱ヒステリシスを示すものがあり[4~6]，これらは hyperactive AFP と呼ばれている[6]。

　氷の結晶成長抑制と関連して，AFP による氷の再結晶抑制効果もよく知られている[1,10,11]。融点近傍の多結晶体では，小さい結晶粒子は縮小し，逆に大きい結晶粒子はさらに大きくなる傾向を持つ。そのため結晶粒子の個数が減少し，結晶粒子の平均的な大きさは増大する。これが再結

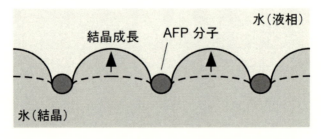

図1　AFP 分子の不可逆吸着による氷結晶成長の空間的拘束

　　＊　Takaaki Inada　産業技術総合研究所　省エネルギー研究部門　主任研究員

第3章　不凍タンパク質の代替物質

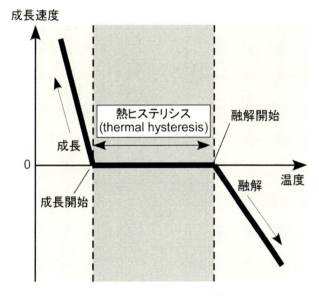

図2　熱ヒステリシスの定義

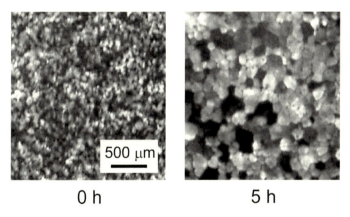

図3　多結晶氷薄膜の再結晶進行の様子（−2℃）

晶と呼ばれる現象である（図3）。寒冷地の植物には，冬季に細胞外で微小な氷結晶を生成しながら生存する種類もある。このような植物では，再結晶の進行が細胞の損傷につながるため，AFPの再結晶抑制効果は重要な役割を果たしている[5]。氷の結晶成長抑制以外のAFPの機能としては，氷の核生成を抑制して水の過冷却を維持する効果や[1,5,12~15]，細胞膜を保護する効果も知られており[3,16,17]，いずれも氷点下の環境で生物が生存する上で重要な役割を担っている。

このようにAFPは寒冷地の生物にとって重要なタンパク質であるが，一方で氷スラリーを冷熱媒体とした蓄熱や熱輸送にAFPの機能を活用する工学的な応用技術も提案されている[18,19]。氷スラリーを貯氷，搬送する際には，時間の経過とともに氷粒子の粗大化が起こり，氷スラリー

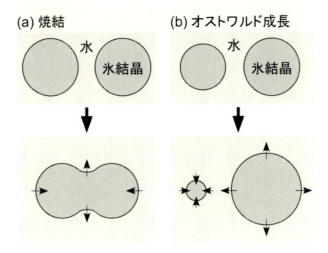

図4 焼結とオストワルド成長

の流動性や熱交換性能の低下を招くため，氷粒子の粒径制御は実用上の課題となっている[18〜23]。氷粒子粗大化の主な要因としては，焼結やオストワルド成長（Ostwald ripening）が挙げられる[19,23]。焼結は複数の結晶粒子が接触して合一する現象である（図4a）。オストワルド成長は，結晶粒子同士が直接接触せずに，小さい粒子が融解して消滅し，大きい粒子が成長する現象で（図4b），基本的な原理は再結晶と同じである。どちらも氷と水の界面自由エネルギーを減少させる方向に進む現象であり，局所的な結晶成長と融解を伴う。したがって，氷スラリー中の氷粒子の粗大化抑制には，AFPの結晶成長抑制効果が有効なことが知られている[19]。

しかし，AFPの利用にはコスト面での課題が残されており[24,25]，現状ではその応用技術は医療や食品の分野などに限定されている[17,24,26,27]。最近ではAFPの大量生産技術や[17,28]，AFPの化学的な合成技術も開発されているが[25,29〜31]，大容量の氷を対象とする分野でのAFP利用技術の実用化は依然として進んでいない。そのため，生物由来のAFPの機能を代替する安価な物質の開発が急務である。

本稿では，氷スラリー中で氷粒子の粗大化を抑制できる物質の候補として，氷の結晶成長を抑制するAFPの機能を代替する物質について，その研究開発動向を紹介する。

2 不凍タンパク質の代替物質

以下では，AFP以外で氷の結晶成長を抑制する物質について，その研究開発動向を紹介する。このような物質はいくつかの解説論文でも紹介されているので，そちらもあわせて参照されたい[30,31]。なお，氷の核生成を抑制する機能を持ったAFPの代替物質についても多くの報告例があるが[32,33]，誌面の制約上，これらは本稿では特に取り上げないこととする。また，AFPの構造に基づいて合成された類似のタンパク質についても数多くの報告例があり，AFPと同様の氷

第3章　不凍タンパク質の代替物質

の結晶成長抑制効果が確認されているが[25, 29~31]，こちらも本稿の対象外として取り上げないこととする。

2.1　ポリビニルアルコール

　氷の結晶成長を抑制する合成高分子については多くの報告例があるが，その中でもポリビニルアルコール（PVA）の効果は特筆に値する。PVA が氷の再結晶抑制効果を持つことは，Knight らによって最初に報告された[11]。その後 PVA の再結晶抑制効果については研究が進み，濃度，分子量，けん化率などの影響が報告されている[34~40]。PVA の再結晶抑制効果に対する濃度，分子量，けん化率の影響の測定例を図5に示す[34]。多結晶氷を－2.3～－2.0℃で5h維持したときの最大の氷粒子サイズで再結晶抑制効果を表記しており，粒子サイズが小さいほど再結晶抑制効果が高いことを意味する。図中の点線は PVA を添加しない場合の結果である。再結晶抑制効果の向上や機能解明を目指して，高分子の分岐を制御した PVA の再結晶抑制効果も調べられており[41, 42]，今後の研究の進展が期待されている。

　PVA は，再結晶抑制効果だけでなく，AFP の結晶成長抑制効果の指標として使われる熱ヒステリシスを持つことも報告されている[43]。ただし PVA の熱ヒステリシスは最大でも 0.04℃ 程度であり，AFP の熱ヒステリシスと比べると1～2桁ほど小さい。また，PVA は氷結晶のモルフォロジーにも影響を与える[19, 35, 43]。氷結晶のモルフォロジー変化は，AFP による結晶成長抑制時にも観察される現象であり，PVA 分子が AFP 分子と同様に特定の氷結晶面に優先的に作用して

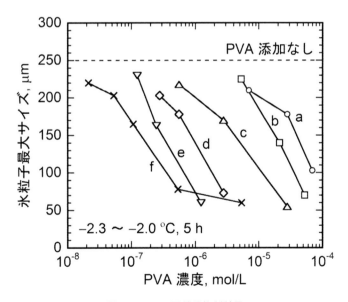

図5　PVA の再結晶抑制効果
(a)分子量 $M=7200$，けん化率 $\eta=0.98$，(b) $M=9000-10000$，$\eta=0.80$，
(c) $M=13000-23000$，$\eta=0.98-0.89$，(d) $M=13000-23000$，$\eta=0.98$，
(e) $M=31000-50000$，$\eta=0.98-0.99$，(f) $M=89000-98000$，$\eta>0.99$。

潜熱蓄熱・化学蓄熱・潜熱輸送の最前線

結晶成長を抑制することを示唆している。なお高濃度のPVA水溶液は低温でゲル化することが知られているが[44, 45]，これまでに再結晶抑制や熱ヒステリシスが確認されている条件においてはPVAのゲル化は起こらないことが確認されており[35, 43]，PVAのこれらの効果とゲル化は無関係と考えられている。

氷スラリー中の氷粒子の粒径制御にPVAによる再結晶抑制効果を応用した例も報告され[19, 46~48]，その効果は十分に実証されている。AFP，PVAおよびNaClを加えた氷スラリーにおいて，氷粒子の粒径変化を測定した例を図6に示す[19]。各添加物の濃度はモル凝固点降下が0.01℃となるように調整してある。NaClの添加は氷粒子の粒径変化に影響を与えず，オストワルド成長によって平均粒径は10 hで約4倍になっている。AFP，PVAを添加するとオストワルド成長は抑制され，10 hでほとんど粒径変化は見られない。PVAの熱ヒステリシスはAFPと比較すると小さいが[43]，氷スラリー中でPVAはAFPと同等の粒径制御効果を発揮している。これは，氷粒子の平均粒径が増大する要因となるオストワルド成長の駆動力が十分に小さく，PVAの小さい熱ヒステリシスでも十分にオストワルド成長を抑制できるためだと考えられる[19]。

PVAによる再結晶抑制効果を利用して，生体物質の凍結保存に向けた研究開発も進んでいる。最近では赤血球の凍結保存などでその効果が実証されており[49, 50]，氷スラリー以外への応用技術も大いに期待される。またPVAは氷の核生成を抑制する効果でも知られており，その効果を利用した生体物質のガラス化保存はWowk，Fahyらによってすでに実用化されている[51, 52]。PVAによるガラス化促進には，氷の核生成抑制効果だけでなく，結晶成長抑制効果も貢献している可能性が指摘されている[53]。

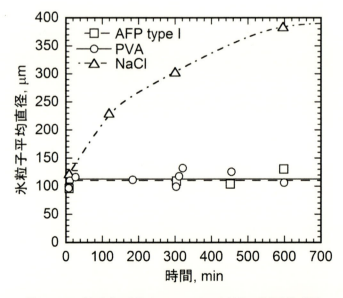

図6　AFP（魚由来I型）とPVAによる氷粒子の粒径制御効果
各添加物の濃度はモル凝固点降下が0.01℃となるように調整。

第3章 不凍タンパク質の代替物質

　以上のようにPVAによる氷の結晶成長抑制効果はよく知られているが，PVAが氷結晶に対してどのように作用しているかは，現状ではほとんど不明である。PVA分子が水中で構造を持つという報告もあるが[54]，タンパク質であるAFP分子が水中で立体構造を持つのと比較すると，PVA分子は水溶液中でそれほど明確な立体構造を持たないと考えられている[38]。PVA分子と氷結晶との相互作用や，PVA分子の水・氷界面での挙動を明らかにすることは，AFPの代替物質としての高分子設計に向けても意義があり，今後の研究の進展が大いに期待されている。一方，PVAは氷以外の結晶成長に対しても抑制効果があり[55]，各種結晶の成長に対するPVAの効果を包括的に調べることによって，氷に対しての作用が明らかになる可能性もある。

2.2　ブロック共重合体

　Mastaiら[56,57]は，いくつかのブロック共重合体によってAFPの結晶成長抑制効果を再現することに成功している。ポリエチレンオキシド（PEO）とポリ2-(2-ヒドロキシエチルエチレン)(PHEE)のブロック共重合体（PEO-b-PHEE）は，氷の再結晶抑制効果に加えて，氷の結晶構造を変化させることも指摘されている[56]。ポリエチレングリコール（PEG）とグリシドールを付加したポリエチレンイミン（PEI-Gly）のブロック共重合体（PEG-b-PEI-Gly）も氷の結晶成長に影響し，再結晶抑制効果を示すと報告されている[57]。さらにPEG-b-PEI-Glyについては，1 mg/mLの濃度で0.83℃と大きな熱ヒステリシスが報告されている[57]。この熱ヒステリシスの値は，PVAと比較して1桁以上も大きい[43]。なおPVAと別の高分子のランダム共重合体では，PVAの単一高分子と比べると，再結晶抑制効果が低下することが知られている[37]。共重合体を用いて氷の結晶成長や再結晶の抑制効果を実現するためには，ブロック共重合体であることが重要であると考えられる。

2.3　その他の高分子

　このほかにも，氷の結晶成長を抑制する高分子はいくつか報告されている。Matsumuraら[58,59]は，ε-ポリ-L-リジンをカルボキシル化した両性電解質高分子（COOH-PLL）を作製し，氷の再結晶抑制効果と氷結晶のモルフォロジーへの影響を確認して，COOH-PLLの細胞凍結保存への有効性を実証している。さらにCOOH-PLLが熱ヒステリシスを示すことも確認している[60]。このほかにも，メトキシエチレン無水マレイン酸共重合体（PMVEMA）から作製した両性電解質高分子にも氷の再結晶抑制効果が確認されているが，その効果はPVAと比較すると弱い[61]。

　前節で紹介したブロック共重合体PEO-b-PEI-Glyの要素の一つである，グリシドールを付加したポリエチレンイミン（PEI-Gly）については，単一高分子としても1 mg/mLで0.69℃と大きな熱ヒステリシスを持つことが報告されている[57]。また，ポリアクリル酸アンモニウム（NH_4PAA）も熱ヒステリシスを示すが，その値は0.03℃と小さい[62]。ポリタルタル酸（PTA）については，氷結晶のモルフォロジーに影響を与える結果が報告されている[63]。そのほか，いく

つかの糖鎖高分子でも再結晶抑制効果があることが確認されている[36]。

2.4 ポリペプチド，タンパク質

　従来報告されている AFP とは異なるペプチド構造を持つ物質においても，氷の結晶成長や再結晶を抑制する効果が確認されているので，いくつかの例を紹介する。ゼラチンを加水分解して得られたポリペプチドは氷の再結晶抑制効果を有することが確認されており，アイスクリームへの応用が検討されている[64～66]。牛血清アルブミン（BSA）にも氷の再結晶抑制効果があることが報告されている[61]。抗酸化機能を持つ生物由来のトリペプチドであるグルタチオンについても，氷の結晶成長抑制効果を示すことが報告されており，比較的大きな熱ヒステリシスも測定されている[67]。合成ポリペプチドでは，ポリ-L-ヒドロキシプロリンが，PVA と同等の再結晶抑制効果を示すことが報告されている[11,36]。

　氷核活性細菌は氷の核生成を促進することで知られるが，そのうち *Pseudomonas syringae*, *Pseudomonas borealis*, *Xanthomonas campestris* は氷の再結晶を抑制する効果も持つ[68,69]。このうち *P. borealis* は，氷結晶のモルフォロジーにも強い影響を与えることが知られている[68]。これらの事実は，氷核活性細菌が氷核活性タンパク質と AFP を同時に作っていることを示唆しているが[68]，もう一つの可能性として，氷核活性タンパク質が氷の再結晶を抑制していることも考えられる[69]。氷の核生成促進効果と再結晶抑制効果は一見まったく逆の現象にも思えるが，AFP も氷核活性タンパク質も氷結晶に作用する性質は共通であり[6,70]，もし氷核活性タンパク質が AFP と同様に再結晶抑制効果を示しているのであれば，たいへんに興味深い現象である。

2.5 糖類

　Ben らのグループでは[31,71]，生体物質の凍結保存への応用を目的として，高分子に比べて分子量の小さい糖類の再結晶抑制効果を系統的に調べている。一般的な単糖類の D-グルコースや D-ガラクトース，二糖類の D-スクロースや D-トレハロースでは，比較的弱い再結晶抑制効果が確認されている[71]。糖鎖を有する界面活性剤のオクチル-β-D-ガラクトピラノシドは，強い再結晶抑制効果を持つ[72]。メトキシフェニル-β-D-グルコピラノシド，ブロモフェニル-β-D-グルコピラノシドなどでも，強い再結晶抑制効果が得られている[73]。一方，これらの糖類の熱ヒステリシスは検出されておらず，氷結晶のモルフォロジー変化も観察されていない。Ben らはこの事実に基づいて，糖類は AFP のように氷結晶に直接作用せず，液相中の水分子の構造に影響を与えることで再結晶を抑制していると解釈している[31,71]。

　Walter らは[74]，昆虫（*Upis ceramboides*）から熱ヒステリシスを示すキシロースとマンノースのオリゴマー（キシロマンナン）を発見した。その後，いくつかの生物から熱ヒステリシスを示すキシロマンナンが見つかっており[75]，キシロマンナンを合成して，その氷に対する効果を明らかにする試みも始まっている[76]。国内でもキシロマンナンを使った冷凍食品への応用技術がすでに実用化しており，注目を集めている[77]。

第3章　不凍タンパク質の代替物質

2.6　酢酸ジルコニウム

Deville ら[78,79]，酢酸ジルコニウムが氷結晶のモルフォロジーに影響を与えることを確認し，氷をテンプレートとした多孔質材料の作製に有効なことを確認している。彼らは，酢酸ジルコニウム分子が氷結晶面上にブリッジ構造で吸着することで，AFP と同様の効果を持つと推察している。最近では，酢酸ジルコニウムと酢酸水酸化ジルコニウムに氷の再結晶を抑制する効果が確認されており，これらは AFP と同じような機能を持つと考えられる[80]。また酢酸ジルコニウムと酢酸水酸化ジルコニウムは氷の結晶成長を極端に遅くする効果を持つが，結晶成長は完全に停止するわけではなく，熱ヒステリシスがあるとまでは言い切れない[80]。

本稿で紹介する AFP 代替物質の中で，酢酸ジルコニウムは唯一の無機物質であり，高分子と比べて分子量が小さいことも特徴的である。またその効果が pH に強く依存する点も興味深く，酢酸ジルコニウムと氷結晶との作用を明らかにすることにより，ほかのさまざまな AFP 代替物質の現象解明に貢献できる可能性もあり，今後のさらなる研究の進展が期待される。

2.7　界面活性剤

最後に，しばしば氷スラリーの凝集抑制に使われる各種界面活性剤について紹介しておく。一般に界面活性剤は固体微粒子の分散剤として使用されており，以前から氷スラリーの分散剤として界面活性剤を利用する試みがあった[20〜22]。界面活性剤が氷粒子の表面に作用することで，氷粒子同士の物理的な凝集を抑制できることもすでに確認されている。また界面活性剤ではないが，シランカップリング剤にも氷粒子の凝集抑制効果が報告されている[81]。しかし，氷粒子の凝集抑制効果を持つ両性界面活性剤のセチルジメチルベタインは[21,22]，PVA と比較するとオストワルド成長の抑制効果がほとんどないことも報告されており[47]，界面活性剤による氷結晶の凝集抑制は，Gibbs-Thomson 効果に基づいた AFP 分子による氷結晶成長の抑制効果とは原理的に異なる可能性がある。

その一方で，先に述べたように，糖鎖を含んだ界面活性剤が氷の再結晶を抑制することが確認されている[72]。ほかにも数種類の界面活性剤で氷の再結晶抑制効果が実証されており[82]，界面活性剤の種類によっては，AFP とまったく同じ効果が現れている可能性もある。

3　おわりに

本章では，AFP の代替物質として，特に氷の結晶成長を抑制する物質についての研究開発動向を紹介した。誌面の制約上，代替物質の個々の特性については必ずしも十分な説明ができたとは言えないが，詳細については本文中に挙げた参考文献を参照されたい。ここでは，熱ヒステリシス，氷の再結晶抑制，氷結晶のモルフォロジー変化に着目して AFP の代替物質の効果を説明したが，これらの効果はいずれも氷の結晶成長が抑制された結果であると考えられる[4,6,11,83]。しかし，再結晶抑制効果を示すものの熱ヒステリシスは検出されない AFP の存在も報告されてお

183

り[84]，それらの効果の相関についてはいまだ議論の余地が残されていることも付記しておく。

　AFPの代替物質の研究開発は，今世紀に入って急速に進んできた。今後もさまざまな応用に向けてAFPの代替物質の探索が続くと予想される。しかし現状では代替物質の探索・設計の指針が確立しているわけではなく，むしろ試行錯誤の末にいくつかの代替物質が提案されている状況と言える。その一番の要因は，AFPの効果自体が完全に解明されていない点にある。中でもAFPと氷結晶との結合に関しては不明な点が多く，AFP分子が氷結晶を構成する水分子と液体中の水分子との違いを認識する機構や，AFP分子と氷結晶面が結合するための相互作用力については，統一的な理解は得られていない[85]。最近では，AFP分子と氷結晶面との直接的な相互作用だけでなく，液体中での水和がAFP分子による氷結晶面の認識に重要な役割を果たしているという考え方も支持されている[86,87]。このような基礎的な知見をAFP代替物質の探索・設計に活かしていく必要がある一方で，物質の分子構造と機能を経験的に関連付けして，再結晶抑制効果を持つAFP代替物質を探索するツールも開発されており[88]，今後ますますAFP代替物質の研究開発が進むことが期待される。

文　　献

1) Y. Yeh & R. E. Feeney, *Chem. Rev.*, **96**, 601 (1996)
2) P. L. Davies & B. D. Sykes, *Curr. Opin. Struct. Biol.*, **7**, 828 (1997)
3) K. V. Ewart *et al.*, *Cell. Mol. Life Sci.*, **55**, 271 (1999)
4) Z. Jia & P. L. Davies, *Trends Biochem. Sci.*, **27**, 101 (2002)
5) M. Griffith & M. W. F. Yaish, *Trends Plant Sci.*, **9**, 399 (2004)
6) P. L. Davies, *Trends Biochem. Sci.*, **39**, 548 (2014)
7) J. A. Raymond & A. L. DeVries, *Proc. Natl. Acad. Sci. USA*, **74**, 2589 (1977)
8) L. M. Sander & A. V. Tkachenko, *Phys. Rev. Lett.*, **93**, 128102 (2004)
9) A. L. DeVries, *Science*, **172**, 1152 (1971)
10) C. A. Knight *et al.*, *Nature*, **308**, 295 (1984)
11) C. A. Knight *et al.*, *Cryobiology*, **32**, 23 (1995)
12) A. Parody-Morreale *et al.*, *Nature*, **333**, 782 (1988)
13) C. B. Holt, *Cryoletters*, **24**, 323 (2003)
14) P. W. Wilson *et al.*, *J. Biol. Chem.*, **285**, 34741 (2010)
15) T. Inada *et al.*, *J. Phys. Chem. B*, **116**, 5364 (2012)
16) B. Rubinsky *et al.*, *Biochem. Biophys. Res. Commun.*, **173**, 1369 (1990)
17) 西宮佳志，津田栄，冷凍，**86**, 551 (2011)
18) S. Grandum *et al.*, *J. Thermophys. Heat Transfer*, **11**, 461 (1997)
19) T. Inada & P. R. Modak, *Chem. Eng. Sci.*, **61**, 3149 (2006)

第3章 不凍タンパク質の代替物質

20) D. Kitamoto *et al.*, *Biotechnol. Prog.*, **17**, 362 (2001)
21) P. R. Modak *et al.*, *HVAC&R Res.*, **8**, 453 (2002)
22) H. Usui *et al.*, *J. Chem. Eng. Jpn.*, **37**, 15 (2004)
23) P. Pronk *et al.*, *Int. J. Refrig.*, **28**, 27 (2005)
24) R. E. Feeney & Y. Yeh, *Trends Food Sci. Technol.*, **9**, 102 (1998)
25) R. Peltier, *et al.*, *Chem. Sci.*, **1**, 538 (2010)
26) M. Griffith & K. V. Ewart, *Biotechnol. Adv.* **13**, 375 (1995)
27) G. Petzold & J. M. Aguilera, *Food Biophys.*, **4**, 378 (2009)
28) 西宮佳志ほか, *Synthesiology*, **1**, 7 (2008)
29) J. Garner & M. M. Harding, *ChemBioChem*, **11**, 2489 (2010)
30) M. I. Gibson, *Polym. Chem.*, **1**, 1141 (2010)
31) A. K. Balcerzak *et al.*, *RSC Adv.*, **4**, 42682 (2014)
32) J. Kasuga *et al.*, *Plant Cell Environ.*, **31**, 1335 (2008)
33) 稲田孝明, 小山寿恵, 冷凍, **86**, 569 (2011)
34) T. Inada & S.-S. Lu, *Cryst. Growth Des.*, **3**, 747 (2003)
35) C. Budke & T. Koop, *ChemPhysChem*, **7**, 2601 (2006)
36) M. I. Gibson *et al.*, *Biomacromolecules*, **10**, 328 (2009)
37) T. Congdon *et al.*, *Biomacromolecules*, **14**, 1578 (2013)
38) C. Budke *et al.*, *Cryst. Growth Des.*, **14**, 4285 (2014)
39) R. C. Deller *et al.*, *Nat. Commun.*, **5**, 3244 (2014)
40) D. E. Mitchell *et al.*, *Sci. Rep.*, **5**, 15716 (2015)
41) L. L. C. Olijve *et al.*, *Macromol. Chem. Phys.*, **217**, 951 (2016)
42) D. J. Phillips *et al.*, *Polym. Chem.*, **7**, 1701 (2016)
43) T. Inada & S.-S. Lu, *Chem. Phys. Lett.*, **394**, 361 (2004)
44) V. I. Lozinsky, *Russ. Chem. Rev.*, **67**, 573 (1998)
45) C. M. Hassan & N. A. Peppas, *Adv. Polym. Sci.*, **153**, 37 (2000)
46) 熊野寛之ほか, 日本冷凍空調学会論文集, **23**, 501 (2006)
47) 鈴木洋ほか, 日本冷凍空調学会論文集, **25**, 185 (2008)
48) H. Suzuki *et al.*, *J. Chem. Eng. Jpn.*, **43**, 482 (2010)
49) R. C. Deller *et al.*, *ACS Biomater. Sci. Eng.*, **1**, 789 (2015)
50) R. C. Deller *et al.*, *Biomater. Sci.*, **4**, 1079 (2016)
51) B. Wowk *et al.*, *Cryobiology*, **40**, 228 (2000)
52) B. Wowk & G. M. Fahy, *Cryobiology*, **44**, 14 (2002)
53) H.-Y. Wang *et al.*, *Cryobiology*, **59**, 83 (2009)
54) H. Li *et al.*, *Macromolecules*, **33**, 465 (2000)
55) R. Kim *et al.*, *Cryst. Growth Des.*, **9**, 4584 (2009)
56) Y. Mastai *et al.*, *ChemPhysChem*, **3**, 119 (2002)
57) E. Baruch & Y. Mastai, *Macromol. Rapid Commun.*, **28**, 2256 (2007)
58) K. Matsumura & S.-H. Hyon, *Biomaterials*, **30**, 4842 (2009)
59) K. Matsumura *et al.*, *Cell Transplant.*, **19**, 691 (2010)

60) D. A. Vorontsov *et al.*, *J. Phys. Chem. B*, **118**, 10240 (2014)
61) D. E. Mitchell *et al.*, *Chem. Commun.*, **51**, 12977 (2015)
62) K. Funakoshi *et al.*, *J. Cryst. Growth*, **310**, 3342 (2008)
63) Y. E. Yagci *et al.*, *Macromol. Rapid Commun.*, **27**, 1660 (2006)
64) S. Damodaran, *J. Agric. Food Chem.*, **55**, 10918 (2007)
65) S. Y. Wang & S. Damodaran, *J. Agric. Food Chem.*, **57**, 5501 (2009)
66) H. Cao *et al.*, *Food Chem.*, **194**, 1245 (2016)
67) C. Zhang *et al.*, *J. Agric. Food Chem.*, **55**, 4698 (2007)
68) S. L. Wilson *et al.*, *Environ. Microbiol.*, **8**, 1816 (2006)
69) H. Nada *et al.*, *Chem. Phys. Lett.*, **498**, 101 (2010)
70) C. P. Garnham *et al.*, *BMC Struct. Biol.*, **11**, 36 (2011)
71) R. Y. Tam *et al.*, *J. Am. Chem. Soc.*, **130**, 17494 (2008)
72) C. J. Capicciotti *et al.*, *Chem. Sci.*, **3**, 1408 (2012)
73) S. Abraham *et al.*, *Cryst. Growth Des.*, **15**, 5034 (2015)
74) K. R. Walters *et al.*, *Proc. Natl. Acad. Sci. USA*, **106**, 20210 (2009)
75) K. R. Walters *et al.*, *J. Comp. Physiol. B Biochem. Syst. Environ. Physiol.*, **181**, 631 (2011)
76) A. Ishiwata *et al.*, *J. Am. Chem. Soc.*, **133**, 19524 (2011)
77) 寳川厚司, 荒井直樹, 化学と工業, **69**, 652 (2016)
78) S. Deville *et al.*, *Plos One*, **6**, e26474 (2011)
79) S. Deville *et al.*, *Langmuir*, **28**, 14892 (2012)
80) O. Mizrahy *et al.*, *Plos One*, **8**, e59540 (2013)
81) K. Matsumoto *et al.*, *Int. J. Refrig.*, **23**, 336 (2000)
82) A. K. Balcerzak *et al.*, *RSC Adv.*, **3**, 3232 (2013)
83) S. O. Yu *et al.*, *Cryobiology*, **61**, 327 (2010)
84) J. A. Raymond *et al.*, *FEMS Microbiol. Ecol.*, **61**, 214 (2007)
85) K. A. Sharp, *Proc. Natl. Acad. Sci. USA*, **108**, 7281 (2011)
86) C. P. Garnham *et al.*, *Proc. Natl. Acad. Sci. USA*, **108**, 7363 (2011)
87) K. Meister *et al.*, *Proc. Natl. Acad. Sci. USA*, **111**, 17732 (2014)
88) J. G. Briard *et al.*, *Sci. Rep.*, **6**, 26403 (2016)

第4章　TBAB水和物スラリー

熊野寛之[*]

1　TBAB水和物

　水和物は、古くから潜熱蓄熱システムにおける蓄熱材[1]として利用されてきた。蓄熱材としては、塩化カルシウム6水和物、硫酸ナトリウム10水和物、酢酸ナトリウム3水和物などが代表的な水和物であり、これらの融点が30～60℃程度であることから、主に暖房用の蓄熱材として利用されている。一方、冷房用途に最適な5～12℃程度で相変化する蓄熱材として、近年注目を集めているのが、4級アンモニウム塩の水和物である。その一つが、臭化テトラブチルアンモニウム（TBAB）から形成される包接水和物[2]である。

　先に述べた水和物は、通常、結晶として生成されることになるが、その生成条件によっては、微細な水和物結晶が生成され、水または水溶液を連続相としてスラリーを形成する物質がある。スラリーとは、微細な固体と液体の2相混合物をいい、固体が水和物結晶であることから、このスラリーをここでは水和物スラリーと呼ぶこととする。水和物スラリーは、高い流動性を有しているため、配管内などを流入させることにより、冷熱を直接搬送することが可能となり、潜熱を利用できることから高い蓄熱密度を持つために、搬送動力の低減やシステムの小型化が可能となる。さらに、空調に適した温度で相変化する水和物スラリーを蓄熱材として利用することにより、より効率的な空調が可能となる。そのため、水和物スラリーに関して空調利用の観点から多くの研究がなされ、すでに報告されている物質としては、臭化テトラブチルアンモニウム（TBAB）[3～5]の他、フッ化テトラブチルアンモニウム（TBAF）[6]、トリメチロールエタン（TME）[7]、シクロペンタン[8]などの水和物がある。これらの水和物では、一般に、静止水中で生成した場合には大きな水和物結晶が生成され、スラリーとならない。しかしながら、水とゲスト分子となる物質の混合物を撹拌しながら冷却して水和物を生成することにより、水和物スラリーとなる。例えば、TBAB、TBAF、TMEなどは、ゲスト分子となる固体を水に溶解させた後、水溶液を撹拌しながら冷却することによりスラリーを生成する。また、シクロペンタンの場合には、シクロペンタンが水に難溶であるために、エマルションを形成した後に冷却することにより、水和物スラリーを生成することが可能である。

　本章では、近年、冷房用潜熱蓄熱材として注目されているTBAB水和物およびTBAB水和物スラリーについて、その特徴、生成方法、輸送特性などについて概説する。

---

[*]　Hiroyuki Kumano　青山学院大学　理工学部　機械創造工学科　教授

2 TBAB 水和物の特徴

TBAB 水和物は，ゲスト分子となる臭化テトラブチルアンモニウム（TBAB）と，ホスト分子となる溶媒の水から形成される。TBAB は水に可溶であり，TBAB 水和物は TBAB 水溶液を冷却することにより生成される。ここで用いる TBAB は，常温常圧下において安定な，白色粉末状の物質であり，適用される法令もない比較的安全な物質である。水溶液の濃度や温度によって水和物スラリーの特性が決定されるため，ここでは水和物の存在する条件などの特徴について述べることとする。

先にも述べたとおり，TBAB 水和物の大きな特徴の一つが，生成条件によって，スラリーを形成することである。そのため，冷熱の直接搬送が可能となる他，高い蓄熱密度が得られるために，代替フロンなど既存の冷媒の削減を目的とした2次冷媒としての利用が期待されている。TBAB 水和物スラリーの概観を図1に示す。微細な水和物結晶のため，白濁していることがわかる。また，高い流動性を保持していることもわかる。

次に，TBAB 水和物の生成条件を把握するため，水和物スラリーの温度とスラリー中の液相濃度の関係を求めた。三角フラスコに初期濃度が 10〜30％の TBAB 水溶液を充填して恒温槽内で攪拌しながら冷却してスラリーを生成し，平衡状態になるまで十分な時間保持した後，その時の温度とスラリーを形成する液相の濃度を測定した。得られたスラリー中の液相の濃度と平衡状態における温度の関係を図2に示す[5]。それぞれの記号が TBAB 水溶液の初期濃度を示しており，異なる初期濃度から生成された水和物でも温度と液相濃度に大きな違いはないことから，同様の平衡状態に達していることがわかる。これより，平衡状態の温度と液相の濃度の関係は，水溶液の初期濃度に依存しないことがわかる。また，濃度と温度変化に2系列の平衡状態が存在することから，2種類の水和物が存在することも確認できる。ここでは，高濃度で生成されるものをタイプ A，低濃度で生成されるものをタイプ B と定義することとする[9]。また，図2については，福嶋ら，Oyama らによっても同様の傾向が報告されている[3,9]。また，得られた水和物スラ

図1　TBAB 水和物スラリーの外観

第4章　TBAB水和物スラリー

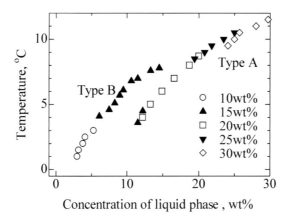

図2　スラリー中の液相濃度と温度の関係

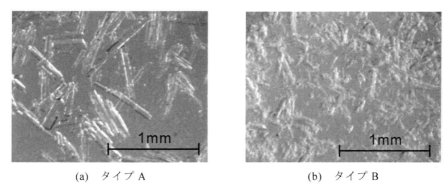

(a)　タイプA　　　　　　　　　(b)　タイプB

図3　水和物スラリーの顕微鏡写真

リーの顕微鏡写真を図3に示す[10]。それぞれの写真より，平均的な大きさが，0.1mm程度の微細な水和物結晶が生じていることがわかる。また，タイプAの結晶は針状をしているのに対し，タイプBの結晶は複雑な形状をしていることがわかる。

　2種類の水和物の違いを把握することを目的として，水和数の測定がなされている。水和数とは，1つのゲスト分子に対するホスト分子の数であり，TBAB水和物の場合，TBAB分子1つに対する水分子の数となる。各研究者による水和数の測定結果を表1に示す。測定方法は，各研究者により異なっており，Oyamaらは，様々な濃度の水溶液から水和物を生成し，その融点を測定することにより，図2と同様な相図を作成し，融点が極値をとる濃度から水和数を算出している[9]。また，熊野らは，水和物スラリーを生成した後，吸引濾過によって水和物のみを取り出して融解させ，濃度を測定することにより水和数を算出している[5]。さらに，Asaokaらは，凝固点以下に保たれた低温室内で，TBAB水溶液の液滴を平板上に落下させることにより，大きな水和物結晶を生成し，それを融解させて濃度を計測することにより，水和数を算出している[12]。研究者によって，測定値にばらつきはあるものの，タイプAおよびタイプBの水和物の

表1 各研究者による水和数と潜熱量の測定結果

		生越ら[11]	Oyama et al.[9]	熊野ら[5]	Asaoka et al.[12]
タイプA	水和数	26	26	29	35
	潜熱 (kJ/kg)	193	193.2	215	210 ± 10
タイプB	水和数	36	38	44	47
	潜熱 (kJ/kg)	205	199.6	215	224 ± 15

水和数は，それぞれ30および40程度であることがわかる。

蓄熱材の特性として重要なものの一つに潜熱量があり，これについてもいくつかの報告がなされている。各研究者による潜熱量の測定結果を表1に併せて示す。研究者により，測定法が異なり，Oyamaら[9]はDSCを用いて，熊野ら[5]はTBAB水和物スラリーを加熱し，その際の熱量と温度変化の関係から求めている。また，Asaokaら[12]は，水和数の測定と同様な方法で比較的大きな水和物結晶を生成し，それを水溶液中で融解することにより潜熱の測定を行っている。いずれの結果も，タイプAおよびタイプBの水和物の融解潜熱が，それぞれ200 kJ/kg程度であることがわかる。この他，DSCを用いて相変化温度近傍での水和物の比熱が測定され，いずれも，2.5 kJ/(kg·K) 程度との報告がなされている[9]。さらに，水和物結晶の密度については，生越らにより報告がなされており，タイプAおよびタイプBの密度は，それぞれ1.08×10^3 kg/m^3，1.03×10^3 kg/m^{3}としている[11]。

水和数，融解潜熱など，いずれの物性値についても，研究者によってその測定結果が異なり，蓄熱システムの設計のためにも，さらなる詳細な検討が必要であると思われる。

3　TBAB水和物スラリーの生成特性

水和物を生成するためには，水溶液の初期濃度に対して，図2で示した水和物の存在する温度以下に冷却する必要がある。水を凝固させる場合などと異なり，包接水和物はゲスト物質を取り込みながら成長するため，例えばガスハイドレートのような場合には，気液界面に生成したハイドレート層が水とガスとの接触を阻害することにより，連続的なハイドレートの成長は難しくなる。TBAB水和物の場合にも，TBAB水溶液中で水和物結晶が成長する際，ゲスト物質が水和物に取り込まれながら成長するため，物質拡散が速やかに進行しない場合には，結晶の成長速度は著しく小さいものとなる。そこで，比較的大きな結晶を生成する場合には，Asaokaら[12]のように，凝固点以下の低温室内でTBAB水溶液を滴下しながら，結晶を成長させるなどの方法が必要となる。

TBAB水和物をスラリーとして生成する場合には，攪拌などを行いながら水溶液を冷却することにより，微細な水和物結晶を生成することが可能である。実験室レベルで生成する場合には，ビーカーなどにTBAB水溶液を注入後，スタラーなどを用いて攪拌しながらTBAB水溶液を冷却することにより，水和物スラリーを生成することができる。また，蓄熱システムなどで多量に

第4章　TBAB水和物スラリー

水和物スラリーを生成する場合には，水溶液を貯槽タンク内で冷却することにより生成される。この際，冷却壁面に水和物結晶が付着するために，壁面をスクレイパーで掻き取りながら生成する方法が一般的と考えられる。壁面上で生成されたTBAB水和物を剥離させる際の特性については，大徳らによりスクレイパーの形状による違いなど，詳細な検討がなされており[13,14]，初期に生成される水和物の場合には非常に剥離しやすいのに対し，初期生成後の水和物は大きな付着力を有していることが報告されている。また，冷却速度などによっては，スラリーを形成する水和物結晶の大きさも異なるため，生成条件に応じたスラリーの生成方法の確立が必要となる。

　また，水和物を生成する際の特徴として，大きな過冷却を生じることが挙げられる。過冷却とは，液体の凝固点以下となっても凝固しない現象をいい，水和物を形成する水溶液の場合には，水和物が生成する温度（相平衡温度）以下となっても，水和物が生成せずに水溶液の状態を保持することをいう。一般に水などでも条件によっては大きな過冷却を生じることが知られており，また，TBAB水和物に限らず，他の水和物でも生成時に過冷却現象を生じることが報告されている[15]。実際に，水和物スラリー生成時の過冷却状態と水和物が生成した時の温度変化を図4に示す。これは，20 wt%のTBAB水溶液を5℃に保持した場合の温度変化である[5]。20 wt%のTBAB水溶液の相平衡温度は，図2から約8℃であり，時刻0秒において試料は水和物を生成する前の水溶液の状態であり，水和物の生成温度より低い温度に保持されているために，3 K程度の過冷却状態となっている。その後，約300秒において，1回目の過冷却解消が生じ，水和物が生成される。ここでは，タイプAの水和物が生成されることがわかっている。その後，徐々に温度が低下しながら，水和物の量が増加する。さらに，およそ2,000秒において2回目の過冷却解消が起こる。これは，タイプAの水和物の生成により，同時に濃度が低下して12 wt%程度となり，タイプBの水和物に対して過冷却状態となるために，タイプBの水和物が生成することとなる。この際，タイプA水和物は速やかに消滅する。以上のように，TBAB水和物は，生成条件の異なる2種類の水和物が存在するために，特異な過冷却状態を推移しながら，水和物が生成する特徴がある。そのため，蓄熱材として利用する場合にも，TBAB水溶液の初期濃度や温

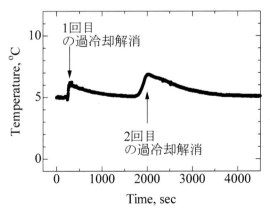

図4　過冷却解消時の温度変化

度などを適切に管理する必要がある。

　蓄熱システムなどで水和物スラリーを利用する場合，水和物生成時に先に示した過冷却現象が生じると，相平衡温度に対して十分に低い温度まで冷却する必要があり，冷凍機の成績係数(COP)の低下が免れない。そのため，過冷却状態をいかに回避するかが性能向上のために必要となる。過冷却状態を回避する最も簡単な方法は，冷却した水溶液中に微量の水和物結晶を投入することであり，過冷却を速やかに解消することができる[16]。しかしながら，常に水和物結晶を保持しておく必要があり，そのためにエネルギーの投入が不可欠である。そこで，水溶液中から自発的に水和物の生成を誘発する方法の一つとして，微粒子を添加することにより水和物結晶を生成する方法も提案されている[17]。また，水溶液中に電極を挿入し，電極間に電圧を印加することにより，TBAB水溶液の過冷却を解消させることができるとの提案がなされている[18]。ここでは，電極間に電圧を印加したことにより生成物が生じ，この生成物が核となり水和物の生成を誘発することがわかっている[19]。しかしながら，この生成物の特定はなされておらず，今後のさらなる検討が必要である。

4　TBAB水和物スラリーの流動特性と熱伝達特性

　既に述べたとおり，TBAB水和物スラリーは，高い流動性を有しているために，配管によって直接搬送できるだけでなく，熱交換器に流入させることも可能となる。蓄熱システムの設計のためには，水和物スラリーの流動特性や熱伝達特性の把握が不可欠である。これまで，流動および熱伝達挙動について，Darbouretら[20]，Maら[21,22]により，円管およびプレート式熱交換器における流動および熱伝達挙動について検討がなされている。ここでは，Kumanoらによって得られた流動および熱伝達挙動の測定例を示すことにより，TBAB水和物スラリーの流動および熱伝達特性について概説する[10,23]。

　図5に，直径が7.5 mmの配管に，TBAB水和物スラリーを流入させて圧力損失の測定を行った際の，固相含有率と圧力損失の関係を示す。試料は，タイプAの水和物を用いている。ここで，Re数は，スラリー中の液相の動粘度に基づいて算出されたものであり，図5(a)は，層流の条件における圧力損失，図5(b)は，乱流条件下における圧力損失を示している。また，図中に線で示しているものは，TBAB水溶液のみの圧力損失である。図より，層流条件下では，固相含有率が増加するに従い，圧力損失が大きくなっていることがわかる。これは，スラリー中の固相の割合が増加することにより，見かけの粘度が増加することに起因する。一方，乱流条件下では，固相含有率が増加しても，圧力損失はほとんど変化せず，TBAB水溶液の場合とほとんど同じであることがわかる。また，タイプBの水和物でも同様の傾向が得られた。

　また，Kumanoらの検討によると，配管の直径や流速を変化させた場合の結果から，層流域におけるTBAB水和物スラリーは，単純に固相含有率のみで見かけの粘度が決定されないこと，またニュートン流体として取り扱えないことが明らかとなった。ここで，ニュートン流体を含め

第4章 TBAB水和物スラリー

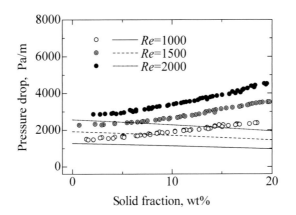

(a) 層流

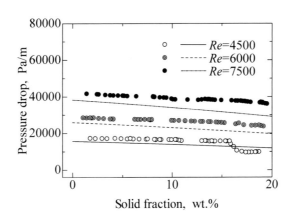

(b) 乱流

図5 TBAB水和物スラリー（タイプA）の固相含有率と圧力損失の関係

た各種の流体の，層流条件におけるせん断速度とせん断応力の概略を図6に示す。一般に，水などに代表される流体は，せん断速度とせん断応力が線形の関係にあり，ニュートン流体として取り扱え，この傾きが粘性係数に相当する。非ニュートン流体は，せん断速度などにより粘度が変化するなどの特性を持っており，せん断速度の増加とともに粘度が増加するダイラタント流体，せん断速度の増加とともに粘度が低下する擬塑性流体などに分類できる。

ここでは，べき乗則モデルとして，見かけのせん断速度と壁面のせん断応力 τ_R が式(1)で表現できるものとして，TBAB水和物スラリーの流動特性について評価を行った。

$$\tau_R = \frac{D \Delta p}{4L} = K' \left(\frac{8 u_m}{D} \right)^{n'} \tag{1}$$

ここで，D は配管直径，$\Delta p/L$ は配管単位長さ当たりの圧力損失，u_m は流体の平均流速を表す。

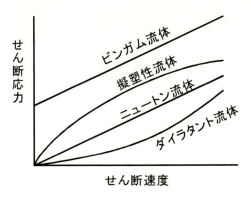

図6 各種流体のせん断速度とせん断応力の関係

また，n' および K' は，流体の特性によって決定される係数である。ここで，n' が1であればニュートン流体，n' が1より大きければダイラタント流体，n' が1より小さければ擬塑性流体として扱える。圧力損失の測定結果を用いて固相含有率ごとに n' の値を求めると，固相含有率の増加とともに，n' は減少し，タイプAの水和物の含有率が15％の時に0.7程度，タイプBの含有率が15％の時に0.6程度となり，TBAB水和物スラリーが擬塑性流体としての挙動を示すことがわかった。これらの特性は，配管の直径などに依存せず，流体の特性として決定されるものと報告されている。すなわち，水和物スラリーの生成条件などによってもこれらの特性は変化するものと考えられ，蓄熱システムの設定条件に合わせて，これらの特性を把握する必要があるものと思われる。

また，Kumanoらにより，水和物スラリーを流入させた直径7.5mmの円管を80cmにわたって加熱した場合の，融解熱伝達特性について検討が行われた[23]。図7に層流条件および乱流条件におけるTBAB水和物スラリーの固相含有率と熱伝達係数の関係を示す。試料は，タイプAの水和物であり，加熱開始位置から下流へ70cmの位置における，熱伝達係数を示している。また，線で示してあるのが，経験式より求めたTBAB水溶液の単相の場合の熱伝達係数である。図より，層流の場合には，熱伝達係数が単相の場合と比較して，大きくなっていることがわかる。また，固相含有率が高くなるほど，その傾向が顕著になることがわかる。これは，層流の場合には，周囲からの加熱によりスラリー中を温度変化している領域が大きく，その領域内に水和物結晶が入り込み，水和物の融解潜熱のために温度が低下することにより，熱伝達係数が増加したものと考えられる。一方，乱流条件の場合には，単相の場合と比較して，それほど大きな違いはなく，単相流体と同様な傾向を示していることがわかる。これは，乱流条件では，スラリー中で温度変化する領域が小さく，水和物結晶の影響を大きく受けないためであると考えられる。

以上のことから，層流条件下で融解させることにより，熱負荷に対して高い追従性が得られることがわかり，これらの特性を十分に把握することで，効率的な熱交換が可能になることを示唆している。

第4章 TBAB水和物スラリー

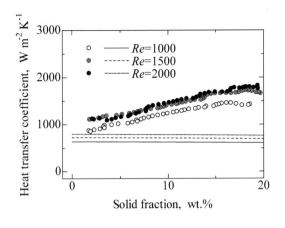

(a) 層流

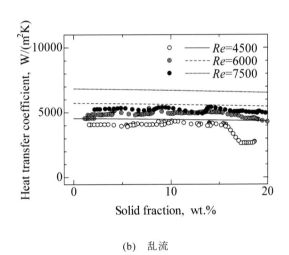

(b) 乱流

図7 TBAB水和物スラリー（タイプA）の固相含有率と熱伝達係数の関係

5 まとめ

　TBAB水和物スラリーを利用した潜熱蓄熱システムの最大の利点は，その相変化温度が，空調用途に適している点である。TBAB水和物の相変化温度は，水溶液の初期濃度に依存するものの，5℃から12℃程度であり，冷房用途の最適な温度となっている。また，水和物がスラリーを形成するために，冷熱を直接搬送することが可能となり，システムの小型化やポンプ動力の削減が可能となる。その有効性を示すために，統計データに基づいて，TBAB水和物スラリーを空調に利用した場合の消費電力などの試算が報告されている[24]。それによると，TBAB水和物スラリーを使用したシステムでは，蓄熱を用いない場合の空調システムと比較すると，TBABが比較的高価であるために，初期費用は大きくなるものの，消費電力，年間運転費用が半分程度

になるとの試算がなされている。このように，TBAB水和物スラリーを用いたシステムの有効性は示されているものの，十分に普及しているとは言えないのが現状である。今後の普及に向けては，システムの高効率化等，さらなる技術革新が必要であると思われる。

文　　献

1) 甲斐潤二郎, エネルギー・資源, **4** (4), 334 (1983)
2) R. McMullan & G. A. Jeffrey, *J. Chem. Phys.*, **31**, 1231 (1959)
3) 福嶋信一郎ほか, NKK技報, **166**, 65 (1999)
4) 高雄信吾ほか, NKK技報, **174**, 6 (2001)
5) 熊野寛之ほか, 日本機械学会論文集 (B), **72**, 3089 (2006)
6) 水島隆成ほか, 日本冷凍空調学会論文集, **24** (2), 149 (2007)
7) H. Suzuki et al., *Rheol. Acta*, **46**, 287 (2006)
8) M. Nakajima et al., *Ind. Eng. Chem. Res.*, **47**, 8933 (2008)
9) H. Oyama et al., *Fluid Phase Equilibria*, **234**, 131 (2005)
10) H. Kumano et al., *Int. J. Refrigeration*, **34**, 1953 (2011)
11) 生越英雅ほか, JFE技報, **3**, 1 (2004)
12) T. Asaoka et al., *Int. J. Refrigeration*, **36**, 992 (2013)
13) 大徳忠史ほか, 日本冷凍空調学会論文集, **23** (4), 509 (2006)
14) 大徳忠史ほか, 日本機械学会論文集 (B), **73**, 594 (2007)
15) 木村寛, 日本結晶成長学会誌, **7** (3), 215 (1980)
16) 公開特許公報, 特開 2002-349909
17) 公開特許公報, 特開 2002-62073
18) H. Kumano et al., *Int. J. Refrigeration*, **35**, 1266 (2012)
19) 熊野寛之ほか, 日本冷凍空調学会論文集, 投稿中
20) M. Darbouret et al., *Int. J. Refrigeration*, **28**, 663 (2005)
21) Z. W. Ma et al., *Int. J. Heat Mass Transfer*, **53**, 3745 (2010)
22) Z. W. Ma et al., *Int. J. Refrigeration*, **34**, 796 (2011)
23) H. Kumano et al., *Int. J. Refrigeration*, **34**, 1963 (2011)
24) I. Tanasawa et al., *Proc. of 12th Int. Heat Transfer Conf.*, in CD-ROM (2002)

第5章　無機水和物スラリー

鈴木　洋*

1　はじめに

　潜熱を保有する微粒子を熱輸送媒体に分散させて輸送する潜熱輸送システムは，熱密度が高いため，水などを用いた顕熱輸送システムと比較して，需要を満たす熱量を輸送するための流量を大きく減ずることが可能となる。ポンプ動力は流量のおよそ3乗に比例するため，流量を減ずることによって熱輸送にかかわる輸送動力を大きく減少する。このことから地域冷暖房やビル空調などに多くの潜熱輸送素材および技術が提案され，研究されている。従来では氷を輸送する技術[1~3]が注目されていたが，冷房用途では温度域が低すぎるため，近年では臭化テトラブチルアンモニウム水和物[4,5]のような有機包接型水和物[6,7]やエマルジョン[8]を用いた潜熱輸送が主流となっている。しかしながらこれらの技術においても10℃程度の冷熱を輸送することを目指したものであり，冷房用途に限定される。

　我が国の民生部門においては，冷房に用いられるエネルギーの割合は，民生で用いられているエネルギーのせいぜい5%程度であり，これらの省エネルギーは大きなCO_2削減効果が得られない。一方で暖房および給湯に用いられるエネルギーは民生の消費エネルギーの50%以上にものぼり，30~50℃近傍の熱の供給を省エネルギー化することが重要な課題である。一方で，30~50℃程度の廃熱の賦存量は膨大であるにもかかわらず，現状では輸送する技術がないために，河川や海に廃棄している。これらの熱を輸送すれば民生の熱エネルギー消費は大きく減ずることが可能である。

　この現状があるにもかかわらず，現在まで30~50℃の中温系廃熱を輸送する潜熱輸送技術がほとんど開発されていないのは，この用途に用いることができる素材開発に難しさがあるからである。本稿では無機水和物を潜熱保有微粒子として用いる方法について概説する[9~11]。

2　無機水和物スラリー

　無機水和物は潜熱蓄熱材として比較的広く用いられるものである。特に35℃近傍から100℃近傍までのラインナップが実用化されており，比較的安価で安定な物質であるので，暖房用途のみではなく，高温系プロセスの熱回収等，工業用途でも用いられている。一例を表1に示す[12]。しかしながら無機水和物には腐食性の問題と，過冷却が大きい欠点がある。また水分子と分離する

＊　Hiroshi Suzuki　神戸大学　大学院工学研究科　応用化学専攻　教授

表1 蓄熱用無機水和物[12]

物質	融点（℃）	潜熱（kJ/kg）
$Al_2(SO_4)_3 \cdot 10H_2O$	112	182
$NH_4Al(SO_4)_2 \cdot 12H_2O$	94.5*	251*
$NaCH_3COO \cdot 3H_2O$	58	264
$Na_2HPO_4 \cdot 12H_2O$	35	281
$CaCl_2 \cdot 6H_2O$	29.9	192

*実測値[11]

場合があり，その場合水和数が変化し，相転移点が変化するのみならず十分な潜熱が得られない場合があるので，その長期的利用には工夫を要する。

　無機水和物を微粒化して，水中に分散させることで中温系の潜熱輸送が可能となる。その場合には，流動中に与えられる圧力変動によって，過冷却は効率的に解消される。また十分な水分子が無機塩の周りに存在するので，分離も問題にならない。しかしながら一般に無機塩は水への溶解度が大きく，溶解度以上の濃度を水中に投入しないと潜熱が得られない欠点がある。多くの無機塩の溶解度は温度が低下すると低下する。例えば50℃付近で相転移する無機塩が50℃で40 wt％溶解すると仮定すると，15 wt％の潜熱保有微粒子を得るためには55 wt％まで無機塩を水中に投入する必要がある。一方で常温において物質が10 wt％しか水に溶けないとすると，45 wt％もの固体が析出する。低温系の潜熱輸送素材は，常温ではすべて融解するので，完全に液体となるが，暖房用素材は一旦装置を停止させると多くの固体が析出し，そのため再起動が難しくなる。このことが中温系潜熱輸送が実用化されない大きな理由である。また相転移点は無機塩の水に対する濃度によって変化する。例えば後述するアンモニウムミョウバンは本来95℃付近に相転移点を有するが，35 wt％では51℃で相転移する。さらに水の脱酸素が容易ではないので，腐食の問題は別途解消しなくてはならない。

3　リン酸水素2ナトリウム12水和物スラリー

　リン酸水素2ナトリウム12水和物（$Na_2HPO_4 \cdot 12H_2O$）は，食品添加物であり，毒性が低い。また純物質の相転移点は35℃であり，281 kJ/kgの潜熱を有しているので，中温系潜熱輸送素材として有望である。しかしながら水に対する溶解度が大きく，そのままでは多くの潜熱を輸送することができない。

　ここでは溶解度を低下させることによって十分な潜熱量を輸送する手法について紹介する。それは溶解度が小さい液体と水との混合媒体を用いる方法である。具体的にはリン酸水素2ナトリウムは水に対する溶解度は大きいがエチレングリコールに対してはほとんど溶解しない。そこでリン酸水素2ナトリウムを，水とエチレングリコールとの混合媒体に溶解させることによって，溶解度を低下させる。図1は混合媒体に対する溶解度を示す。ここでξ［-］は混合媒体におけ

第5章　無機水和物スラリー

るエチレングリコールの重量割合である。リン酸水素2ナトリウムは水に対して大きな溶解度を示す。例えば35℃での15 wt％の潜熱保有物質を確保するためには，70 wt％もの投入量が必要である。一方で常温（25℃）では急激に溶解度が低下し，60 wt％もの固体が析出する。結果としてスタートアップ時における流動性は確保できない。溶媒を混合媒体とした場合には，その混合割合に応じて溶解度が低下する。これによって常温時の固体析出を抑制することが可能となり，低濃度で十分な潜熱量を確保することが可能となる。一方でリン酸水素2ナトリウム水和物の相転移点は濃度に強く依存する。図2に水および混合媒体を分散媒として用いた場合の相転移

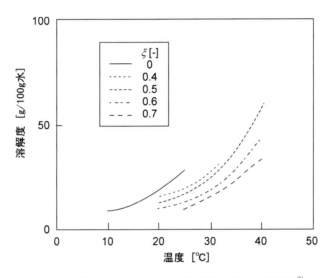

図1　リン酸水素2ナトリウムの混合媒体に対する溶解度[9]

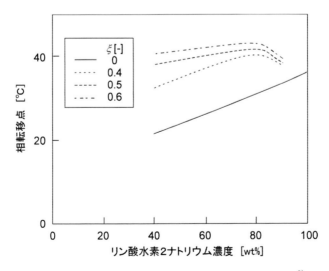

図2　混合媒体中でのリン酸水素2ナトリウムの相転移点[9]

点を示す。ここで混合媒体を用いた場合の濃度は水に対しての濃度を示す。溶媒が水である場合には濃度低下に従って単調に相転移点が低下するが，混合媒体に対してはいずれも高濃度で純物質の相転移点より高い値を示す。またエチレングリコールの混合割合ξに応じて相転移点が大きくなる。これはリン酸水素2ナトリウムの水和数が異なるためであると考えられる。特にξ＝0.7以上の場合では潜熱が得られない。したがって無機塩の周囲に十分な水分子を確保する条件での運用が重要であると思われる。

4 アンモニウムミョウバンスラリー

無機水和物を低濃度で用いる別の方法として，ターゲットとする温度より高温で相変化する物質を低濃度で用いる方法がある。アンモニウムミョウバン（硫酸アルミニウムアンモニウム12水和物）は漬け物等に用いられる食品添加物として知られる。リン酸水素2ナトリウムと同様に安価であり，固液相変化で251 kJ/kgの潜熱を吸収・放出する。この物質は純物質においては94.5℃で相転移を示す。この相転移点は給湯・暖房用としては高温であるが，図3に示すようにリン酸水素2ナトリウム水和物と同様に相転移点は濃度に依存する。相転移点は水に対する濃度を低下させることで低下し，35 wt％の低濃度で51℃の相転移を示す。したがって給湯用の潜熱輸送物質として有望である。またこの場合23 wt％が溶解するので，12 wt％の潜熱輸送物質が得られる。常温でも20 wt％程度の固体の析出に抑制されるので，スタートアップ時の流動性は確保される。このように無機水和物は一般に純物質でターゲットより高温な相転移点を有する場合，低濃度で用いることで，常温時の析出量を抑制することが可能となる。

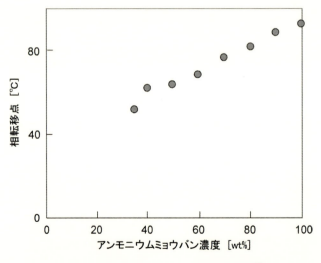

図3 アンモニウムミョウバンの相転移点[10]

5 流動と伝熱

アンモニウムミョウバンスラリーを例として，無機水和物スラリーの流動と伝熱について述べる。図4に円管内（管径13 mm）において測定したファニングの摩擦係数 $f[-]$ を，図5に融解伝熱に関するヌセルト数 $Nu[-]$ を示す。両図において横軸のレイノルズ数 $Re[-]$ を用いた。

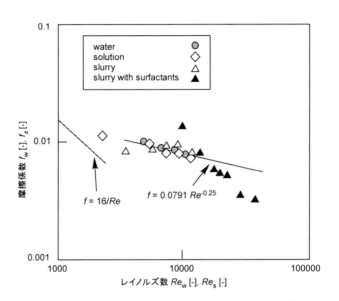

図4　アンモニウムミョウバンスラリーの摩擦係数[10]

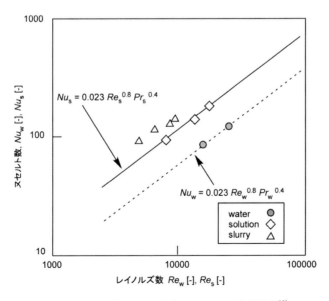

図5　アンモニウムミョウバンスラリーの伝熱特性[10]

なお，以降添え字のwは水の物性値を用いた値，sはアンモニウムミョウバンの固体が析出しない条件（溶液）で測定した物性値を用いた値を示す。ここで図4中の実線は層流および乱流の摩擦係数を示す理論式およびBlasiusの式である。また図5の式は乱流の伝熱特性を表すDittus-Boelterの式である。なお$Pr[-]$はプラントル数であり，水あるいは溶液の物性値である。

図4より，12 wt%の固体を含むアンモニウムミョウバンスラリーの摩擦係数は，水のそれよりやや大きいものの，その差異は小さい。アンモニウムミョウバン固体の密度は1,640 kg/m^{3}と大きいので，粘度上昇をもたらす固体体積分率はせいぜい7.3 vol%であり，粘度の上昇が大きくないためである。一方で図5に示すヌセルト数から，潜熱保有物質を添加した流体は，高い伝熱特性を有することがわかる。

6　抵抗低減技術

摩擦係数の増加は大きくはないが，流動抵抗を低減することで，より大きな省エネルギー効果が得られる可能性がある。ここでは界面活性剤を用いた抵抗低減技術を応用した結果を紹介する。

ある種の界面活性剤を極微量水に添加すると70%以上の流動抵抗を低減させることが可能である。したがって，水による顕熱輸送によるビル空調システムや地域冷暖房に応用されている。抵抗低減剤として塩化ベヘニルトリメチルアンモニウムを2,000 ppm（対イオン供給剤としてサリチル酸ナトリウムを1,500 ppm）添加した場合のfおよび融解Nuを図6および図7に示す。図の横軸には水粘度および溶液粘度を基準としたレイノルズ数$Re_w[-]$および$Re_s[-]$を用い

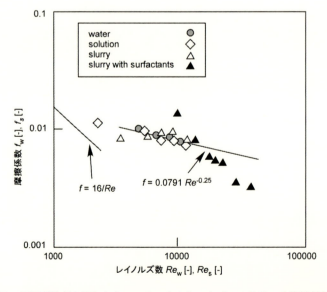

図6　界面活性剤を添加したアンモニウムミョウバンスラリーの摩擦係数[11]

第5章　無機水和物スラリー

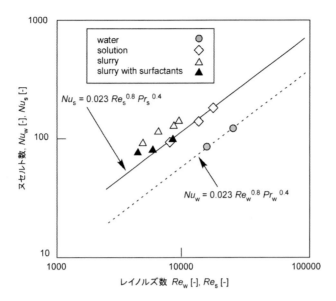

図7　界面活性剤を添加したアンモニウムミョウバンスラリーの伝熱特性[11]

ている。

　図6より本添加剤によってアンモニウムミョウバンスラリーの摩擦係数はレイノルズ数が高い領域で，大きく減じている。このことにより，無機水和物においても界面活性剤による流動抵抗の低減が有効であることがわかる。一方で図7より，Nu も減じていることがわかるが，溶液のそれと同程度である。これは相変化に伴う流体の温度が断面方向に一様となる効果が卓越しているためであると考えられる。

7　まとめ

　無機水和物をスラリー化して輸送することはこれまで困難であるとされていたが，難溶解性媒体を用いる方法，高温潜熱輸送素材を低濃度で用いる方法によって，中温熱輸送が可能であることが示された。潜熱輸送スラリーは，同じポンプ動力に対して約5倍程度の熱輸送媒体が可能であるので，本システムは未利用熱の民生における給湯・暖房の熱消費への展開を可能にする技術である。しかしながら一方で，粒子の成長，凝集，沈降および腐食の問題がある。腐食に関しては，輸送において耐熱性樹脂管を用い，必要に応じてステンレス鋼製管を用いることでほとんど問題がなくなるが，粒子の成長，凝集，沈降については別途検討が必要である。

文　　献

1) S. Fukusako *et al.*, *Trans. JSRAE*, **17**, 413 (2000)
2) H. Inaba *et al.*, *Int. J. Refrigeration*, **28**, 20 (2005)
3) H. Suzuki *et al.*, *J. Chem. Eng. Jpn.*, **43**, 482 (2010)
4) H. Oyama *et al.*, *Fluid Phase Equilibria*, **234**, 131 (2005)
5) Z. W. Ma & P. Zhang, *Int. J. Therm. Sci.*, **68**, 173 (2013)
6) H. Suzuki *et al.*, *Rheol. Acta*, **46**, 287 (2006)
7) R. Hidema *et al.*, *J. Chem. Eng. Jpn.*, **47**, 169 (2014)
8) K. Fumoto *et al.*, *Int. J. Thermophys.*, **35**, 1922 (2014)
9) H. Suzuki *et al.*, *J. Chem. Eng. Jpn.*, **43**, 34 (2010)
10) H. Suzuki *et al.*, *Int. J. Refrigeration*, **36**, 81 (2013)
11) H. Suzuki *et al.*, *J. Chem. Eng. Jpn.*, **45**, 136 (2012)
12) 関信弘，蓄熱工学1－基礎編，森北出版（1995）

第6章 エマルション蓄熱の現状と可能性

麓　耕二[*]

1　はじめに

エマルションとは，親和性の低い，水と油のように互いに溶解しない液相の一方が他方に微細な液滴として分散したものを言う。ここでエマルションとエマルジョンは共に同じ意味であり，前者が英語読みした場合であり，後者がドイツ語読みした場合である。地域や対象領域の違いにより両者の読み方が混在するが，同一の意味を示していることに注意されたい。本章では「エマルション」に統一して記載する。また相互に交じり合わない液体を混合し，エマルション化することを乳化とも言う。一般的にエマルションは，ベースとなる流体（連続相溶媒）と微粒子状態で保持される分散質，および安定的なエマルションを形成するために必要な乳化剤（主に界面活性剤）で構成されている。

近年，エマルションは様々な分野で応用されている。例えば，食品を始めとする日常生活品，化粧品，および医薬品等において，既に多くの実用例がある。また燃料油に水と界面活性剤を添加したエマルション燃料は，ボイラーやディーゼルエンジン用に開発が進められている。一方，エマルションは，構成される物質の状態によって液／液分散系，固／液分散系の界面状態を維持するため，従来，その固液相変化を利用した蓄熱材の一つとして研究が進められている。これはエマルションの分散質に相変化物質（Phase change material：PCM）を用いていることから，潜熱蓄熱輸送媒体として位置付けられる。エマルション中に相変化物質を混入し，熱輸送媒体として利用する利点は，以下の通りまとめることができる。①相変化物質の種類を変えることにより蓄熱温度帯，蓄熱量を制御できる。②水に分散した微細な相変化物質は，表面積が大きくなるため，分散媒との間の伝熱面積が増大し，結果的に相変化特性，すなわち蓄熱効率の増大につながる。③相変化物質を含むことにより，熱輸送密度の増大に伴う搬送動力の低減ができる。

これまで蓄熱用相変化エマルションに関しては，連続相溶媒に水，分散する油にアルカン系物質（一般式 C_nH_{2n+2} で表される鎖式飽和炭化水素）を用いて，エマルションを生成し，その相変化特性を含む蓄熱特性，ならびに各種物性値を明らかにした研究報告[1]がある。特に分散媒を水とし，分散する油にテトラデカン（融点：5.9℃）を用いた蓄冷熱用相変化エマルションに関しては，氷蓄熱に比べて若干高い温度帯の蓄熱が可能となり，かつ流動性を有することから，配管輸送可能な蓄冷熱材として注目されている。またオクタデカン（融点：27.8℃）を用いた室温程度の蓄熱を目的とした研究開発が行われている。しかしながら，エマルションの不安定性，お

---

[*] Koji Fumoto　弘前大学　大学院理工学研究科　知能機械工学専攻　准教授

よび粘度の高さが，潜熱蓄熱輸送媒体としての実用化を阻む大きな要因となっている[2~4]。このような背景を踏まえて，エマルションの分散質である粒径をナノレベルまで小さくすることで，安定性が良く，かつ粘度が低く流動性に優れた性質を有するナノエマルションが注目されている[5,6]。従来，ナノエマルション技術は，化学工学系分野において多数研究報告[7~11]がされており，その生成方法ならびに安定性に関する検討が数多く行われている。しかしながらナノエマルション中に分散しているナノサイズのPCMの相変化を利用し，かつナノエマルションを蓄熱用媒体として利用する試みは，ほとんど無いのが現状である。

以下にナノエマルションの概説および新たな潜熱蓄熱輸送媒体の一つとして研究開発に取り組んでいるオクタデカンを用いた相変化ナノエマルション蓄熱の現状と可能性について示す。

2　エマルションの種類

エマルションは，連続相と分散相のどちらに油，あるいは水を用いるかによって，O/W（oil in water）型，およびW/O（water in oil）型に区別される。前者は，水の中に油の微粒子が分散している状態，後者は，油の中に水の粒子が分散している状態を意味する。なおエマルションの形態に関する詳細は，関連書籍を参考にして頂きたい。エマルションは，その分散粒子の平均直径によってエマルション，サブミクロンエマルション，およびナノエマルション等，様々な呼び名が用いられている。

3　ナノエマルションの生成方法と安定性

次に連続相に水，分散相にアルカン系油材，および界面活性剤を用いた場合に生成されるO/W型ナノエマルションを中心に，その特性について紹介する。

3.1　生成方法

エマルション生成方法は，一般に物理化学的方法と機械的方法に大別される。また，これまで数多くのエマルション生成法が提案されている。ここでは物理化学的方法の中で代表的な2つの生成方法について紹介する。

転相温度乳化法（PIT）[12]は，油，非イオン界面活性剤，水の3成分からなる系では，転相温度（Phase inversion temperature：PIT）と呼ばれる温度を境に，それ以下の温度では，O/W型エマルションが形成し，それ以上では，W/O型エマルションが生成する。乳化系において，PITは親水性と疎水性がバランスした温度であり，また油/水界面の界面張力が最小値を示す。そのためPIT近傍で乳化すると微細なエマルションが容易に得られる。しかしPIT付近では，油滴の合一速度も速く，そのままでは乳化崩壊が促進されるため，エマルションが安定となる温度（一般にPIT温度より20℃以上低温）まで急速に冷却する必要がある。

第6章 エマルション蓄熱の現状と可能性

D相乳化法は，非イオン界面活性剤，油，水に第4の成分として水溶性の多価アルコールを添加して微細なO/W型エマルションを生成する手法[13]である。この方法は，先のPIT法のような加熱および冷却の必要がないこと，攪拌に大きな機械力を必要せず，生成にかかるエネルギー消費を小さく抑えることができる特徴を有している。なおD相乳化法および同製法で生成された相変化エマルションの諸特性については次節を参考にして頂きたい。

上記の他に，液晶乳化法[14]，電気乳化法，ゲル乳化法，凝集法など，様々な方法がある。さらに機械的方法として，高エネルギー機械式（高圧ホモミキサー）乳化法，ミクロポーラスガラス膜乳化法などがあるが，詳細については，関連文献[15,16]および書籍[17]を参考にして頂きたい。

3.2 安定性

ナノエマルションの安定性は，その流動性の確保および蓄熱材としての性能を維持する上で重要な検討項目である。従来，エマルションの不安定化は，凝集，合一，クリーミング，およびオストワルドライプニング（Ostwald ripening）現象により引き起こされることが知られている。さらにエマルションの安定性に寄与する因子として，粒子直径の大きさ，ならびにその粒径分布があげられる。粒子直径が大きくなると周囲連続相である水との密度差により，相分離が生じる。具体的には，粒子の浮上速度は，Stokesの法則から導かれ，粒子半径の2乗および各相の密度差に比例し，周囲連続相の粘度に反比例する。一方，粒子直径が極めて小さい場合，粒子の熱的挙動に起因するブラウン運動によって，長期間の安定性が得られる。また粒子径分布が大きい場合，微小な粒子が比較的大きな粒子へ吸収され，結果として平均粒径が大きく成長するオストワルドライプニング現象が生じるため，粒径分布が大きいほど不安定化要因が増加することになる。このためナノエマルションの安定性を維持するためには，平均粒子径は小さく，かつ狭い粒子径分布が必要となる。

図1に溶質にオクタデカン（質量濃度20 wt％），界面活性材（質量濃度8 wt％），溶媒に水（質量濃度72 wt％）の混合物を転相温度乳化法によって生成したエマルションの外観（生成後1年

図1　ナノエマルションの外観

経過）とその流動状態を示す。生成直後におけるエマルション粒子の平均粒径は120 nm であった。図より，試料中に相分離は確認できず，一様に白濁した試料となっていることが分かる。また流動状態においては，低粘度化によって高い流動性を確認することができる。一方，同調合割合の材料を常温雰囲気において機械式ホモジナイザーで乳化したエマルションは，1週間程度で試料は相分離することが分かった。

4 ナノエマルションの諸特性

ここではナノエマルションの各種物性値の測定結果を示す。なお本測定に用いたナノエマルションの生成方法は，前述の転相温度乳化法を採用しており，乳化装置として超音波ホモジナイザーを用いている。ここで，表1に相変化物質として用いた溶質（オクタデカン）の主な物性値，ならびに表2に界面活性剤の主な物質値を示す。

4.1 ナノエマルションの平均粒径

図2にナノエマルション粒径分布の測定結果の一例を示す。サンプル試料は，溶質にオクタデ

表1 溶質（オクタデカン）の主な物性値

Product	分子式 / 分子量	融点（℃）	密度（g/cm^3）	潜熱（kJ/kg）
オクタデカン	$C_{18}H_{38}$ / 254.49	27.8	0.77	220

表2 界面活性剤の主な物性値

Product	分子式 / 分子量	粘度（mPa·s）	密度（g/cm^3）	HLB 値
Span80	$C_{24}H_{44}O_6$ / 428.6	375-480	0.99	4.3
Tween80	$C_{64}H_{124}O_{26}$ / 1310	12000-2000	1.064	15

※ HLB は Hydrophile-Lipophile Balance を意味する。

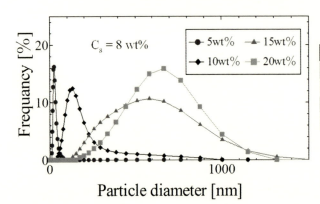

図2 ナノエマルションの粒径分布

第6章 エマルション蓄熱の現状と可能性

カン(質量濃度を5, 10, 20, 30 wt%), 界面活性材(質量濃度8 wt%), 水(質量濃度62～82 wt%)で構成されている。図より, オクタデカンの質量濃度が10 wt%の場合, ナノエマルションの平均粒径は120 nm程度であり, エマルションの溶媒中に極めて微細なテトラデカン粒子を形成していることが分かる。一方, テトラデカンの質量濃度の増加と共に, 平均粒径が増大し, その分布も拡大することが分かる。これは界面活性剤の質量濃度を一定としているため, テトラデカン濃度の増加により, 見かけの界面活性剤濃度が低下し, 結果として, 小さな粒子を形成することができなかったことが理由である。また図3に同試料の外観を示す。ナノエマルションの外観は分散相濃度の増加に伴い白濁する傾向を示すのが分かる。

4.2 密度

図4にナノエマルションの試料温度と密度の関係を示す。密度は, ハンドヘルド密度計(測定

図3 分散相濃度による外観の変化
分散相濃度：5, 10, 15, 20, 25, 30 [wt%], 界面活性剤濃度：8 [wt%]

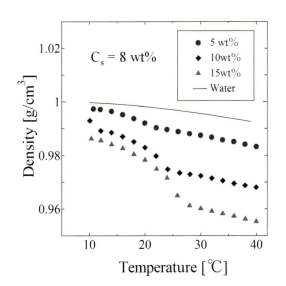

図4 試料温度がナノエマルションの密度に与える影響
界面活性剤濃度：8 [wt%]

精度：密度／±0.001 g/cm³，温度／±0.2℃）を用いて測定した。測定は試料温度を10℃から40℃に徐々に上昇させながら行い，図中の実線はベース流体である水の密度を示している。図で示されるように，ナノエマルションの密度は試料温度の上昇に伴い減少し，27℃付近で分散相であるオクタデカンが固相から液相に相変化することにより，大幅に減少する。またナノエマルションの密度は分散相濃度が高いほど低い値を示しているが，これは分散粒子であるオクタデカンの密度がベース流体である水の密度に比べ低いためである。

4.3　粘度

ナノエマルションを機能性流体として取り扱う場合，ナノエマルションの粘度は，重要なパラメータの一つとなる。図5に試料温度がナノエマルションの粘度に与える影響を示す。測定対象となる試料の分散相濃度は10，20，および30 wt%であり，測定は試料温度を10℃から40℃まで上昇させながら行った。ナノエマルションの粘度は試料温度の上昇に伴い減少する傾向を示している。これは温度の上昇によりベース流体である水の分子間力が減少することに起因している。またナノエマルションの粘度は，27℃付近を境にして減少割合が変化している。これは分散相であるオクタデカンが固相から液相に相変化したためである。

4.4　熱伝導率

従来，機能性流体として金属ナノ粒子あるいはCNTを混濁したナノ流体の各種物性値は，数多くの文献[18, 19]がある。一方，ナノエマルションを機能性流体として位置付け，一種の熱媒体として利用する試みは少ない。そのためナノエマルションの熱伝導率を測定したデータは極めて少

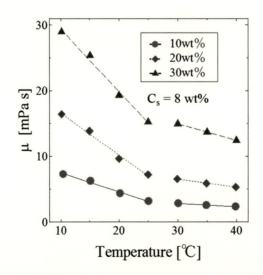

図5　試料温度がナノエマルションの粘度に与える影響
界面活性剤濃度：8［wt%］

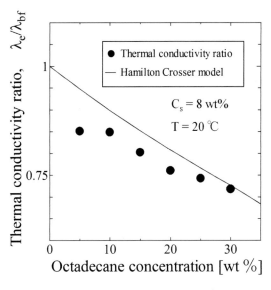

図6 ナノエマルションの熱伝導率

ないのが現状である。図6にナノエマルション中の分散相濃度と熱伝導率比の関係を示す。なお条件は界面活性剤濃度が8wt%，試料温度が20℃である。図中の実線はHamilton-Crosserモデルから得られる予測値である。ナノエマルションの熱伝導率は分散相濃度の増加に伴い単調に減少する傾向を示している。これは分散相であるオクタデカンの熱伝導率がベース流体（水）の熱伝導率に比べ低いためである。また測定値は全ての濃度範囲において予測値に比べ10%程度低い値を示している。これは予測式として使用したHamilton-Crosserモデルに界面活性剤の影響が考慮されていないためだと考えられる。この点については今後，さらに詳細な実験を行い明らかにする必要がある。

4.5　ナノエマルションの相変化特性

相変化ナノエマルションを可流動性潜熱蓄熱材として利用する場合，その相変化特性を把握することは重要である。図7に分散相濃度が過冷却度に与える影響を示す。すべての試料で界面活性剤濃度は8wt%で一定としている。また図中の数字は平均粒径を示している。図よりナノエマルションが大幅な過冷却現象を生じることが示され，過冷却度は分散相濃度の増加に伴い減少することが分かる。これは分散相濃度の増加に伴い，ナノエマルション中の分散粒子径は拡大し，粒子数は減少することにより，各分散粒子において体積および分子量は増加し，固体結晶構造を持ったクラスターの発生頻度が上昇することから，過冷却度が減少したと考えられる。

次に，凝固過程における過冷却を抑制する目的から，予め凝固核となる物質を溶質に混入したナノエマルションの相変化特性結果を図8に示す。図の横軸は，添加濃度を示す。ここでは過冷却抑制剤として1-オクタデカノール，酸化アルミニウム，およびパラフィンを添加した結果を

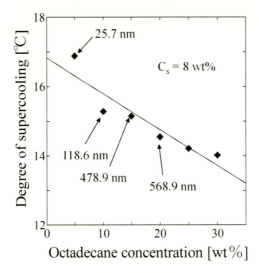

図7 分散相濃度が過冷却度に与える影響
分散相濃度:5-30 [wt%], 界面活性剤濃度:8 [wt%]

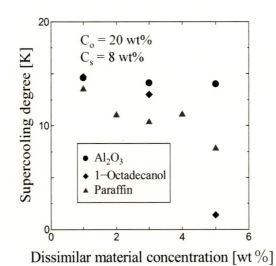

図8 異種物質の添加による過冷却抑制効果

示す。酸化アルミニウムは直径22〜44 nmの球状ナノ粒子, 1-オクタデカノールとパラフィンは, 共に60℃程度の高い融点を持つ物質であり, 分散相内で凝固することにより, 不均一核生成による結晶化を誘起する働きを持つと考えられる。結果としては, 酸化アルミニウムを添加した試料では, 添加した濃度によらず過冷却度がほぼ一定の値を示しており, 十分な過冷却抑制効果が示されなかった。一方, パラフィンを添加した場合には, 濃度の上昇に伴い過冷却度は減少し, 概ね比例関係にある。なおパラフィンを添加した試料では, 添加しなかった試料に比べ過冷

第6章　エマルション蓄熱の現状と可能性

却度が最大で50％程度減少することが示された。1-オクタデカノールを添加した試料では，1，3wt％においては，大幅な変化は見られなかったものの，5wt％を添加した試料ではすべての添加材の中で最も大幅な過冷却抑制効果を示しており，過冷却度は3K程度に抑えられている。これは添加濃度の増加により分散相内に含まれる1-オクタデカノールの割合が上昇し，不均一核生成による結晶化が促進されたためだと考えられる。

文　　献

1) 稲葉英男, 日本機械学会誌, **98**, 999 (1995)
2) B. Chen et al., *Appl. Therm. Eng.*, **26**, 1238 (2006)
3) H. Inaba, *Int. J. Therm. Sci.*, **39**, 991 (2000)
4) H. Xu et al., *Chinese Sci. Bull.*, **50**, 88 (2005)
5) 麓耕二ほか, 日本冷凍空調学会論文集, **26**, 265 (2009)
6) P. Schalbart et al., *Int. J. Refrig.*, **33**, 1612 (2010)
7) T. Tadros et al., *Adv. Colloid Interface Sci.*, **108-109**, 303 (2004)
8) P. Fernandez et al., *Colloid. Surf. A Physicochem. Eng. Asp.*, **251**, 53 (2004)
9) W. Liu et al., *J. Colloid Interface Sci.*, **303**, 555 (2006)
10) 佐野友彦, 日本香粧品学会誌, **29**, 221 (2005)
11) C. Solans et al., *Curr. Opin. Colloid Interface Sci.*, **10**, 102 (2005)
12) H. Kunieda & K. Shinoda, *J. Colloid Interface Sci.*, **107**, 107 (1985)
13) 鷺谷広道ほか, 油化学, **40**, 988 (1991)
14) 鈴木敏幸ほか, 油化学, **34**, 938 (1985)
15) 堀内照夫, *J. Soc. Cosmet. Chem. Jpn.*, **44**, 2 (2010)
16) 鈴木敏幸, *J. Soc. Cosmet. Chem. Jpn.*, **44**, 103 (2010)
17) 角田光雄, 機能性エマルションの技術と評価, シーエムシー出版 (2007)
18) X. Wang & A. S. Mujumdar, *Int. J. Therm. Sci.*, **46**, 1 (2007)
19) K. Khanafer & K. Vafai, *Int. J. Heat Mass Transfer*, **54**, 4410 (2011)

第7章　D相乳化法により生成された相変化エマルションの諸特性

富樫憲一*

1　はじめに

　相変化エマルションは，同様の原理に基づいて利用されている相変化スラリーと比較して極めて微小な相変化物質粒子が水中に懸濁した潜熱蓄熱媒体であり，なおかつ相変化物質がその相を問わずに（液相であっても固相であっても）粒子の形態を維持することから，相変化スラリーに見られるような粒子の堆積が発生しにくいという性質をもつ。したがって相変化エマルションはより広範な用途に向けた多様な熱機器において，熱交換器の幾何形状や輸送配管径などにとらわれない利用が可能な，より汎用性の高い潜熱蓄熱媒体としての利用が期待される。

　PIT（Phase Inversion Temperature：転相温度）乳化法は，高圧ホモジナイザーを用いた機械的乳化法などと比較して消費エネルギーが小さく，原料の配合，温度設定および撹拌を行うだけで容易かつ低コストでエマルションの生成を行うことができることから，従来よりエマルションに関する研究が盛んに行われている化粧品分野はもとより，潜熱蓄熱分野における相変化エマルションの生成においても利用されてきた[1]。

　しかしながらPIT乳化法は，界面活性剤が強い温度依存性を示すことを利用して，原料を最も微小な液滴を生成しやすい温度であるPITに設定した上で乳化を行う方法である。このことは，PIT乳化法により生成されたエマルションがその最適な温度域から外れれば不安定となることを意味しており，実用環境における温度変化が宿命付けられている熱媒体という用途にとっては好ましくない性質であると言わざるを得ない。さらにPIT乳化法は，温度設定した油相内に界面活性剤を溶解させたのちに水の添加を行う，いわゆるAgent-in-oil法[2]が用いられることが一般的であるため，ひとたびエマルション水面からの揮発などにより水相と油相の分離が起こってしまえば元のエマルションに戻すことができないといった問題が想定される。

　本章では，このような問題を解消する見込みのある乳化法であるD相乳化法により生成された相変化エマルションの諸特性および実用可能性に関して，これまでに得られている知見を概説する。

---

*　Kenichi Togashi　青山学院大学　理工学部　機械創造工学科　助教

第7章 D相乳化法により生成された相変化エマルションの諸特性

2　D相乳化法による相変化エマルションの生成方法

　D相乳化法による相変化エマルションの生成は，鷲谷ら[3]が化粧品への利用を目的として確立した方法に準拠して行う。本節では水溶液中にアルカン系PCMであるn-ヘキサデカン（融点18.2℃）またはn-オクタデカン（融点28.2℃）を水中に分散させる場合の手順を詳述する。

　相変化エマルションの原料として分散媒である水，相変化物質であるn-ヘキサデカンまたはn-オクタデカン，界面活性剤としてのポリオキシエチレンソルビタンモノオレアート（商品名Tween 80，HLB = 15.0）に加え，D相乳化法を特徴づける添加物である多価アルコールとして1,3ブタンジオールを用いた。

　図1に，供試エマルションの生成手順の一例を示す。生成にあたっては，あらかじめ少量の水，界面活性剤に加えて1,3-ブタンジオールを1：2：1の質量比率で混合したものに，水の5倍の質量の液相のn-ヘキサデカンまたはn-オクタデカンを注ぎ，強力スターラーによって撹拌を行うと，粘性の極めて高いゲル状のO/D（Oil in Dior）エマルションが形成される。これに多量の希釈水を注いでゾル化することで，高い流動性を持った相変化エマルションが完成する。

　上述したとおり，相変化エマルションの生成手順の最後のステップは純水による希釈であるため，このステップで加える水の量を調整することで，相変化物質の含有率をある程度調節することが可能であり，筆者らは相変化物質の質量分率が10〜40 mass%[4]のエマルション生成に成功している。

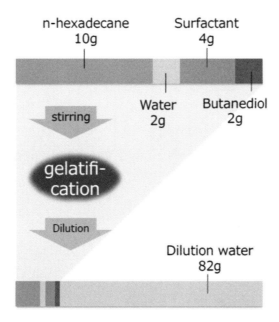

図1　D相乳化法による相変化エマルションの生成手順
（n-ヘキサデカンを相変化物質として用いた場合）

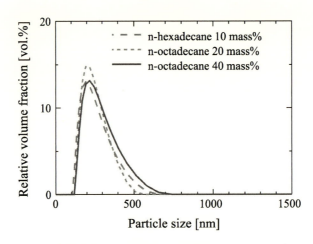

図2 D相乳化法により生成された相変化エマルション内における相変化物質粒子の粒径分布[4]

3 相変化エマルションの粒径分布

相変化エマルションの性能にとって，その内部に懸濁したPCM粒子の粒径分布は極めて重要な因子である。一般的に，PCM粒子の粒径が小さいほど分散安定性が高くなる反面，過冷却が発生しやすくなり潜熱放出の際の妨げとなってしまう。D相乳化法によって生成されたエマルション内におけるPCM粒子の粒径は界面活性剤の作用およびゲルエマルション生成時の撹拌時間によって決定され，能動的に制御することが困難であるが，決まった組成で十分な撹拌時間を確保して生成を行えば，良好な再現性を伴って一定の粒径分布のエマルションが生成できることがわかっている。

図2[4]に，レーザー回折式粒径分布計（HORIBA, NANO PARTICLE ANALYZER SZ-100）により計測された相変化エマルションの粒径分布を示す。図より，PCM粒子の粒径は，PCMとして懸濁した物質の種類およびその質量分率によらず，極めて似通った分布を示していることがわかる。また，相変化エマルションに関する従来の研究でよく用いられている界面化学的乳化法により生成されたPCM粒子の粒径は $1 \sim 100\,\mu m$ の範囲に分布していることが多い[5]が，D相乳化法により生成された粒子はそれより小さい $0.1 \sim 0.5\,\mu m$ に分布していることがわかる。

4 長期分散安定性および繰り返し使用に対する耐久性試験

相変化エマルションを熱媒体として実用するにあたって，その分散安定性および加熱／冷却サイクルの繰り返しに対する耐久性が重要となる。そこで筆者らは，生成した相変化エマルションに幾つかのパターンで加熱冷却を行い，その長期性能安定性の評価[6]を行った。

供試エマルションは4種類生成し，それぞれエマルションA, B, C, Dと呼ぶこととする。

第7章　D相乳化法により生成された相変化エマルションの諸特性

それぞれのエマルションの組成を，n-ヘキサデカン：水：界面活性剤：1,3ブタンジオールとして質量分率比で表すと，AとBは10：84：4：2，CとDに関しては10：82：6：2となるようにあらかじめ設定して生成を行った。

さらに，エマルション内におけるPCMの融解および凝固，すなわち実用環境下における潜熱蓄熱過程と放熱過程の繰り返しに対する耐久性の評価を行うため，BとDに関しては生成直後に30℃までの加熱と-1℃までの冷却からなる周期的な温度変化を10サイクル繰り返させ，このサイクルが完了した時点をもって初期状態とした。

生成したエマルションを初期状態からおよそ60日間にわたって室温環境下に静置し，定期的に適量のサンプルを抽出した上で，目視による長期分散安定性の評価を行った。また，それぞれのサンプルに対してDSC（示差走査熱量計測）および粘性計測を行うことで，吸/放熱特性および流動性の長期安定性を評価した。

4.1　目視による長期分散安定性の評価

図3に，加熱冷却サイクル直後のエマルションBと，生成および加熱冷却サイクルから約30日間室温環境にて静置されたエマルションBの写真を示す。図より，30日後のエマルションは，容器下方においてヘキサデカン粒子がやや希薄になっている層がみられることがわかる。これは，ヘキサデカン粒子が浮力によって徐々に上方へと引き上げられるためであると考えられるが，供試エマルションは著者らのこれまでの研究[6)]において生成された他のアルカン系エマルションと比較して，良好な分散安定性を有していると見なすことができる。

　　　(a) 加熱冷却サイクル直後　　　　　(b) (a)の30日後

　　図3　加熱冷却サイクルを経た相変化エマルションを常温静置
　　　　した際の分散安定性

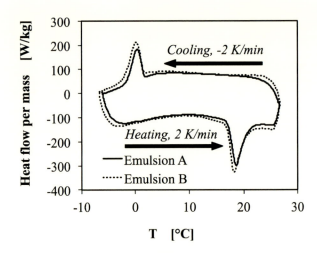

図4 生成から60日後における相変化エマルションのDSC曲線[7]
(加熱/冷却サイクルを経たエマルションAと，経ていないエマルションBの比較)

4.2 DSC曲線

図4に，リガク社製熱流束型DSCを用いて計測した生成から60日間経過後におけるエマルションAおよびBのDSC曲線を示す。図の縦軸はDSC信号を試料質量で除することにより得られた単位質量あたりの熱流［W/kg］であり，ともにエマルションを－6℃に維持した後26℃まで2 K/minの昇温速度にて加熱し，その後－2 K/minの速度で－6℃まで冷却するようプログラムして計測を行った。各曲線の下側は加熱過程，上側が冷却過程をそれぞれ表している。

図より，融解・凝固サイクルを経たエマルションBは，生成後つねに室温環境に静置されたAとほぼ同様の曲線を描いていることから，供試エマルションは実用環境における繰り返し使用を模した加熱・冷却過程の繰り返しを経ても蓄熱・放熱特性を発揮することが期待される。

また，加熱過程においては前述したn-ヘキサデカン単体の凝固点とほぼ一致する18℃近傍において潜熱吸収を示すピークがみられるのに対し，冷却過程においては潜熱放出を示すピークが1℃近傍と低い温度域において現れていることがわかる。これは，サンプルパン内に静置した供試エマルションの冷却を行うと，n-ヘキサデカン粒子が過冷却度17 K程度の過冷却状態となることを示していると考えられる。

4.3 供試エマルションの粘性係数

図5に，Brookfield社製回転式粘度計を用いて計測した，初期状態における各種エマルションの粘性係数の温度依存性を，純水の文献値とともに示す[7]。なお，粘性の計測は高温から低温へ向かってエマルションを冷却しながら，すなわち図4に示したDSC曲線の上側の経路を辿らせつつ行った。

図より，供試エマルションの粘性は，純水の2～3倍程度の値で推移していることがわかる。

第 7 章　D 相乳化法により生成された相変化エマルションの諸特性

　また，図よりエマルションCおよびDは，AおよびBと比較して高い粘性を示していることがわかる。これは，C，Dの界面活性剤の質量分率がA，Bと比較して1.5倍高いため，エマルション内における連続相の粘性が大きくなっていることが，エマルション全体の粘性に影響するためであると考えられる。

　図6に，粘性係数の経時変化の一例として，エマルションBの粘性の経時変化を示す。

　図より，すべての温度においてエマルションは融解・凝固サイクル直後の初期状態において最も高い粘性を示し，生成から日数の経過したエマルションは，初期状態と比較して -7% までの範囲で低い粘性を示していることがわかった。

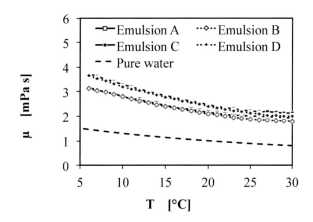

図5　生成直後における相変化エマルションの粘性係数の比較[7]

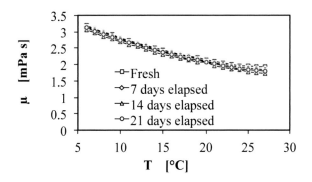

図6　加熱/冷却サイクルを経た相変化エマルションの粘性係数の経時変化[7]

5 まとめ

本章においては，D相乳化法を適用して生成した相変化エマルションを対象に，その内部における相変化物質粒子の粒径分布を計測した結果について述べた。また，実用環境を模して加熱冷却サイクルを繰り返し，その前後における性能安定性の評価を行った結果，本研究の範囲内において以下の結論を得た。

① D相乳化法により，ヘキサデカンおよびオクタデカンを用いて加熱・冷却の繰り返しに対する高い耐久性を有する相変化エマルションを生成することが可能である。

② D相乳化法により生成した相変化エマルションは，時間の経過とともに若干の分離を示すが，その粘性係数および吸／放熱特性は優れた長期安定性を有する。

③ D相乳化法により生成した相変化エマルションは，相変化物質の質量分率が10 mass％のとき，水と比較して2～3倍程度高い粘性係数を有する。

④ 界面活性剤濃度の上昇に伴い，エマルションの粘性係数が増加する。

D相乳化法により，室温において温度制御をすることなく相変化エマルションを生成することができた。このことから，本章におけるエマルションは温度制御を必要とするPIT乳化法により生成したエマルションと比較して少ないエネルギー量で生成することが可能であると考えられる。

さらに，本章におけるエマルションは実用環境を模した吸熱・放熱サイクルを経ても優れた性能安定性を有すること，水の2～3倍程度と比較的低い粘性係数を有することなど，熱媒体の用途にとって好ましい性質を多数有していることがわかった。

加えて，同じ質量分率および生成手順で相変化物質のみをn-ヘキサデカン（融点18.2℃）およびn-オクタデカン（融点28.2℃）に変化させても全く同様の相変化エマルションを生成可能であることがわかった。今後，用途に応じてD相乳化法により様々な融点を有する相変化物質を懸濁させたエマルションの開発が望まれる。

文　献

1) P. Schalbart *et al.*, *Int. J. Ref.*, **33**, 1612 (2010)
2) 鈴木敏幸, *J. Soc. Cosmet. Chem. Jpn.*, **44** (2), 103 (2010)
3) 鷺谷広道ほか, 油化学, **40** (11), 988 (1991)
4) T. Morimoto *et al.*, *Energy Conversion and Management*, **122**, 215 (2016)
5) 稲葉英男ほか, 日本機械学会論文集（B編）, **59** (565), 2882 (1993)
6) 川南剛ほか, 第50回日本伝熱シンポジウム講演論文集, G331 (2013)
7) 富樫憲一ほか, 熱工学コンファレンス2013講演論文集 (2013)

第8章 マイクロカプセルスラリーの流動・熱伝達特性

堀部明彦*

1 マイクロカプセルスラリー概説

　潜熱蓄熱システムでは，一般に固液相変化を利用して蓄熱・蓄冷熱を行う。固体となった蓄熱材を輸送する際にはパイプ輸送は困難であるため，コンテナなどの容器に入れて搬送する必要がある。一方で，液体と蓄熱材を混合し，蓄熱材のみが相変化する熱媒体が検討・利用されており，これらはパイプ輸送が可能である。例えば，氷粒と水を混合して流動させる氷スラリーや，お互いに混じり合わない2つの液体の一方を，界面活性剤を用いてもう一方の液体に分散混合したエマルションなどがある。さらに膜材物質内部にパラフィンなどの固液相変化を伴う潜熱蓄熱材を芯物質として封入したマイクロカプセルを，水などに分散混合したマイクロカプセルスラリーの利用が検討されている。粒径の小さなマイクロカプセルは水中で安定した分散状態となり，偏りや管閉塞の発生を防止することが可能である。さらに，潜熱蓄熱材として内包するパラフィン等の種類を変えることで利用可能な温度や潜熱量を任意に設定でき，融点が固定されている氷スラリー等に比較して有利な点となる。また，一般的なエマルションに比較してコスト的には難があるものの長期保存性などに優れていると言われている。このような蓄熱・蓄冷熱媒体としての特性を利用するために，強制対流や自然対流などの熱伝達に関する研究が進められ[1〜6]，一部で実用化されている。

　マイクロカプセルは本来，芯物質を膜材で内包した直径が数μmから数百μmの範囲にある微小容器の総称である。芯物質には気体，液体，固体に関係なく様々な物質を内包することができる。また，膜材には主にゼラチンやメラミン樹脂などの高分子材料が用いられる。現在，蓄熱用途の他，感圧複写紙や芳香剤，医薬品，農薬，食品など幅広い分野で利用されている[7]。

　図1は，マイクロカプセル潜熱蓄熱材スラリー（濃度40％）の外観を示しており，乳白色で流動性を有している。これまでの実験では，スラリー中のマイクロカプセルの分散安定状態は，分散混合後，貯蔵タンク内にてアジテーター等で定期的に撹拌した場合，3,000時間以上継続することが報告されており[2]，安定性は十分と考えられる。図2は，マイクロカプセル潜熱蓄熱材の顕微鏡写真の例を示したものである。マイクロカプセルは，整った球形を有している。

　マイクロカプセルの製造方法は，化学的方法，物理化学的方法，および機械的方法に大別される[7]。まず，化学的方法は，化学反応を利用してカプセル壁を形成し，マイクロカプセルを作る

---

*　Akihiko Horibe　岡山大学　大学院自然科学研究科　教授

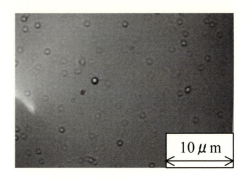

図1　マイクロカプセルスラリー外観　　　図2　マイクロカプセル顕微鏡写真

[蓄熱物質] テトラデカン $C_{14}H_{30}$
[膜材] メラミン樹脂
[粒子径] $d = 1.5\mu m$

図3　マイクロカプセル

方法であり，物理化学的方法は，凝固や析出等のように，化学反応によらないでカプセル壁を形成する方法である。そして，機械的方法は，機械的な力を加えることによりカプセル壁を形成する方法である。このうち化学的方法は，分散液滴界面での化学反応により高分子被覆を施す方法であり，生成された被覆膜は，連続した高分子膜により形成されている。この化学的方法による被覆合成法には，界面重合法，in situ 重合法，などがある。

本章では，n-テトラデカン（融点 278.9 K，潜熱量 229 kJ/kg）をメラニン樹脂性膜材にて平均粒子径 1.5 μm のマイクロカプセルにして（図3），水に混合させたスラリーを例として，熱物性値，直管内流動時の圧力損失と熱伝達，および曲管内流動時の熱伝達を紹介する[2,5]。

2　マイクロカプセルスラリーの熱物性

熱輸送や熱伝達を考えるうえでマイクロカプセルスラリーの熱物性値の把握は重要である。以下にはスラリーの主要な物性値を算定する際の考え方と実測値を示す[2]。

まず，密度については，粒子が溶解しないため，構成物の混合割合による加成性法則式が成り立つことが示されている。例えばテトラデカン，膜材のメラミン樹脂，および水で構成されている場合，各々の密度と構成割合によって算定できる。テトラデカンの液相状態における密度は，温度の増加と共にわずかに減少する。一方，固相状態における密度は，テトラデカンの凝固点を境にして液相状態よりも増大する。

第8章 マイクロカプセルスラリーの流動・熱伝達特性

　比熱に関しても同様に加成性の法則により算出ができる。また，潜熱マイクロカプセルの潜熱量は，マイクロカプセルスラリーに対する膜材を除いた潜熱蓄熱材の質量濃度と潜熱量を掛けることにより求めることができる。

　一方，熱伝導率に関しては，マイクロカプセルスラリーの熱伝導率 λ_b，テトラデカンの熱伝導率 λ_t，メラミン樹脂の熱伝導率 λ_{me}，および水の熱伝導率 λ_w とすると λ_b は，テトラデカン，メラミン樹脂そして水の3相による次式に示される Eucken の分散相における熱伝導率の計算式を適用して推定することが可能である。

$$\lambda_b = \lambda_w \frac{1-2[\phi\frac{\lambda_w-\lambda_t}{2\lambda_w+\lambda_t}+(\varphi-\phi)\frac{\lambda_w-\lambda_{me}}{2\lambda_w+\lambda_{me}}]}{1+[\phi\frac{\lambda_w-\lambda_t}{2\lambda_w+\lambda_t}+(\varphi-\phi)\frac{\lambda_w-\lambda_{me}}{2\lambda_w+\lambda_{me}}]} \tag{1}$$

ここで，ϕ はテトラデカンの体積割合であり，φ は水とテトラデカンの体積割合の和である。水とメラニン樹脂の体積割合は，それぞれ ($\varphi-\phi$)，($1-\varphi$) で表される。

　さらに，流動に関して大きく影響を与える粘性に関しては，一般にマイクロカプセルスラリーはマイクロカプセルの質量濃度 C_b（マイクロカプセル質量/スラリー質量）の増加とともに非ニュートン流体（擬塑性流体）の挙動を示すことが多く，例えば測定結果として，擬塑性流体の粘性指数は 0.92～0.97 の範囲であることが報告されている。上述したマイクロカプセルスラリーの粘性係数 μ_b および潜熱 L_b の測定例を図4に示す[2]。一般にマイクロカプセルの粒径が小さいほどスラリーの粘性が大きくなる傾向があるが，マイクロカプセル径が大きい場合にはポンプ内でせん断力がかかることによってカプセルが破断する可能性が大きくなり，また，液体とカプセルの分離が生じやすくなるため，システムに応じた粒径の選定が必要である。

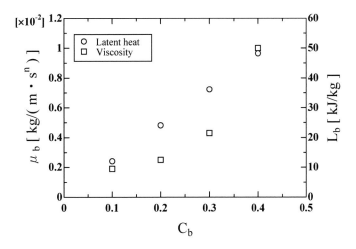

図4　マイクロカプセルスラリーの各濃度 C_b における潜熱 L_b と粘性係数 μ_b

潜熱蓄熱・化学蓄熱・潜熱輸送の最前線

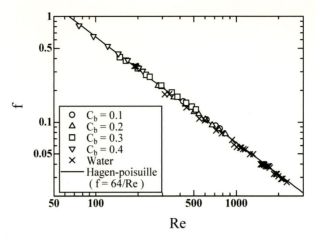

図5 マイクロカプセルスラリーの管摩擦係数 f とレイノルズ数 Re の関係

3 マイクロカプセルスラリーの圧力損失

図5は直管にマイクロカプセルスラリーを流した場合の管摩擦係数 f とレイノルズ数 Re の測定結果を示したものである[2]。図の中で実線は Hagen-Poisuille の関係式（f=64/Re）である。図中の×印は水の測定データであり、スラリーに対するカプセルの質量濃度 C_b の増加に伴い、非ニュートン性も若干増加（粘性指数 $n=0.97〜0.92$）するが、f の値はニュートン流体の Hagen-Poisuille の関係式とほぼ一致する関係が示されている。このレイノルズ数の範囲では、マイクロカプセルと水との相対速度も小さく、それほどマイクロカプセルの影響も現れず従来の値に近いものになったと判断される。

4 直管内流動時の熱伝達挙動

図6は、直管内強制流動時における、等熱流束加熱の際（熱流束 $q_{hw}=2.1\ kW/m^2$ および潜熱蓄熱材の質量濃度 $C_b=0.2$ すなわち20％）の、流体流れ方向の局所熱伝達率 h_x に及ぼすマイクロカプセルスラリー流速 u_b の影響を示したものである[2]。h_x の値は、入口からの距離 x の増大に従って減少している。マイクロカプセルスラリーの管内平均流速が増大すると h_x の値は、x の位置に対してほぼ同じ割合で増加する傾向にある。マイクロカプセルスラリーのいずれの平均流速 u_b に対しても、水の局所熱伝達率 h_x より高い値を示している。さらに、入口から図中の黒塗りシンボルまでの相変化（融解）を伴う領域においてはマイクロカプセルスラリーの熱伝達率は水のみの場合（図中×印）よりも大幅に大きな値を示している。このように、マイクロカプセルスラリーの熱伝達は、カプセル内の潜熱蓄熱材の相変化の影響により、液相単体に比べて大きな値を示し、実機の熱輸送システムとして使用する際に、熱交換器を小さくすることが可能となる。

第8章 マイクロカプセルスラリーの流動・熱伝達特性

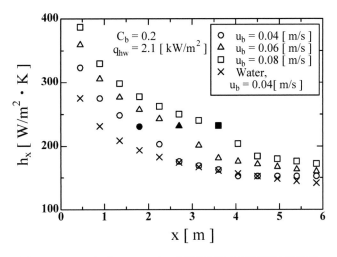

図6 マイクロカプセルスラリー直管内流動時の局所熱伝達特性

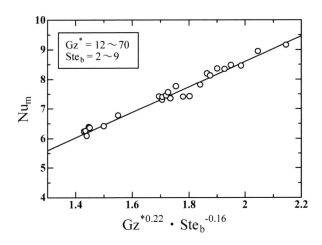

図7 平均ヌセルト数とグレツ数，ステファン数の関係

管全体の平均熱伝達に関しては，平均ヌセルト数 Nu_m に影響を及ぼす因子として，相変化区間における対流状態を表す修正グレツ数 $Gz^* = (Re \cdot Pr) \cdot (D/l_c)$ と熱流束および潜熱量を表すステファン数 $Ste_b = (\rho_b cp_b(q_{hw}D/(2\lambda_b)))/(C_t \rho_t L_t)$ を用いて関係を示した例が図7である[2]。なお，D：管内径，l_c：融解完了距離，C_t：比熱を表し，適用範囲は $Gz^* = 12 \sim 70$，$Ste_b = 2 \sim 9$ である。

5 搬送動力と熱交換量の関係

前述のようにマイクロカプセルスラリーは高い伝熱特性を示すが，その粘性の大きさから搬送動力が問題となり，熱伝達率の増大に対する管圧力損失の増大が課題となる。最適なスラリー濃

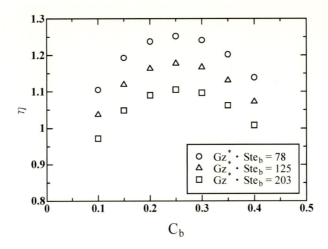

図8 搬送動力と熱交換量の関係

度を検討するため,圧力損失から算出し管内を流動させるための動力を同一とした場合の水とスラリーの熱伝達量の比をとった熱伝達比 η を図8に示す[2]。この値が大きいほど同一動力の際の熱伝達量が増加していることを意味し,図は $Gz^* \cdot Ste_b = 78$, 125 そして 203 における η とスラリーの質量濃度の関係を示したものである。本条件では潜熱スラリーに対する潜熱蓄熱材の質量濃度が $C_b = 0.25$(25％)にて, η が最大値となっている。低濃度($C_b = 0.1 \sim 0.25$)では粘度が小さいため搬送動力は小さくなるが,逆にスラリーの保有する潜熱量も小さくなって交換熱量も小さくなるために, η が小さくなる。一方,高濃度($C_b = 0.25 \sim 0.4$)では潜熱量 L_b は増加するが,粘度 μ_b が大きくなるために搬送動力の増加となり,結果として η の減少となる。

6　曲管内流動時の熱伝達挙動

次に,マイクロカプセルスラリーの曲管部における熱伝達挙動の例について示す。図9は,濃度20％,流速 $U_b = 0.4$ m/s,曲率半径 R と円管内半径 r の比 $R/r = 90.0$,熱流束 $q = 1.7$ kW/m^2,の条件下において,潜熱物質の相変化(融解)が生じる場合の180°曲管の局所熱伝達率 h_θ と試験部角度 θ の関係を示す[5]。top, bottom, in, out は円管断面における上部,下部,内側,外側の各点を表している。out が高く,top, bottom はほぼ同等,in が低い熱伝達率を示しており,二次流れの影響が考えられる。この場合,二次流れとは,曲管部で発生する遠心力により,流体は内側から外側へ流れ内側では圧力・流速が減少,外側では圧力・流速が増加することで発生する旋回流のことである。その二次流れにより,out では流速が増加するため速度境界層が薄くなり,それに伴い温度境界層も薄くなる。よって,スラリー温度と管壁面温度の差が減少し,熱伝達率が増加する結果となる。なお,曲管の場合にも,カプセル内の蓄熱材の融解が生じない温度条件に比較し,相変化が生じる条件における局所熱伝達率が高いことが確認されている。これは,

第8章 マイクロカプセルスラリーの流動・熱伝達特性

直管内流動時と同様に，管壁面近傍では加熱によって温度境界層内の潜熱マイクロカプセルが固相から液相へ相変化することにより温度境界層の発達を抑制するため，熱伝達率が増加したものと考えられる。

図10に局所熱伝達率を試験部軸方向・円周方向にかけて積分平均した平均熱伝達率 h_m と流速 U_b の関係を示す[5]。実験条件は濃度20%，R/r = 53.4，q = 1.7 kW/m^2 である。図より流速の増加に伴い熱伝達率が増加する傾向が確認できる。これは流速の増加に伴い，温度境界層の発達が抑制されること，さらに二次流れの旋回流が顕著に現れることによるものと考えられる。また，

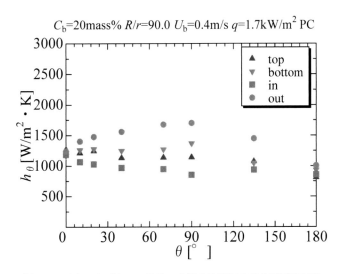

図9 マイクロカプセルスラリー曲管内流動における局所熱伝達

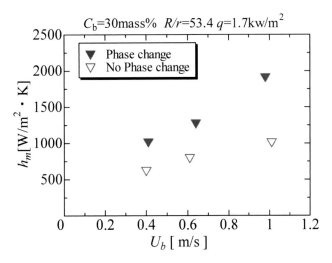

図10 マイクロカプセルスラリー曲管内流動における平均熱伝達

いずれの流速においても相変化なしの条件に比べ，相変化のある条件は高い熱伝達率を示しており，マイクロカプセル内の蓄熱材の相変化による熱伝達特性の増大を確認することができる。

7 まとめ

以上のように，マイクロカプセルスラリーを熱媒体として用いることにより，熱輸送量や熱伝達率の向上が可能である。価格面や流動抵抗の削減など改善すべき点もあるが，省エネルギー化を図る熱媒体としての今後の発展が期待される。

文　　献

1) E. S. Choi et al., *Int. J. Heat Mass Trans.*, **37**, 207 (1994)
2) 稲葉英男ほか，日本冷凍空調学会論文集，**19** (1), 13 (2002)
3) 片山正敏ほか，日本機械学会論文集 B 編，**70** (690), 444 (2004)
4) H. Inaba et al., *Heat Mass Transfer*, **43**, 459 (2007)
5) 堀部明彦ほか，日本機械学会熱工学コンファレンス 2009 講演論文集，p.45 (2009)
6) 堀部明彦ほか，日本伝熱シンポジウム講演論文集，G213 (2016)
7) 遠藤保，マイクロカプセル，日本規格協会 (1991)

第9章　潜熱輸送スラリーの凝集沈降抑制技術

日出間るり*

1　はじめに

　潜熱輸送スラリーは温度維持性が高く，効率的な熱の輸送を可能にする。これにより，熱交換器のコンパクト化や省エネルギー化の実現に有望な材料であり，様々な分野での実用化や実用化への検討が行われている。実用化の際には，当然ながら，目的の温度に応じて潜熱輸送物質を使い分ける必要がある。例えば，低温輸送には氷スラリーや有機ハイドレートスラリーが，高温輸送には無機ハイドレートスラリーが用いられる。ここで，潜熱輸送スラリーは有望な材料ではあるが，実用化検討の際には，いくつかの点に注意が必要である。一つ目は，その流動特性である。スラリーは微粒子を含む非ニュートン流体で，溶液よりも粘度が高く，流動挙動も複雑である。二つ目は，スラリー中の微粒子が凝集し，沈降したり，配管を詰まらせたりする可能性があることであり，その対策は不可欠である。本稿では，まず低温系の輸送システムに用いられる潜熱輸送スラリーの流動性向上，および，凝集・沈降抑制技術についての現状を簡単に紹介し，次に高温系スラリーについて将来有望な進行中の技術について具体的に述べる。

2　低温系スラリーの流動特性，および，凝集抑制技術

　潜熱輸送スラリーの流動特性を理解し輸送効率を上げるため，また，沈降・凝集を防ぐため，様々な研究が行われてきた。例えば，食品の低温輸送に有用な氷スラリーの場合，その流動特性はさかんに調べられており[1]，棒状ミセルを形成する界面活性剤添加による抵抗低減効果により流動特性を上げる技術[2,3]が提案されている。さらに，氷スラリーの凝集を防ぐためにポリビニルアルコール（Polyvinyl alcohol：PVA）を添加する方法[4,5]も提案された。臭化テトラブチルアンモニウムスラリー（Tetrabutylammonium bromide：TBAB）やトリメチロールエタン水和物スラリー（Trimethylolethane hydrate）は有名な包摂水和物スラリーで，冷房などの熱交換器に使われるこれらのスラリー[6~8]の場合も，界面活性剤による抵抗低減効果により流動効率を上げることができる[9]。ここで，抵抗低減効果により伝熱特性の低下が生じるが，これについての検討や対策については様々な研究が行われているところである[10~12]。このように，15℃付近か，それ以下の温度の低温系潜熱輸送スラリーについては，非常に多くの知見がある。

---

*　Ruri Hidema　神戸大学　大学院工学研究科　応用化学専攻　助教

3 高温系スラリーの流動特性，および，凝集抑制技術に関する現状

高温系スラリーの研究は非常に少なく，数えるほどしかない。35℃付近の，比較的高温のスラリーについては，リン酸1水素2ナトリウム12水塩（Disodium hydrogen phosphate dodecahydrate）が吸収式冷凍機の冷却システムとして提案されている[13]。しかし，工場などからの廃熱を，その地域の暖房や給湯用途として再利用することを考えた場合，さらに高温の50℃付近の潜熱輸送物質が有用である。50℃付近のスラリーであれば，輸送する配管へのダメージは少なく，暖房や給湯などの温度域に十分適用できる。このような背景により，我々の研究グループでは，50℃付近の潜熱輸送スラリーの実用化を目指している。この温度を実現できる物質としてアンモニウムミョウバン水和物（Aluminum ammonium sulfate disodium dodecahydrate）を検討している[14,15]。アンモニウムミョウバン水和物の潜熱は251 kJ/kgであり，濃度によって相変化温度を調整でき，35 wt%水溶液を調整すると，その相変化温度は51℃である。

しかし，ここで問題となるのが，アンモニウムミョウバン水和物スラリーの流動特性と沈降・凝集である。アンモニウムミョウバン水和物スラリーは，その溶液よりも粘度が高く，流しにくい。詳しくは本稿の4節に示すが，流動特性については，高温域でも棒状ミセルを形成する界面活性剤を添加することで，流動抵抗を低減させ，改善することができる[14]。一方，アンモニウムミョウバン水和物スラリーの密度が水よりも高いことに起因するスラリー中での粒子の沈殿と，沈殿し凝集した粒子による配管の閉塞は，実用化の際に非常にシビアな問題である。例えば氷スラリーの場合も，氷が凝集することがあるが，氷の密度は水より低いため，沈殿はしない。また，相変化温度は室温よりも低いため，システムを停止すればスラリーは室温に近づき，氷は溶け，凝集や配管の閉塞は解消される。しかし，アンモニウムミョウバン水和物スラリーの場合は，室温よりも相変化温度が高いため，システム停止時にはさらに粒子の凝集・沈殿が深刻な問題となる。そこで我々の研究グループでは，氷スラリーの凝集防止剤として用いられたPVA[16]をアンモニウムミョウバン水和物スラリーに添加し，凝集・沈殿の防止に有用であるかを検討している。以下の節では，PVA添加によるアンモニウムミョウバン水和物スラリーの流動特性変化の検討，PVAが棒状ミセルの抵抗低減効果に与える影響，PVAの凝集・沈殿防止効果の検討[17]について述べる。

4 アンモニウムミョウバン水和物スラリー，および，物性

2硫酸アンモニウムアルミニウム12水和物（アンモニウムミョウバン水和物，Aluminum ammonium sulfate disodium dodecahydrate，$AlNH_4(SO_4)_2 \times 12H_2O$）35 wt%水溶液を高温系スラリーの試料とする。この溶液の相変化温度は51℃である。抵抗低減効果を示す界面活性剤には，陽イオン性のベヘニルトリメチルアンモニウムクロライド（Behenyl trimethyl ammonium chloride）を用いる。界面活性剤の濃度は2,000 ppmとし，サリチル酸ナトリウム

第9章 潜熱輸送スラリーの凝集沈降抑制技術

(Sodium salicylate) を，界面活性剤とのモル比が1.5となるように添加すると，溶液中で棒状ミセルが形成される。また，完全けん化で重合度が500のPVAを添加し，その濃度を0から2,000 ppmまで変化させ，沈降抑制効果について検討する。本稿で紹介する試料に関する詳しい情報は，表1に示し，各試料にAからIまでの名前を付けてある。

レオメータにより測定した試料の粘度を図1に示す。溶液の粘度は50℃で測定し，スラリーの粘度を測定する場合は60℃とした。界面活性剤もPVAも含まない水溶液では，どの剪断速度でも粘度が変わらず，ニュートン流体の粘度特性を示す。これが，スラリーになると，剪断粘度の上昇とともに粘度が若干低下する非ニュートン性を示す。ここに，界面活性剤を添加すると，水溶液やスラリーは強いシアシニングの特性を示す。このシアシニング性が，試料中での棒状ミセルの形成を示している。PVAを添加した溶液やスラリーでも，棒状ミセルの形成は阻害されず，同様のシアシニング性が見られる。界面活性剤の添加により流動特性を上げながら，PVA

表1 各溶液の濃度

Sample number	A	B	C	D	E	F	G	H	I
Ammonium alum hydrate 35 wt%	✓	✓	✓	✓	✓	✓	✓	✓	✓
Surfactant 2000 ppm	×	✓	✓	✓	✓	✓	✓	✓	✓
Polyvinyl alcohol	×	×	100 ppm	200 ppm	300 ppm	400 ppm	500 ppm	1000 ppm	2000 ppm

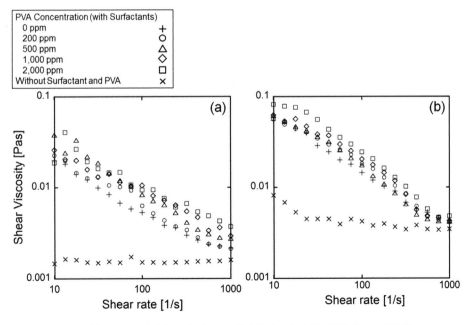

図1 (a)アンモニウムミョウバン水和物水溶液，および，(b)スラリーの粘度

を添加して凝集・沈降の防止を目指す場合，PVA添加により界面活性剤の効果が阻害されないのは好ましく，有望な結果である．

5　アンモニウムミョウバン水和物スラリー中での粒子の沈降防止技術

アンモニウムミョウバンスラリー中で，粒子が沈降する様子を観察し，界面活性剤やPVAの添加によりどのような影響が出るのかを検討した．アンモニウムミョウバン水和物水溶液を作製した後，図2(a)に示したように，試験管に入れ恒温槽中で50℃に保つ．試験管中で粒子が沈降していく様子は，図3(a)に示した．試料調整直後（0h）から，1日後（1D），5日後（5D）の様子を示してある．図3(a)に示した写真の試験管中で，白く見えている部分が粒子が存在している部分である．例えば，試料Aでは，溶液調整後にすぐに粒子が沈降したため，試験管の下部に白い堆積物があり，その他の部分は透明になっている．試料Bから試料Iまで，アンモニウムミョウバンおよび界面活性剤を含む溶液，アンモニウムミョウバン，界面活性剤およびPVAを含む溶液と見ていくと，PVAの濃度が高くなるにつれて，粒子の沈降が遅くなっている．

この現象を定量化するために，図2(b)に示したように粒子が試験管中で堆積した長さを，試験管に入っている溶液全体の長さで割った見かけの分散率を求め比較した．図4(b)がその結果である．PVAが極低濃度でも添加されると，試料Aと比較して沈降は格段に遅くなる．また，1,000ppm以上の添加で，3日〜4日間はほとんど沈降しないことがわかる．界面活性剤やPVAの添加により，スラリーの粘度上昇が見られるが，粘度上昇を考慮し，ストークスの式から沈降速度を計算すると，粒子の沈降速度は13時間以内には起こると導かれた．3日〜4日という時間

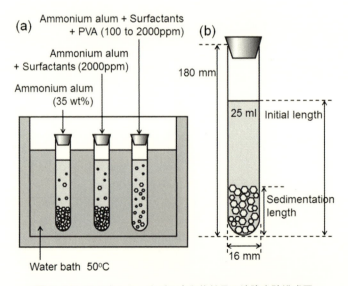

図2　アンモニウムミョウバン水和物粒子の沈降実験模式図

第9章 潜熱輸送スラリーの凝集沈降抑制技術

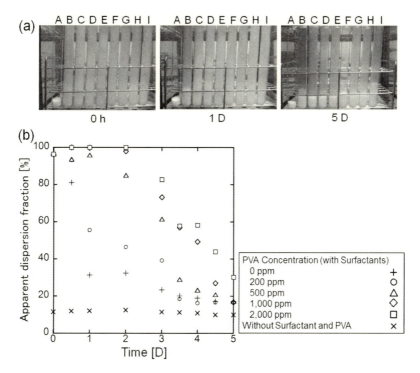

図3 アンモニウムミョウバン水和物粒子の沈降実験結果 (a)実際の様子，(b)見かけの分散率

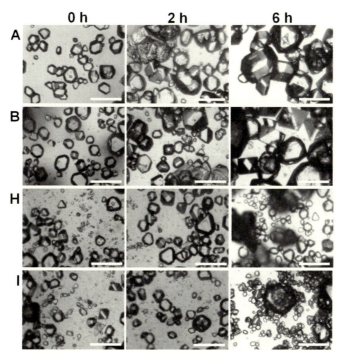

図4 アンモニウムミョウバン水和物粒子の結晶成長

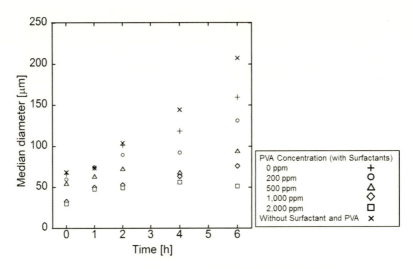

図5 アンモニウムミョウバン水和物粒子の平均粒子径経時変化

は，13時間と比較して著しく大きいため，界面活性剤やPVAの添加による沈降の遅れは，単に粘度上昇では説明できない原因があると言える．現在のところ我々は，棒状ミセルとPVAによりスラリー内部で形成される構造が，粒子の成長と沈降を抑制しているのではと考えている．

6 アンモニウムミョウバン水和物の結晶成長

50℃に保たれたシャーレ中で，アンモニウムミョウバン水和物の結晶が成長する様子を顕微鏡により観察した．その結果を図4に示した．界面活性剤もPVAも添加されていない試料Aでは，結晶の成長が急速に進行している．界面活性剤のみを添加した試料Bでも，成長の速度はほぼ変化していない．さらに，PVAを1,000 ppm，2,000 ppm添加した試料HとIでは，同じ時間経過後も粒子のサイズが小さく，結晶成長が遅い様子がわかる．これらの場合について，平均粒子径を経過時間とともにプロットした図が，図5である．この結果からも，界面活性剤とPVAが同時に添加されることにより，結晶成長が遅くなる様子が明らかである．

7 まとめ

粒子の凝集と沈降が重大な問題となる高温系スラリーの場合も，界面活性剤で流動特性を向上させ，さらにPVAを添加して沈降を防止できることがわかった．3日～4日間沈降を防止できれば，例えば，週末にシステムを停止しまた再開するといった運用方法が可能となる．実用化のためのスラリー流動測定実験も，テスト流路を用いて進行中である．これらの試験的研究より，現在のところ実用化されていない高温系の潜熱輸送も実現へ近づいていると言える．

第 9 章　潜熱輸送スラリーの凝集沈降抑制技術

文　　献

1) S. Fukusako *et al.*, *Trans. JSRAE*, **17**, 413（2000）
2) H. Suzuki *et al.*, *Rheol. Acta*, **43**, 232（2004）
3) H. Suzuki *et al.*, *J. Chem. Eng. Jpn.*, **43**, 482（2010）
4) H. Suzuki *et al.*, *J. Chem. Eng. Jpn.*, **42**, 447（2009）
5) H. Inaba *et al.*, *Int. J. Refrig.*, **28**, 20（2005）
6) S. Fukushima *et al.*, *NKK Tech. Rep.*, **166**, 65（1999）
7) M. Darbouret *et al.*, *Int. J. Refrig.*, **28**, 663（2005）
8) Y. Indartono *et al.*, *J. Chem. Eng. Jpn.*, **39**, 623（2006）
9) H. Suzuki *et al.*, *Int. J. Refrig.*, **32**, 931（2009）
10) Z. W. Ma *et al.*, *Int. J. Heat Mass Trans.*, **53**, 3745（2010）
11) P. Clain *et al.*, *Chem. Eng. J.*, **193-194**, 112（2012）
12) Z. W. Ma *et al.*, *Int. J. Therm. Sci.*, **68**, 173（2013）
13) H. Suzuki *et al.*, *J. Chem. Eng. Jpn.*, **43**, 34（2010）
14) H. Suzuki *et al.*, *Proc. 9th Int. Conf. Phase Change Mterials and Slurries for Refrigeration and Air Conditioning*, 19-27, Sofia, Bulgaria（2010）
15) H. Suzuki *et al.*, *Int. J. Refrig.*, **36**, 81（2013）
16) S. Lu *et al.*, *Int. J. Refrig.*, **25**, 563（2002）
17) R. Hidema *et al.*, *J. Chem. Eng. Jpn.*, **47**, 169（2014）

第10章　固体冷媒による冷凍・ヒートポンプ技術

川南　剛*

1　固体冷媒による熱量効果

　2015年12月，国連気候変動枠組条約第21回締約国会議（COP21）において，気候変動に関する新たな国際的枠組み，いわゆるパリ協定が採択された。パリ協定の約束草案における日本の温室効果ガス削減目標は，2030年までに2013年比26％減という極めて高いものであり，さらに，2050年までに80％削減という将来的な目標が閣議決定されている。このような目的の達成には，従来のエネルギー機器の効率向上だけでは到底不可能であり，これまでにない革新的な技術の導入が不可欠である。

　そのような背景から現在，地球温室効果ガスの大幅な削減のため，フロン類冷媒を使用しない冷凍・ヒートポンプシステムへの転換が求められている。その中で，固体冷媒のエントロピー制御に基づく冷凍・ヒートポンプ技術は，温室効果ガスの保有と排出がゼロであり，また，要素機器も簡素になることから，省エネルギー・低環境負荷型の次世代冷凍・ヒートポンプ技術として開発が期待されている。固体冷媒のエントロピー制御（Calorics technology）による冷凍・ヒートポンプ技術の代表的なものには，磁場変化を利用するMagnetocalorics（磁気熱量効果技術），電場の変化を利用するElectrocalorics（電気熱量効果技術），および力学的変形によるElastocalorics（弾性熱量効果技術）がある[1,2]。また，圧力場の変化を利用するBarocaloricsも近年報告[3]が増えつつある。これらの力学的変形によるものは，Mechanocaloricsとも総称され，例えば，ゴムのような高分子材料を変形させたときに生じる温度変化は，Gough-Joule効果としてよく知られている。さらに，すでに実用化されている熱電変換を利用するThermoelectroricも固体冷媒冷凍技術の一つである。ここでは，これら固体冷媒による冷凍・ヒートポンプ技術の特徴と開発状況について述べる。

2　固体冷媒によるエントロピー制御のメカニズム

　固体冷媒冷凍・ヒートポンプ技術には，様々な原理を利用した方式があるが，冷凍作用をもたらす基礎原理および冷凍装置として稼働させるための熱力学サイクルは，"外部場によるエントロピー操作"という点で違いはない。図1に，エントロピー操作のための方式および，それにより発現する温度変化を模式的に示す。Magnetocalorics技術では，磁場の変化が，Electrocalorics

---

*　Tsuyoshi Kawanami　神戸大学　大学院工学研究科　機械工学専攻　准教授

第10章　固体冷媒による冷凍・ヒートポンプ技術

技術では，誘電体の分極が，Elastocalorics では，力学的な弾性変形が，Barocalorics では，圧力場の変化が，それぞれエントロピー制御の駆動力となる。また，エントロピー変化により生じた固体冷媒の温度変化を，システムに組み込んだ伝熱機構により低熱源から高熱源に熱として移動させることにより，ヒートポンプを実現させることが可能となる。

図2に，逆 Brayton サイクルで冷凍装置を駆動させた場合の T–s 線図を示す。冷凍サイクルは 1-2-3-4 と反時計回りに各過程が進む。図中の ΔT_{ad} は，場の強さの変化による断熱温度変化である。

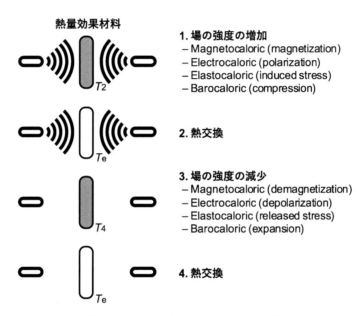

図1　熱量効果技術によるエネルギー変換

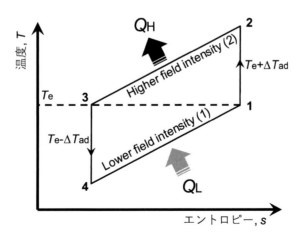

図2　熱量効果技術による温度変化と熱の移動

237

1-2：断熱変化（場の強さの増加）

2-3：等場熱移動過程

3-4：断熱変化（場の強さの低下）

4-1：等場熱移動過程

3　固体冷媒のエントロピー変化

ある初期温度で熱量効果を発現する固体冷媒に場の変化が付与された場合，断熱温度変化 ΔT_{ad} および吸発熱量 Q のいずれかが独立的に観測されることになる。一方，エントロピー変化 ΔS は，測定することができないが，Maxwell の関係式により測定可能な変数を用いて書き表すことができる。以下に，Magnetocaloric material（磁気熱量効果材料），Electrocaloric material（電気熱量効果材料），および Elastocaloric material（弾性熱量効果材料）の概要およびそれぞれの効果によるエントロピー変化 ΔS を表す関係式を示す。

3.1　磁気熱量効果

Magnetocaloric Effect（磁気熱量効果）は，1918年に Weiss および Piccard[4] によって発見された。磁性体結晶中の電子が原子核の周りを運動するとき，一様な磁場中で受ける力のモーメントを磁気モーメントと呼ぶ。このような磁性体を磁場中に置くと磁気モーメントは規則的に整列し，磁場から取り去ると磁気モーメントは不規則な歳差運動を行う。このときのエントロピー変化を，磁気系のエントロピー変化と呼ぶ。このような磁性材料に断熱的に磁場変化を与えると，磁気系のエントロピーの増減により，それに応じた温度変化が生じる（図3参照）。このように，磁場変化に伴うエントロピー変化により磁性体の温度が変化する現象を磁気熱量効果と呼び，こ

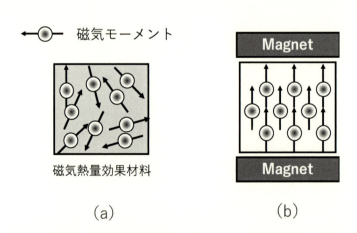

図3　磁気熱量効果の原理；(a)磁場を付与する前，(b)磁場中における磁気スピンモーメントの秩序化

第10章　固体冷媒による冷凍・ヒートポンプ技術

因子	磁気冷凍方式	気体圧縮式冷凍方式
力、エネルギー	磁場 H_0	圧力 p
作用	磁化 M	比体積 v
外部仕事（閉じた系）	$dw = -\mu_0 H_0 dM$	$dw = -p\,dv$
工業仕事（開いた系）	$dw = -\mu_0 M dH_0$	$dw = -v\,dp$
概念図		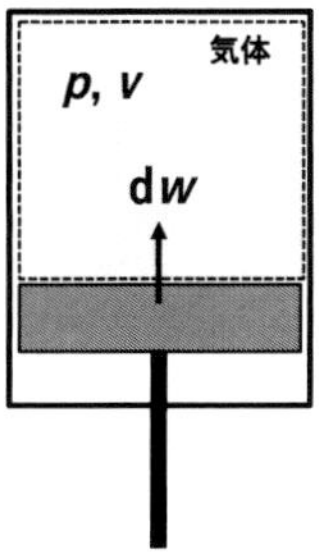

図4　磁気冷凍法と気体圧縮式冷凍法のアナロジー

のような効果を発現する材料を磁気熱量効果材料（Magnetocaloric Material：MCM）と呼ぶ。磁気熱量効果材料は，磁場変化ΔHにより可逆的な温度変化を示す。一般的に磁気熱量効果の大きさは，ΔHの大きさに比例する。磁気熱量効果によるエントロピー変化ΔSは，以下の式(1)で表される。

$$\Delta S[\mathrm{JK^{-1}m^{-3}}] = \mu_0 \int_{H1}^{H2} \left(\frac{\partial M}{\partial T}\right)_H dH \tag{1}$$

ここで，式中のμ_0，M，およびHは，それぞれ，真空中の透磁率，磁化，磁場の強さ，および温度である。また，1は，低い（もしくはゼロ）の場の状態を，2は，強い場の状態を示している。

磁気熱量効果に限らず，固体冷媒技術は，冷媒が気体か固体かの違いを除けば，従来の気体圧縮式や蒸気圧縮式冷凍法との間でアナロジーが成り立つ。図4に，磁気冷凍法と気体圧縮式冷凍法の因子と作用の関係を示す。

3.2　電気熱量効果

Electrocaloric Effect（電気熱量効果）は，温度変化によって誘電体の分極（表面電荷）が変化する焦電効果に基づいたものである。外部電場の付与により，焦電体（強誘電体）の分極を変化させるとエントロピー変化[5]が生じ，結果として温度変化が生じる。電気熱量効果材料は，電場の変化ΔEにより可逆的な温度応答を示す。図5に示すように，材料に電場を与えると，電気的な力が荷電粒子に働く。これにより，無秩序から秩序の方向へ状態が転移し，材料の表面近傍において正および負の電荷の蓄積が生じる。このとき，双極子モーメントのエントロピーが減少

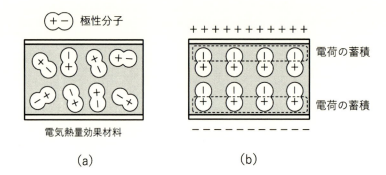

図5 電気熱量効果の原理；(a)電場を付与する前，(b)電場中における極性分子の秩序化の状態

し，温度変化を生ずる。電気熱量効果によるエントロピー変化ΔSは，以下の式(2)で表される。

$$\Delta S[\mathrm{JK^{-1}m^{-3}}] = \int_{E1}^{E2} \left(\frac{\partial P}{\partial T}\right)_E dE \tag{2}$$

ここで，P および E は，それぞれ，分極および電場の強さである。

3.3 弾性熱量効果

Elastocaloric Effect（弾性熱量効果）は，弾性体に機械的な応力変化$\Delta\sigma$を与えることにより，系のエントロピー制御を行う方法[6]である。弾性熱量効果によるエントロピー変化ΔSは，以下の式(3)で表される。

$$\Delta S[\mathrm{JK^{-1}m^{-3}}] = \int_{\sigma 1}^{\sigma 2} \left(\frac{\partial \varepsilon}{\partial T}\right)_\sigma d\sigma \tag{3}$$

ここで，ε および σ は，それぞれ，ひずみおよび等方応力である。

3.4 断熱温度変化の見積もり

これらの式から計算されたΔSの値から，断熱温度変化ΔT_{ad}は，$\Delta T_{ad} \ll T$の範囲内で以下の式(4)を用いて容易に見積もることが可能である。

$$\Delta T_{ad}[\mathrm{K}] \approx -\frac{T\Delta S}{c} \tag{4}$$

しかしながら，現実的には比熱cは温度の関数であるため，温度によって大きく比熱が変わる磁気熱量効果材料のような場合には，式(4)で断熱温度を正確に推定することはできない。

4 固体冷媒材料の種類

固体冷媒による冷凍・ヒートポンプ技術では，それぞれの方式に適合した冷媒としての材料開発が盛んに行われている。その中で，磁気熱量効果材料は開発の歴史が古く，純金属，合金，合

第10章　固体冷媒による冷凍・ヒートポンプ技術

成材料など，巨大な磁気熱量効果を持つ様々な材料が提案され，いくつかはすでに実機レベルの試験に用いられている。特に，常磁性から強磁性への相転移の際に潜熱を有する1次相転移材料は，潜熱を持たない2次相転移材料に比べ，数倍から10倍程度のエントロピー変化を生じることが知られているため，今後のさらなる開発に期待が寄せられている。表1に，磁気熱量効果材料の種類と特性を示す。なお，表中の T_c は材料のキュリー点であり，磁気熱量効果材料はキュリー点近傍において最大の能力を発現することが知られている。また，表2に，電気熱量効果材料の種類を示す。電気熱量効果材料は，材料の候補が少なく未だ材料の探索段階であるが，現状では，ミクロンからサブミクロンオーダーの薄膜状のポリマーおよびセラミックスが，比較的良好な特性を示すものとして研究開発がなされている。表3には，弾性熱量効果材料について掲載する。

表1　磁気熱量効果材料の種類と特性[8]

Material	T_c[K]	$-\Delta s$[Jkg^{-1} K^{-1}]	ΔT_{ad}[K]	ΔH[T]
Gd	~293	3.1	3.3	1.0
$Gd_{0.9}Tb_{0.1}$	~286	2.3	1.9	1.0
$Gd_5Si_2Ge_2$	~278	14.0	7.3	2.0
$LaFe_{11.06}Co_{0.86}Si_{1.08}$	~276	6.1	2.3	1.0
$LaFe_{10.96}Co_{0.97}Si_{1.07}$	~289	5.3	2.2	1.0
$La(Fe_{0.88}Si_{0.12})_{13}H$	~274	19.0	6.2	2.0
$La(Fe_{0.89}Si_{0.11})_{13}H_{1.3}$	~291	24.0	6.9	2.0
$MnFeP_{0.45}As_{0.55}$	~306	12.5	2.8	1.0
$Mn_{1.1}Fe_{0.9}P_{0.47}As_{0.53}$	~292	11.0	2.8	1.0
$Ni_{45.2}Mn_{36.7}In_{13}Co_{5.1}$	~317	18.0	6.2	2.0
$La_{0.67}Ca_{0.33}MnO_3$	~267	5.9	2.0	1.2
$La_{0.67}Ca_{0.275}Sr_{0.055}MnO_3$	~285	2.8	1.0	1.2

表2　電気熱量効果材料の種類と特性[8]

Material	Form	ΔT_{ad}[K]	ΔE[MVm^{-1}]	d[μm]	T[K]
P(VDF-TrFE-FCE)/BNNSs/BST67	Thick film polymer with nanocomposite	50.5	250	6	Room Temp.
PLZT 8/65/35	Thin film ceramic	40	120	0.4	318
PMN	Bulk ceramic	2.6	8.8	80	340
$PbZr_{0.95}Ti_{0.05}O_3$	Thin film	12	48	0.35	495

表3　弾性熱量効果材料の種類と特性[8]

Material	ΔT_{ad}[K]	$\Delta\sigma$[Gpa]	T[K]
NiMnIn	4.5	0.26	273
$Ce_3Pd_{20}Ge_6$	0.75	0.3	4.4
$Pr_{0.66}La_{0.3}4NiO_3$	0.1	0.5	350

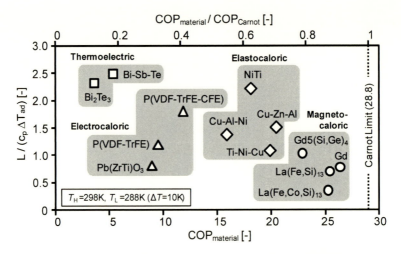

図6　材料から見た固体冷媒冷凍・ヒートポンプ技術の成績係数の比較

5　固体冷媒冷凍・ヒートポンプの能力と成績係数

図6に，固体冷媒冷凍・ヒートポンプに利用される熱量効果材料について，材料から見積もった冷凍成績係数COPを示す[7]。下横軸は，固体冷媒の材料のポテンシャルから推定されるCOP$_{material}$であり，縦軸は熱量効果によるエネルギー変化量（相転移潜熱量）に対する，材料の顕熱量の変化を示す。また，上横軸は逆カルノーサイクルのCOP$_{Carnot}$に対するCOP$_{material}$の割合を示している。なお，算定条件は，低温端温度T_L = 288 K，高温端温度T_H = 298 Kであり，このときのCOP$_{Carnot}$は28.8である。比較のため，ペルチェ素子による電子冷凍法（Thermoelectric）の結果も付記する。図より，磁気熱量効果材料が最もCOPが高く，COP$_{material}$に対して，90％前後の成績係数を示すことがわかる。一方で磁気熱量効果材料は，一般的に比熱の大きな材料が多く，系としての熱移動は他の熱量効果材料に比べ低くなっていることがわかる。

6　まとめ

固体冷媒による冷凍・ヒートポンプ技術は，当初の冷凍・ヒートポンプ用途のみならず，今後はエネルギーハーベスティングおよび熱回収技術への適用が検討されている。これらを実現するためには，新たな材料開発に関する物理学的研究と，システムの効率化を目指す工学的研究の両面からの統合的なアプローチが欠かせない。

第 10 章　固体冷媒による冷凍・ヒートポンプ技術

文　　献

1) X. Moya *et al.*, *Nat. Mater.*, **13**, 439 (2014)
2) I. Takeuchi & K. Sandeman, *Phys. Today*, **68**, 48 (2015)
3) N. A. de Oliveira *et al.*, *Int. J. Refrig.*, **37**, 237 (2014)
4) P. Weiss & A. Piccard, *Compt. Rend.*, **166**, 352 (1918)
5) M. Ozbolt *et al.*, *Int. J. Refrig.*, **40**, 174 (2014)
6) J. Tusek *et al.*, *J. Appl. Phys.*, **117**, 124902 (2015)
7) S. Qian *et al.*, *Int. J. Refrig.*, **62**, 177 (2016)
8) A. Kitanovski *et al.*, Mgnetocaloric Energy Conversion, Springer (2015)

第11章 輻射冷暖房への応用

熊野智之*

1 序論

　潜熱輸送技術の活用法の一つとして，輻射冷暖房を取り上げる。冷暖房における節電および省エネルギーは，電力の安定供給の観点から社会的な課題である。現状では，エアコン（Air Conditioner）の高性能化や多機能化が進む一方で，ヒートショックやヒートアイランドなどの問題が深刻化している。そこで，冷暖房方式の多様化の一環として輻射冷暖房が注目されている。これは，人体と天井や壁などとの間における輻射伝熱を制御することで冷暖房効果を得るものである。輻射による冷暖房と既存の空調冷暖房システムを上手く組み合わせることで，空調負荷の低減による消費電力の削減や快適性の向上が期待できる。輻射冷暖房を広く社会に浸透させるためには，潜熱輸送技術の応用がキーテクノロジーとなる。本章では輻射冷暖房の基礎理論やシステムの概要，潜熱輸送技術の応用法などについて述べる。

2 人体の輻射による放熱量

　体感温度は，気温のみならず湿度・気流・輻射など様々な要因に左右される。ここでは，温度 T_w の壁に囲まれた静穏な閉空間内に存在する，人体の輻射による放熱量を考える（図1）。T_w は人体の表面温度 T_h よりも低いとすると，人から壁への輻射伝熱量 $Q_{h \to w}$ は(1)式で表される[1]。

$$Q_{h \to w} = \frac{\sigma (T_h^4 - T_w^4) A_h}{\left\{ \dfrac{1}{\varepsilon_h} + \left(\dfrac{1}{\varepsilon_w} - 1 \right) \dfrac{A_h}{A_w} \right\}} \tag{1}$$

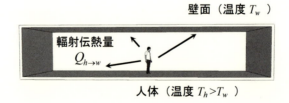

図1　等温壁で囲まれた閉空間内における人体－壁間の輻射伝熱モデル

＊　Tomoyuki Kumano　神戸市立工業高等専門学校　機械工学科　准教授

第 11 章　輻射冷暖房への応用

ここで，σ はステファン・ボルツマン定数，ε_h，ε_w は人体（皮膚）および壁面の全半球放射率である。また，壁の総面積 A_w が人体の表面積 A_h に対して十分大きい場合は，$A_h/A_w \fallingdotseq 0$ より(2)式が導かれる。

$$Q_{h \to w} = \varepsilon_h \sigma (T_h^4 - T_w^4) A_h \tag{2}$$

人体について $T_h = 33[℃]$，$\varepsilon_h = 0.97$，$A_h = 1.2[\mathrm{m}^2]$（$\ll A_w$）とすると，$T_w = 25[℃]$ の場合，$Q_{h \to w}$ は(2)式より 58[W] である。また，人体と空気との熱伝達率を $3.0[\mathrm{W/m^2 K}]$ とすると，空気温度 T_a が 25[℃] である時の対流による放熱量は 29[W] となる。よって，対流よりも輻射による放熱量が倍程度大きい。人体の発熱量を 120[W] とし，熱伝導による放熱量および汗の蒸発潜熱量についても標準値を仮定した場合の放熱バランスを図2に示す。Q_{rad}，Q_{conv}，Q_{cond}，Q_{vap} はそれぞれ輻射，対流，伝導，発汗による放熱量の割合である。また，T_w，T_a に対する Q_{rad} および Q_{conv} の変化を示した図3より，温度依存性についても輻射は対流の倍程度であるこ

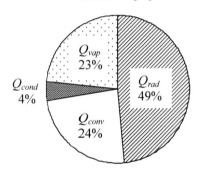

図2　人体の放熱バランスの例

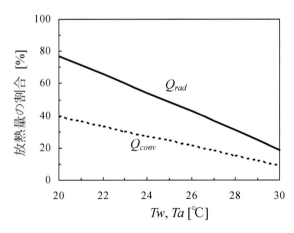

図3　輻射および対流による放熱量の温度変化

とが分かる。本モデルでは発汗量の変化や衣服の影響を無視しているが，これらを考慮すれば，夏場は Q_{vap} が増え，冬場は着込むことで Q_{rad} および Q_{conv} が低下し，Q の合計は100％で一定となる。よって，厳密には衣服の影響を考慮しなければならないが，暑さや寒さには輻射輸送が深く関わっていることが分かる。

3 生活に関わる輻射輸送

人類は輻射による放熱が快適性に関与することを経験的に熟知し，住環境を整えてきた。例えば欧州では，炊事で発生した熱で石壁を暖めるなど，石材の熱容量を活かした暖房方式が発展してきた。日本では，蒸し暑い気候に対応した開放的な造りの木造建築が主流であったため，壁を暖めるよりも囲炉裏のように人が集まる場所を局所的に暖めるという発想が主流となった。一方で，地面や壁を冷やし輻射放熱を促進する打ち水や，真壁のような湿度調整法も伝統的に培われてきた。また，夏場の木陰が涼しく感じるのは，日射が遮られるだけでなく，温度・湿度を自律的に調整する木々への輻射放熱も寄与するためである。現代の都市部はコンクリート壁やアスファルトに囲まれ，また屋内外の気温差が生じるエアコンへの依存度が高いことから，夏や冬の屋外では過酷な環境が形成されやすい。このような傾向は，熱中症やヒートショックなど，生命に関わる深刻な事態を引き起こす危険性を含んでいる。よって，先人の知恵に基づく輻射冷暖房の適用は，環境負荷の低減や健康上の観点からも重要となる。エアコン（空調システムにおける冷暖房）の主な長所と短所を表1に示す。輻射冷暖房は空調よりも即効性に劣るものの，長時間連続的に作動させることで効率的で程よい冷暖房効果が実現できるなど，おおよそこの逆の特徴を有する。両者の特徴をうまく組み合わせて，全体として快適性の高い空間を，より省エネルギーで実現することが喫緊の課題と言える。

表1　エアコンの主な特徴

長　所	短　所
・即効性が高い	・壁際では効きにくい
・効果の制御が容易	・気流が発生
・除湿、空気清浄も可能	・乾燥（冬）
・汗がひく（夏）	・部屋を閉め切る必要がある
	・屋外との環境差を生じさせる

4 輻射冷暖房システムの概要

輻射冷暖房（放射空調と称されることもある）システムは，オフィスや公共施設，商業施設などで近年多数の施工例や実証実験が報告されている[2]。最も一般的なのが，図4のような放射パネルを連結して壁を形成するシステムである。これは，パネル背面の配管に流す水の温度によっ

第11章　輻射冷暖房への応用

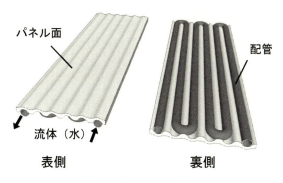

図4　放射パネル概要

てパネル表面の温度を調節し，人体との輻射伝熱量を制御する。例えば夏場は20[℃]，冬場は26[℃] の水を流すことが想定されており，パネル温度は冬場においても人体の表面温度よりも低い。よって，人体からパネルに向かう輻射伝熱量を抑えることによって暖房効果を得るという点で，温水式床暖房やパネルヒーターとは異なる。通常，オフィス等の広い空間（アンビエントエリア）の天井や床面にパネルを多数敷き詰めて用いられる。広範囲に渡ってパネル面の温度を長時間一定に保つことは，室内全体が熱平衡状態に近づくことを意味する。この場合，室内全体に渡って温度が調整された過ごしやすい環境が実現できるため，空調は不要となる場合がある。放射パネルを天井や床の一部として用いるシステムは，気流が発生しないことから，特に病院やクリーンルームなどへの普及が期待される。一方，デスクトップパネルや，パーティションで仕切られたワークスペースなど，人体に近い領域（タスクエリア）に壁として設置する方式も検討されている。その他の輻射冷暖房としては，伝熱面積が大きく結露による除湿効果を備えたラジエータを用いるものがある。このような輻射冷暖房システムは，地下水や地下熱などの自然エネルギーを利用して実現する方法が検討されている[2]。また，6節で述べる躯体蓄熱空調システムや，ウォーターカーテンにも輻射による伝熱効果がある。

5　放射パネルの高性能化

輻射冷暖房のさらなる普及に向けては，放射パネルについて材質や形状などを最適化し，機能性を高めることが求められる。本節ではこの点に関する研究例について紹介する。

5.1　放射パネル表面の材質

輻射冷暖房システムにおけるこれまでの実施例では，輻射伝熱量を制御するパラメータとしてはパネル温度のみが扱われており，パネル表面の光学特性については注目されていなかった[2]。これは，アンビエントエリアにおいては ε_w が含まれない(2)式が成立することに基づいている。一方，タスクエリアでは，(1)式より輻射による放熱量は壁面の放射率にも依存する。言い換えれ

ば，狭い個室などのパーソナルスペースでは壁面放射率の制御により冷暖房効果を高めることが可能となる。ここで，壁面放射率の違いによる冷暖房効果の差を検証した例[3]について述べる。実験装置の概要を図5に示す。水に浸したアルミニウム容器の中に，人体に見立てた電気加熱式の発熱体を挿入する。発熱体表面と容器内壁の面積比は，$A_h/A_w ≒ 0.2$である。容器の温度T_wは水温により調節し，発熱体の温度T_hは容器挿入前の時点で約37[℃]となるように調整する。容器は，内壁がアルミニウム面（$ε_w = 0.2$）と黒体塗料面（$ε_w = 0.94$）の2種類を用いる。発熱体表面は黒体塗料面（$ε_h = 0.94$）である。冷暖房効果は，発熱体が装置に挿入される前に置かれていた温度環境によって異なるため，挿入前の発熱体は温度を調節した別の容器内（冷房時：30[℃]，暖房時：15[℃]）で保管する。図6に，$T_w = 22$[℃]の場合における，発熱体挿入後から定常状態までの発熱体温度T_hの時間変化を示す。冷暖房に関わらず，発熱体の到達温度はアル

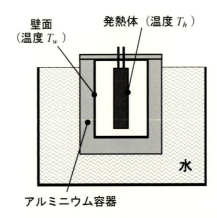

図5　タスクエリアにおける輻射冷暖房模擬実験装置

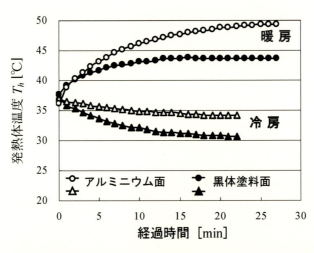

図6　22[℃]のアルミニウム面／黒体塗料面で形成される閉空間挿入後における発熱体の温度変化

第 11 章　輻射冷暖房への応用

ミニウム面の時に黒体塗料面の時よりも高くなっている。これは，発熱体から放射される輻射が，全半球放射率が 0.2 と小さい（全半球等強度入射・半球反射率が 0.8 程度と大きい）アルミニウム面ではより反射され，輻射による放熱量が抑制されるためである。また，$T_w = 22[℃]$ における挿入前後での放熱量の変化は，アルミニウム面では冷房時 1.2 倍 / 暖房時 1/2.6 倍，黒体塗料面では冷房時 2.1 倍 / 暖房時 1/1.4 倍であった。よって，冷房時には全半球放射率の高い材料が，暖房時には低い材料が望ましいことが分かる。なお，完全な閉空間でない場合にも同様の結果が得られることが確認されている[3]。

一方，夏季に低温で作動する際などには放射パネル表面に結露が生じる可能性がある。一般的には空調との併用によって防止できるが，それ以外の対策としては，パネル温度が露点以下にならないよう制御する，パネルに湿度調整機能のある材料を適用するなどの方法が挙げられる。後者の具体例として，大鋸屑を金属メッシュ内に固めた壁についての研究が報告されている[4]。

5.2　放射パネルにおける潜熱輸送スラリーの利用

アンビエントエリアにおける輻射冷暖房では，パネルを敷き詰めた面積の温度が場所に依らず一定であることが求められる。パネルの寸法や材質およびパネルと配管との接触面積に依るが，一般的には長時間作動させることで，パネル表面の温度分布や流入側と流出側における水の温度差は無視できると考えられている。反対に，作動開始直後においてはパネル面内の温度分布や水の温度差が形成されやすくなる。例として，背面に水例用の銅管（外径 6[mm]）を接触させたアルミニウム板（45[cm]×45[cm]，厚み 2[mm]）表面の赤外線カメラ（サーモグラフィ）画像を図 7 に示す。図において，銅管は縦方向に 4 列配置している。板は予め光照射により温め，

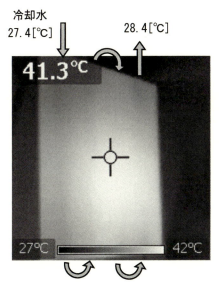

図 7　アルミニウム板を背面から水冷した際の温度分布例

加熱を停止し銅管に 27.4[℃] の水道水を流してから数分後の結果を示している．また，測定のため板表面には黒体塗料を塗布している．熱伝導性の高いアルミニウム板内においても，銅管が接触している領域を中心に最大で 10[℃] 程度の温度分布が形成されている．また，出口側の水温は 28.4[℃] である．この結果は一例に過ぎないが，パネル面温度の均一性を高め，輻射冷暖房の立ち上がり時間を短縮するためには，流体がパネルを通過する際の温度変化を抑制する必要があることが示されている．そこで，温度維持性の高い潜熱輸送スラリーを水の代替として用いることが有効と考えられる．この方法は特に，放射パネルを広い面積に多数敷き詰めて使用する際の，パネル間の温度差を抑制するために効果的となる．また，流体の管路の分岐を減少させることによるシステムのコンパクト化も期待できる．

6 躯体蓄熱の発展に向けた潜熱輸送技術の応用

躯体とは，一般に建物を構造的に支える柱・梁・桁などの骨組み（ビルディングではコンクリートスラブ）を指す．夜間に温度制御した空気を熱容量の大きい躯体に吹き付けて蓄熱することで，躯体との熱輸送を利用して日中の空調負荷を低減する方法を躯体蓄熱空調システムと言う．基本的には空調システムであるが，躯体を通して天井や床面が冷やされる／温められることによる輻射冷暖房効果もあり，電力コストの削減のみならず快適性の向上も実現できる．また，蓄熱式空調システムに用いられる水や氷の役割の一部を躯体が担うため，蓄熱槽の容量の削減も期待される．潜熱輸送技術に基づいたサーマルグリッド構想における将来的な展望としては，図8に示すように躯体のみならず外壁を含めた建物全体の温度を程よい範囲に保ち，屋内および屋外近傍において快適な環境を作り出すことが理想となる．その際，屋上の緑化あるいは放射制御（夏場の太陽光吸収，冬場の天空放射の抑制）とともに，ビルの壁内部に配管を設置して潜熱輸送スラリーを循環させる．スラリーは蓄熱槽および壁面との熱輸送によりゆるやかに温度制御さ

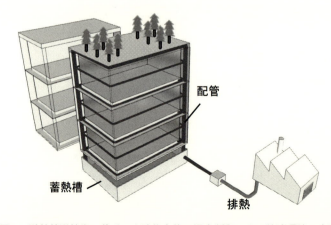

図8　潜熱輸送技術に基づいた建物全体の温度制御による快適環境の実現

第 11 章　輻射冷暖房への応用

れる。ここで，工場などからの排熱を冷熱・温熱としてビルまで輸送し，ビル内で蓄熱および循環させる際に，潜熱輸送・潜熱蓄熱・化学蓄熱技術が不可欠である。このような建物全体の温度を調整した施設には，近年注目されているクール／ウォームシェアスポットとしての役割が期待できる。実現に向けては，ポンプの搬送動力や建物の強度，設備コストの面など様々な課題があるが，ヒートアイランドなどの都市環境問題を改善し，将来にわたって電力を安定的に供給するためには検討に値するものと考えられる。

7　まとめ

快適性には人体の輻射による放熱が大きく関わっており，冷暖房システムの多様化に向けて輻射冷暖房の普及が期待されている。現状では，用途に応じた放射パネルの高性能化が必要であり，その一つとして潜熱輸送スラリーの応用が挙げられる。将来的には，サーマルグリッド構想における熱利用の方法として建物全体を視野に入れた大規模な輻射冷暖房システムの実現が期待されている。

文　献

1) F. P. Incropera *et al.*, "Fundamentals of Heat and Mass Transfer: Sixth Edition", p.833, John Wiley & Sons (2007)
2) 「建築設備と配管工事」編集委員会, "人と環境に優しい放射・輻射空調", Vol.49, No.2, 日本工業出版 (2011)
3) 熊野智之, 若林英信, 科学・技術研究, 4 (2), 159 (2015)
4) 若林英信ほか, 第 32 回日本熱物性シンポジウム講演論文集, p.267 (2011)

おわりに

　本書では未利用熱利用の時間ギャップ，温度ギャップ，空間ギャップの3つのサーマルギャップを解決する手段として，潜熱蓄熱，化学蓄熱および潜熱輸送の最新の技術を，専門家によって紹介した。それぞれの技術は切磋琢磨され，日進月歩で進展している。その進捗は日本潜熱工学研究会が主催する潜熱工学シンポジウムによって毎年公表され，議論されている。日本潜熱工学研究会では，これらの最新の技術をさらに螺合的に統合する検討がなされており，未利用熱利用の面的利用（図1：サーマルグリッド）の最先端技術の開発を目指している。特に卓越した潜熱輸送技術を開発することにより，100 km四方の熱供給が実現可能となる。このサーマルグリッドを大都市圏中心に構築することができれば，我が国の電力偏重型熱利用を是正し，持続可能な次世代低炭素社会を実現することは夢ではない。本書がその実現の手引きとなればと望むところである。

鈴木　洋

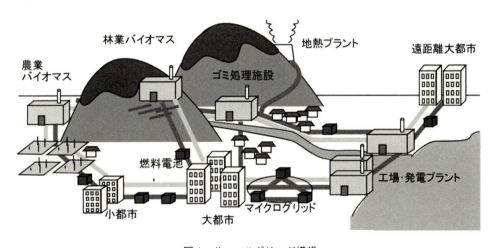

図1　サーマルグリッド構想

潜熱蓄熱・化学蓄熱・潜熱輸送の最前線
―未利用熱利用に向けたサーマルギャップソリューション―

2016年11月18日　第1刷発行

監　　修　鈴木　洋　　　　　　　　　　　　（T1028）
発 行 者　辻　賢司
発 行 所　株式会社シーエムシー出版
　　　　　東京都千代田区神田錦町1-17-1
　　　　　電話 03(3293)7066
　　　　　大阪市中央区内平野町1-3-12
　　　　　電話 06(4794)8234
　　　　　http://www.cmcbooks.co.jp/
編集担当　渡邊　翔／廣澤　文

〔印刷　倉敷印刷株式会社〕　　　　　　　Ⓒ H. Suzuki, 2016

落丁・乱丁本はお取替えいたします。

本書の内容の一部あるいは全部を無断で複写（コピー）することは，法律で認められた場合を除き，著作者および出版社の権利の侵害になります。

ISBN978-4-7813-1188-3　C3043　¥74000E